21世纪高等学校计算机规划教材

21st Century University Planned Textbooks of Computer Science

Visual FoxPro 6.0 程序设计

Visual FoxPro 6.0 Programming

吴波 郭川军 主编

李燕 谢永红 徐洪国 副主编

齐景嘉 主审

人 民 邮 电 出 版 社

北 京

图书在版编目（CIP）数据

Visual FoxPro 6.0程序设计 / 吴波，郭川军 主编
. -- 北京 : 人民邮电出版社，2015.2
21世纪高等学校计算机规划教材. 高校系列
ISBN 978-7-115-38499-7

Ⅰ. ①V… Ⅱ. ①吴… ②郭… Ⅲ. ①关系数据库系统－程序设计－高等学校－教材 Ⅳ. ①TP311.138

中国版本图书馆CIP数据核字(2015)第027562号

内 容 提 要

本书是一本中文 Visual FoxPro 6.0 的初、中级教材。全书共分 11 章，以"学生成绩管理"为例，从实用的角度出发，介绍了数据库基础、Visual FoxPro 操作基础、Visual FoxPro 数据和数据运算、Visual FoxPro 表和数据库、Visual FoxPro 程序设计、表单设计与应用、结构化查询语言 SQL、查询与视图、报表与标签、菜单设计、项目管理；最后还有一个小型系统开发实例，综合性地介绍了 Visual FoxPro 在实际工作中的应用。

本书可作为高等院校非计算机专业的教材，也可以作为高职高专学校相关专业的教材，还可以作为参加计算机等级考试人员的参考用书。

◆ 主　　编　吴　波　郭川军
副 主 编　李　燕　谢永红　徐洪国
主　　审　齐景嘉
责任编辑　许金霞
责任印制　沈　蓉　彭志环

◆ 人民邮电出版社出版发行　　北京市丰台区成寿寺路 11 号
邮编　100164　　电子邮件　315@ptpress.com.cn
网址　http://www.ptpress.com.cn
固安县铭成印刷有限公司印刷

◆ 开本：787×1092　1/16
印张：13.75　　　2015 年 2 月第 1 版
字数：358 千字　　　2015 年 2 月河北第 1 次印刷

定价：34.00 元

读者服务热线：(010)81055256　印装质量热线：(010)81055316
反盗版热线：(010)81055315

前言

社会的发展、科学技术的进步，使得人们对使用、管理各种数据的需求大大增加，对各种数据进行有效管理、组织、存储，并能够充分利用这些数据是十分重要的工作，数据库技术为解决这些问题提供了非常有利的技术支持。数据库技术是计算机科学的重要分支，也是近年来得到广泛应用和快速发展的领域。

Microsoft Visual FoxPro 是一个可运行在 Windows 环境中的、面向对象的关系型数据库应用程序开发系统，是新一代小型数据库管理系统的杰出代表。它以强大的性能、完整而又丰富的工具、极高的处理速度、友好的界面以及完备的兼容性等特点，备受广大用户的欢迎。

本书是作者结合多年的教学经验编写而成的，在内容选择和文字表述上力求通俗易懂、突出重点、简明扼要，使学生易于接受。本书注重培养读者分析问题、解决问题的能力，突出案例教学和启发式教学的方式。同时，作者还编写了习题与实验指导的配套教材，使学生能更好地结合学习内容，举一反三，巩固和应用所学知识，做到由浅入深、由易到难、循序渐进、理论与实际相结合。本书注重实用性和技巧性，以及学习知识的完整性和系统性，使读者不仅能够快速入门，而且还可以得到较大的提高。本书最大的特点是通过大量实例来讲解知识，使读者在学习理论知识的同时，能够同步进行操作，真正做到学以致用。

本书由吴波、郭川军任主编，李燕、谢永红、徐洪国任副主编。其中第 7 章、第 8 章由哈尔滨金融学院吴波编写；第 2 章、第 3 章、第 4 章由哈尔滨金融学院郭川军编写；第 1 章、第 10 章、第 11 章由哈尔滨医科大学大庆校区李燕编写；第 5 章由哈尔滨金融学院谢永红编写；第 6 章、第 9 章由牡丹江师范学院徐洪国编写。吴波负责全书的统稿，齐景嘉负责全书的审定。

本书在编写过程中，参考了部分同行的著作，在此表示深深的谢意。由于编者水平有限，加上编写、出版时间仓促，书中难免有疏漏和不妥之处，恳请广大读者批评指正。

编　者

2014 年 12 月

目 录

第1章 数据库基础

数据库系统（Database System，DBS）是指引进数据库技术的计算机系统。数据库技术是从20世纪60年代末开始逐步发展起来的计算机软件技术，它的产生推动了计算机在各行各业信息管理中的应用。学习Visual FoxPro就可以利用计算机完成对大量数据的组织、存储、维护和处理，从而方便、准确和迅速地获取有价值的数据，为各种决策活动提供依据。为了学习Visual FoxPro，首先要了解和掌握有关数据库的一些基本概念，下面我们先介绍一些数据库系统的基础知识。

1.1 数据库系统的基本概念

1.1.1 数据与数据处理

1. 数据和信息

数据和信息是数据处理中的两个基本概念，有时可以混用，如平时所说的数据处理就是信息处理，但有时必须分清。

数据（Data）是描述事物符号记录。计算机中的数据根据存在时间分为两部分，一部分与程序仅有短时间的交互关系，随着程序的结束而消亡，这类数据一般存放在计算机内存中，称为临时数据；另一部分数据则对系统起着长久的作用，称为持久性数据。数据库系统中处理的数据就是持久性数据。

数据的概念在数据处理领域中不仅包括数字、字母、文字和其他特殊字符组成的文本形式的数据，而且包括图形、图像、动画、影像、声音等多媒体数据。但是，使用最多、最基本的仍然是文字数据。

信息是数据中所包含的意义。通俗地讲，信息就是经过加工对人类社会实践和生产活动产生决策影响的数据。不经过加工处理的数据只是一种原始材料，对人类活动产生不了决策作用，它的价值只是在于记录了客观世界的事实，只有经过提炼和加工，原始数据才发生了质的变化，给人们以新的知识和智慧。

数据与信息既有区别又有联系。数据是表示信息的，但并非任何数据都能表示信息，信息只是加工处理后的数据，是数据所表达的内容。另一方面信息不随表示它的数据形式而改变。它是反映客观现实世界的知识，而数据则具有任意性，用不同的数据形式可以表示不同的信息。例如一个城市的天气预报情况是一条信息，而描述该信息的数据形式可以是文字、图像或声音等。

2. 数据处理

数据处理是指将数据转换成信息的过程。它包括对数据的收集、存储、分类、计算、加工、检索和传输等一系列活动。其基本目的是从大量的、杂乱无章的、难以理解的数据中整理出对人们有价值、有意义的数据（即信息），作为决策的依据。例如，全体学生的各门课成绩记录了学生的考试情况，属于数据，对学生成绩进行分析和处理，可以排列出名次，作为评定奖学金的依据。

1.1.2 数据库管理系统与数据库系统

1. 有关数据库的概念

（1）数据库

数据库（DataBase，DB）是数据的集合，它具有统一的结构形式，并存放于统一的存储介质内，是多种类型数据的集成。它不仅包括描述事物的数据本身，而且还包括相关事物之间的关系。

（2）数据库管理系统

数据库管理系统（DataBase Management System，DBMS）是系统软件，负责数据库中数据组织、数据操纵、数据维护、控制及保护和数据服务等。

（3）数据库管理员

数据库管理员（DataBase Administrator，DBA）是负责对数据库的规划、设计、维护、监视等工作的人员。

（4）数据库系统

数据库系统（DataBase System,DBS）是由数据库、数据库管理系统、数据库管理员、计算机系统构成，它们共同构成了以数据库为核心的完整的运行实体。

（5）数据库应用系统

数据库应用系统（DataBase Application System，DBAS）是利用数据库系统进行应用开发的软件系统。

2. 数据库系统的发展

数据库系统的产生和发展与数据库技术的发展是相辅相成的。数据库技术就是管理技术，是对数据的分类、组织、编码、存储、检索和维护的技术。数据库系统的产生和发展与计算机技术及其应用和发展联系在一起。

数据管理系统发展至今，经历了 3 个阶段：人工管理阶段、文件系统阶段和数据库系统阶段。

（1）人工管理阶段

在 20 世纪 50 年代中期前，硬件里外存储器没有磁盘这类可以随机访问、直接存取的设备，软件上没有专门的管理数据的软件，数据由计算或处理数据的程序自行携带，所以数据管理任务由人工完成。

这一时期的特点：数据与程序不具有独立性，一组数据对应一组程序。数据不长期保存，一个程序中的数据无法被其他程序利用，程序与程序间存在大量的重复数据，称为数据冗余。

（2）文件系统阶段

在 20 世纪 50 年代后期至 60 年代中后期，大量的数据存储、检索和维护成为当时紧迫的需求，可直接存取的磁盘成为联机的主要外存，软件上出现了高级语言和操作系统。操作系统中的文件系统是专门管理外存储器的数据管理软件。在文件系统阶段，程序与数据有了一定的独立性，程序和数据分开，有了程序文件和数据文件的区别。

但是这一时期的文件系统的数据文件主要是服务于某一特定的应用程序，数据和程序相互依赖，而且同一数据项可能重复出现在多个文件中，数据冗余量大，浪费空间，增加更新开销，由于冗余多，不能统一修改数据，造成数据的不一致性。

（3）数据库系统阶段

在 20 世纪 60 年代后期，数据量急剧增长，而且数据共享的需求日益增强，因此开始发展数据库技术。

数据库技术的主要目的是有效地管理和存取大量数据资源，包括：提高数据的共享性，使多个用户能够同时访问数据库中的数据；减小数据的冗余度，以提高数据的一致性和完整性；提供数据与应用程序的独立性，从而减少应用程序的开发和维护代价。

根据数据库技术的发展，又可以将数据库系统的发展划分为 3 个阶段。

（1）层次数据库和网状数据库

层次数据库和网状数据库可以看作是第一代数据库，它们奠定了现代数据库发展的基础。

（2）关系数据库

关系数据库可以看作是第二代数据库，关系数据库的最大优点是：使用非过程化的数据库语言 SQL；具有很好的形式化基础和高度的数据独立性；使用方便，二维表可直接处理多对多关系。目前我国应用较多的关系数据库系统有 Oracle、SQL Sever、Informix、DB2、Sybase 等。

（3）以面向对象为主要特征的数据库系统

第三代数据库系统主要有以下特征：

- 支持数据管理、对象管理和知识管理。
- 保持和继承了第二代数据库系统的技术。
- 以其他系统开放，支持数据库语言标准，支持标准网络协议，有良好的可移植性、可连接性、可扩展性和互操作性等。

目前，第三代数据库主要有以下几种。

- 分布式数据库：把多个物理分开的、通过网络互联的数据库当作一个完整的数据库。
- 并行数据库：数据库的处理主要通过 Cluster 技术把一个大的事务分散到 Cluster 中的多个结点去执行，从而提高了数据库的吞吐量和容错性。
- 多媒体数据库：提供一系列用来存储图像、音频和视频对象类型的数据库，更好地对多媒体数据进行存储、管理和查询。
- 模糊数据库：是存储、组织、管理和操纵模糊数据的数据库，可以用于模糊知识处理。
- 时态数据库和实时数据库：适应查询历史数据和实时响应的要求。
- 演绎数据库、知识库和主动数据库：主要与人工智能技术结合解决问题。
- 空间数据库：主要应用于 GIS 领域。
- Web 数据库：主要应用于 Internet 中。

目前，数据库技术虽然有很大的发展，但有些技术并未成熟，有些理论尚未完善。每隔几年，国际上一些资深的数据库专家就会聚集一堂，探讨数据库的现状、存在的问题和未来需要关注的新的技术焦点。

3．数据库系统的特点

数据库系统是在文件系统的基础上增加了数据设计、管理、操作等功能，从而使数据库系统具有以下特点：

（1）数据共享

数据共享是指多个用户可以同时存取数据而不相互影响，数据共享包括以下 3 个方面：

① 所有用户可以同时存取数据；

② 数据库不仅可以为当前的用户服务，也可以为将来的新用户服务；

③ 可以使用多种语言完成与数据库的接口。

（2）减少数据冗余

数据冗余就是数据重复，数据冗余既浪费存储空间，又容易产生数据不一致。在非数据库系统中，由于每个应用程序都有自己的数据文件，所以数据存在着大量的重复。数据库从全局观念来组织和存储数据，数据已经根据特定的数据模型结构化，在数据库中用户的逻辑数据文件和具体的物理数据文件不必一一对应，从而有效地节省了存储资源，减少了数据冗余，增加了数据的一致性。

（3）具有较高的数据独立性

所谓数据独立是指数据与应用程序之间彼此独立，它们之间不存在相互依赖的关系。应用程序不必随数据存储结构的改变而变动，这是数据库一个最基本的优点。

（4）增强了数据安全性和完整性保护

数据库加入了保密机制，可以防止对数据的非法存取。由于实行集中控制，有利于控制数据的完整性。数据库系统采取了并发访问控制，保证了数据的正确性。另外，数据库系统还采取了一系列措施，实现了对数据库破坏的恢复。

1.1.3 数据模型

数据模型就是从现实世界到机器世界的一个中间层次，是数据管理系统用来表示实体及实体间联系的方法。

1. 实体的描述

（1）实体

现实世界中的客观事物称为实体。它可以指人，如一名教师；也可以指物，如一本书；还可以指抽象的事件，如一次借书。相同类型实体的集合称为实体集。

（2）实体的属性

属性描述了实体某一方面的特性，如描述教师实体可以用姓名、出生日期、工资等属性。对具体的某一实体，属性有具体的值，如描述某一教师的属性值分别为“张华、1968 年 11 月 5 日、3550.5”，不同的实体具有不同的属性值。

（3）域

描述实体属性值的变化范围称为属性值的域。

2. 实体间联系及联系的种类

实体之间的对应关系称为联系，它反映现实世界事物之间的相互关联。即一个实体集中可能出现的每一个实体与另一个实体集中若干个实体间存在的关系。实体间的关系有 3 种类型。

（1）一对一联系（1:1）

一个实体集中的每一个实体在另一个实体集中有且只有一个实体与之有关系。

（2）一对多联系（1:n）

一个实体集中的每一个实体在另一个实体集中有多个实体与之有关系；反之，另一个实体集中的每一个实体在实体集中最多只有一个实体与之有关系。

（3）多对多联系（$n:m$）

一个实体集中的每个实体在另一个实体集中有多个实体与之有关系，反之亦然。

例如：有班长实体集、班级实体集、学生实体集和图书实体集，如表 1-1～表 1-4 所示。其中，表示班长的实体集和表示班级的实体集间的关系就是一对一的关系，一个班级只能有一个班长，反之，一个学生只能在一个班级里当班长；表示班级的实体集和表示学生的实体集间就是一对多关系，一个班级中可以有多个学生，但一个学生只能属于一个班级；表示图书的实体集和表示学生的实体集间的关系就是多对多的关系，一个学生可以借阅多本图书，反之，一本图书也可以由多个学生借阅。

表 1-1　班长实体集

班级编号	班长姓名
200901	方晓华
201001	黄业君
201101	孟庆军
201201	刘响

表 1-2　班级实体表

班级编号	班级名称	学生人数
200901	09 级医学信息 1 班	46
201001	10 级医学信息 1 班	41
201101	11 级医学信息 1 班	39
201201	12 班医学信息 1 班	38

表 1-3　学生实体表

学号	姓名	性别	入学成绩
200901	方晓华	女	480
201001	黄业君	男	512
201101	孟庆军	男	498
201201	刘响	女	506
200902	刘成锋	男	510
201002	张楚云	女	487
201102	徐莹	女	495
201202	宋云磊	男	509

表 1-4　图书实体表

图书编号	书名	册数
010871	计算机网络	3
010872	数据库原理	2
010873	操作系统	4
010874	数据结构	3

3. 数据模型的概念

从现实世界到信息世界和信息世界到现实世界这两个转换过程，也就是数据不断抽象化、概念化的过程。这个抽象和表达的过程就是依靠数据模型实现的。

一个完整的数据模型必须包括数据结构、数据操作及完整性约束性 3 个部分。数据结构描述实体之间的构成和联系；数据操作是指对数据库的查询和更新操作；数据的完整性约束则是指施加在数据上的限制和规则。

数据模型是对客观事物及其联系的数据描述，反映实体内部和实体之间的关系。在数据库系统中，常用的数据模型有层次模型、网状模型和关系模型。

（1）层次模型

用树形结构表示实体及其之间联系的模型称为层次模型。在这种模型中，数据被组织成由“根”开始的“树”，每个实体由根开始沿着不同的分支放在不同的层次上。如果不再向下分支，那么此分支序列中最后的结点称为“叶”。上级结点与下级结点之间为一对多的联系。图 1-1 给出了层次模型的例子。

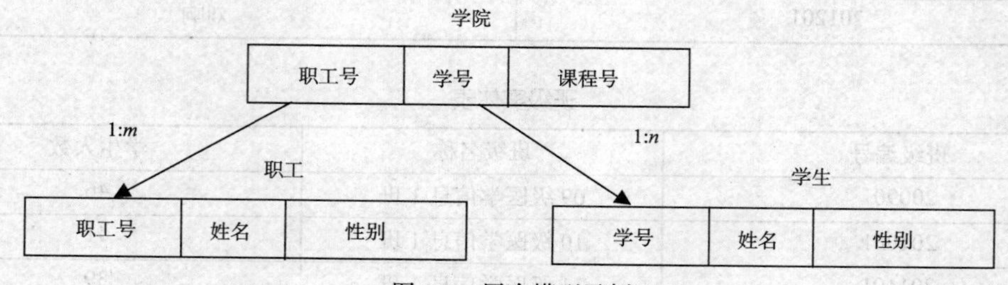

图 1-1 层次模型示例

（2）网状模型

用网状结构表示实体之间联系的模型称为网状模型。网中的每一个结点代表一个实体类型。网状模型突破了层次模型的两点限制：允许结点有多于一个的父结点；可以有一个以上的结点没有父结点。因此，网状模型可以方便地表示各种类型的联系。图 1-2 给出了网状模型的例子。

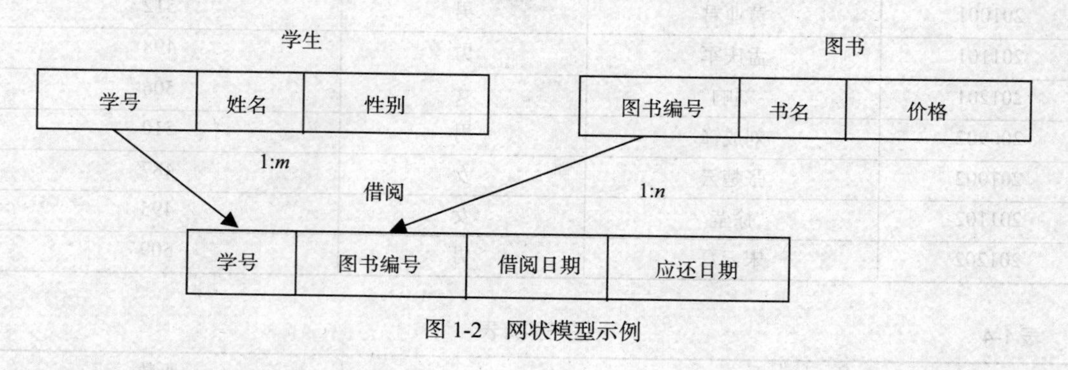

图 1-2 网状模型示例

（3）关系模型

用二维表结构来表示实体以及实体之间联系的模型称为关系模型。关系数据模型是以关系数学理论为基础的，在关系模型中，操作的对象和结果都是二维表，这种二维表就是关系。关系模型示例如图 1-3 所示。

关系模型的主要特点如下：

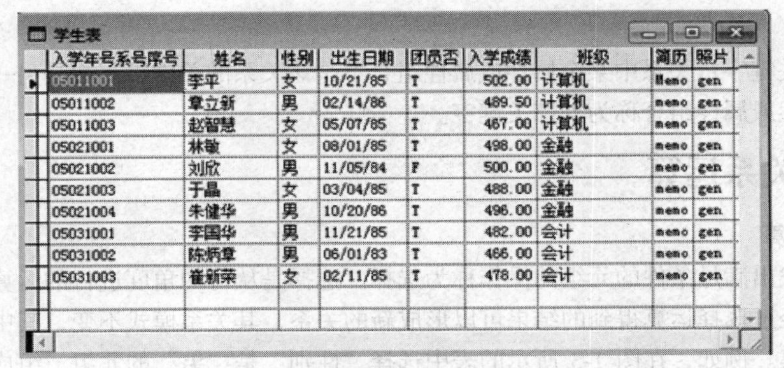

图 1-3 关系模型示例

① 关系中的每一个数据项不可再分，是最基本的单位。

② 每一列数据项属性相同，列数根据需要设置，且各列的顺序是任意的。

③ 每一行记录由一个实体的诸多属性项构成，记录的顺序也可以是任意的。

④ 一个关系就是一张二维表，不允许有相同的字段名。

1.2 关系型数据库与关系运算

1.2.1 关系术语与关系特点

关系模型的用户界面非常简单，一个关系的逻辑结构就是一张二维表。这种用二维表的形式表示实体和实体间联系的数据模型称为关系数据模型。

（1）关系

一个关系就是一张规则的、没有重复行的二维表格。每个关系有一个关系名。在 Visual FoxPro 中，一个关系对应一个表文件，文件扩展名为“.dbf”。

（2）元组

在一个二维表（一个具体的关系）中，每一行是一个元组。元组对应表文件中的一个具体记录。

（3）属性

二维表中每一列称为属性，每一列有一个属性名，与前面讲的实体属性相同，在 Visual FoxPro 中表示为字段名。每个字段的数据类型、宽度等在创建表的结构时规定。

（4）域

属性的取值范围，即不同元组对同一个属性的取值所限定的范围称为域。

（5）关键字

关系中能够唯一区分不同元组的属性或属性组合，称为该关系的一个关键字。

（6）候选关键字

凡在关系中能够唯一区分不同元组的属性或属性组合，都可以称为候选关键字，候选关键字可以有多个。

（7）主关键字

在候选关键字中选定其中一个作为关键字，则称该候选关键字为该关系的主关键字，主关键字只有一个。

（8）外部关键字：关系中某个属性或属性组合不是该关系的关键字，而是另一个关系的主关键字，则此属性或属性组合称为外部关键字。

1.2.2　关系运算

1. 选择运算

从关系中找出满足条件的元组的操作称为选择。选择是从行的角度进行的运算，即从水平方向抽取记录。经过选择运算得到的结果可以形成新的关系，其关系模式不变，其中的元组是原来关系的一个子集。例如，在图 1-3 所示的表中选择“性别”是“男”的元组，组成一个新元组，如图 1-4 所示。

2. 投影运算

从关系中指定若干个属性组成新的关系称为投影。投影是从列的角度进行的运算，相当于对关系进行垂直分解。经过投影运算可以得到一个新关系，其关系模式所包含的属性个数往往比原关系少，或者属性的排列顺序不同。例如，从学生表中选择“姓名”“出生日期”和“入学成绩”组成一个新的关系，如图 1-5 所示。

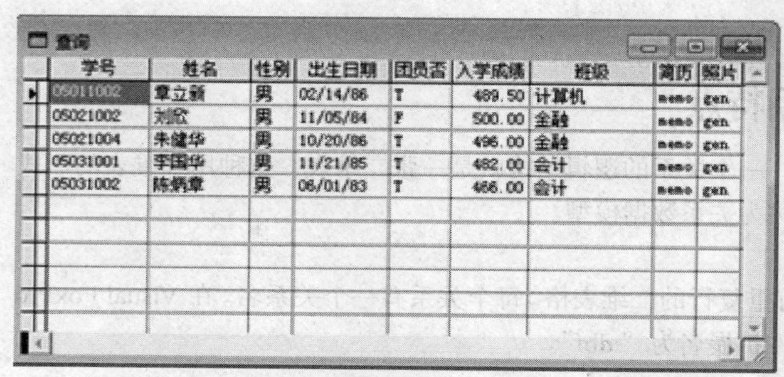
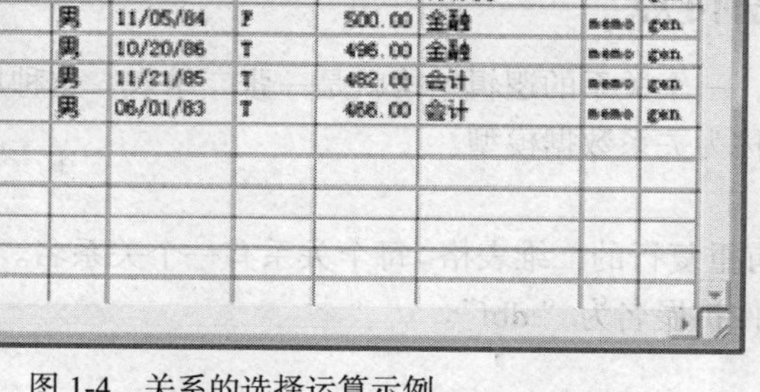

查询

学号	姓名	性别	出生日期	团员否	入学成绩	班级	简历	照片
05011002	章立新	男	02/14/86	T	489.50	计算机	memo	gen
05021002	刘欣	男	11/05/84	F	500.00	金融	memo	gen
05021004	朱健华	男	10/20/86	T	496.00	金融	memo	gen
05031001	李国华	男	11/21/85	T	482.00	会计	memo	gen
05031002	陈炳章	男	06/01/83	T	466.00	会计	memo	gen

图 1-4　关系的选择运算示例

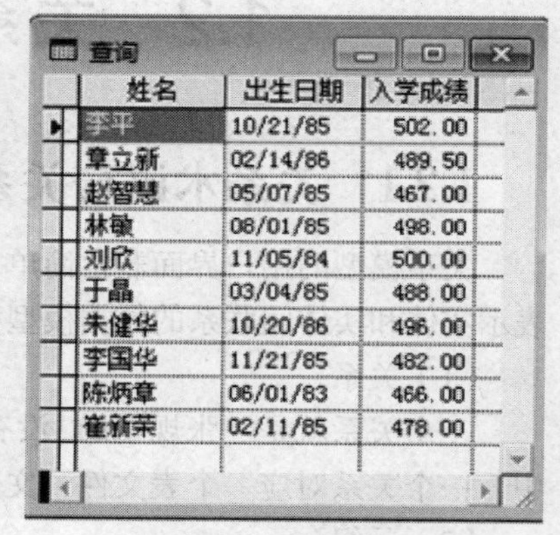

查询

姓名	出生日期	入学成绩
李平	10/21/85	502.00
章立新	02/14/86	489.50
赵智慧	05/07/85	467.00
林敏	08/01/85	498.00
刘欣	11/05/84	500.00
于晶	03/04/85	488.00
朱健华	10/20/86	496.00
李国华	11/21/85	482.00
陈炳章	06/01/83	466.00
崔新荣	02/11/85	478.00

图 1-5　关系的投影运算示例

3. 联接运算

联接是关系的横向结合。由连接属性控制，连接属性是出现在不同关系中的公共属性。联接运算是按连接属性值相等的原则将两个关系拼接成一个新的关系。

第 2 章 Visual FoxPro 操作基础

Visual FoxPro 6.0 是美国 Microsoft 公司推出的数据库管理系统，它是当代数据库管理系统的杰出代表，它继承了以往所有版本数据库管理系统的功能，并且扩展了对应用程序的管理和在 Internet 上发布的功能，使得用户开发数据库的工具更加完善与快捷，从而吸引众多的国内外用户，倍受广大用户的欢迎。

Visual FoxPro 6.0 是一个面向对象程序设计技术与传统的过程化程序设计模式相结合的开发环境，它建立在事件驱动模型的基础之上，给程序的开发提供了极大的灵活性。

2.1 Visual FoxPro 概述

2.1.1 Visual FoxPro 的特点

Visual FoxPro 6.0 中文版在性能、系统资源利用和设计环境等方面都采用了很多新技术，并对系统作了全方位的优化。提供了一个全新的对象和事件模型环境，帮助用户以更快的速度创建、修改应用程序。

1. 简单易学、使用方便

它是一个真正与 Windows 95/NT 兼容的面向对象的数据库应用程序开发环境。用户可以使用 Visual FoxPro 系统提供的向导、生成器、设计器、项目管理器等软件开发和管理项目，这些工具极大地提高了程序设计的自动化程度，使用户可以编写少量的代码，就能完成友好的交互式应用程序界面，减少了程序的设计、编程和运行时间。

2. 面向对象编程技术功能强

Visual FoxPro 6.0 还提供了一个集成化的系统开发环境，系统命令和语言功能强大，有数百条命令和函数，它不仅支持传统过程式编程技术，而且在语言方面作了强大的扩充，支持面向对象可视化编程技术。由于 Visual FoxPro 6.0 拥有功能强大的可视化程序设计工具，使程序设计简单易行。

3. 可以升级早期版本且与其他软件共享数据

Visual FoxPro 6.0 系统对系列 FoxPro 生成的应用程序向下兼容。在 Visual FoxPro 环境下，用户可以编辑和直接运行已有的 FoxPro 程序。不仅如此，它还可以与其他的 Microsoft 软件共享数据。

2.1.2 Visual FoxPro 的安装、启动与退出

1. 安装 Visual FoxPro 6.0 要求的系统条件

（1）软件要求

Visual FoxPro 6.0 可在 Windows 95、Windows NT 或以上版本的操作系统中使用。

（2）硬件要求

① 处理器：具有 486/66MHz 或更高性能的处理器。

② 内存：16MB 以上 RAM。

③ 具有 VGA 或更高分辨率的显示器。

2. Visual FoxPro 6.0 的安装

（1）将 Visual FoxPro 6.0 的安装盘放入光驱中，光盘将自动运行，弹出如图 2-1 所示的“Visual FoxPro 6.0 安装向导”对话框；或双击光盘中的“setup.exe”文件，也同样弹出 2-1 所示的对话框。

（2）单击“下一步”按钮，弹出 2-2 所示的“最终用户许可协议”对话框，选中“接受协议”单选项，单击“下一步”按钮。

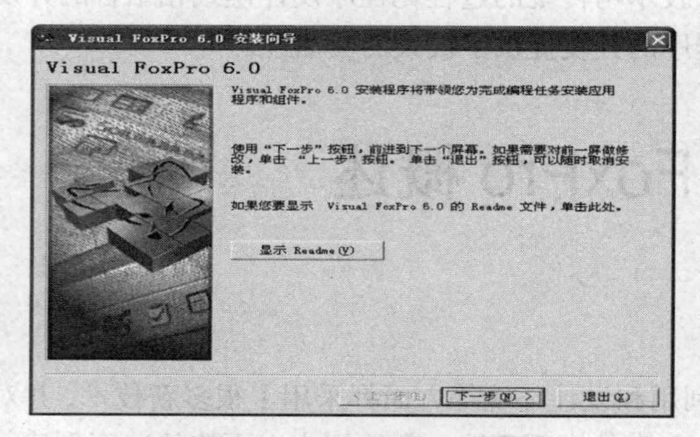

图 2-1 安装向导第 1 个界面

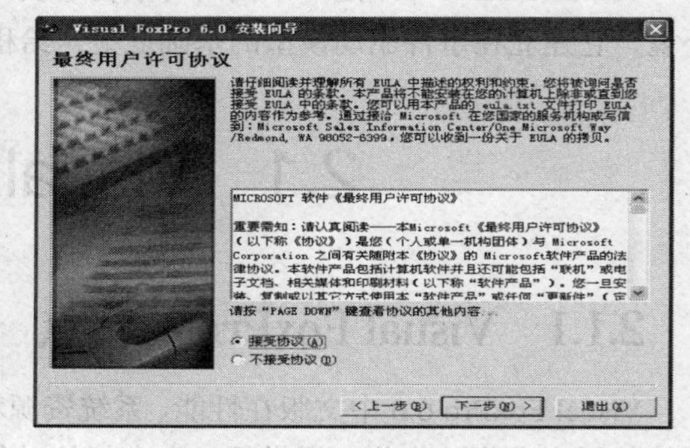

图 2-2 安装向导的用户许可协议

（3）弹出如图 2-3 所示的“产品号和用户 ID 号”对话框，填入相应的信息，单击“下一步”按钮。

（4）弹出 2-4 所示的对话框，声明该软件只允许安装在一台计算机上。单击“继续”按钮将继续安装。

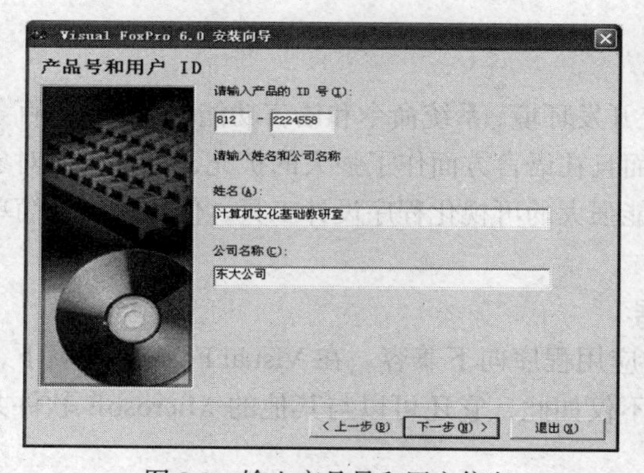

图 2-3 输入产品号和用户信息

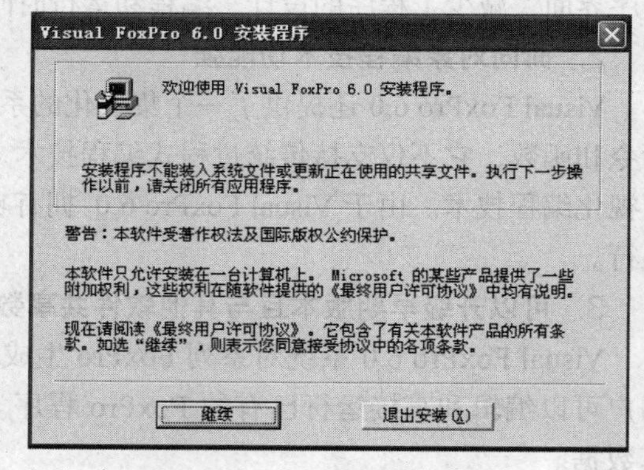

图 2-4 安装程序

（5）弹出 2-5 所示的对话框，选定安装类型，确定安装软件的位置，进入 2-6 所示的窗口，开始安装，并给出安装进度。

图 2-5　安装类型选择

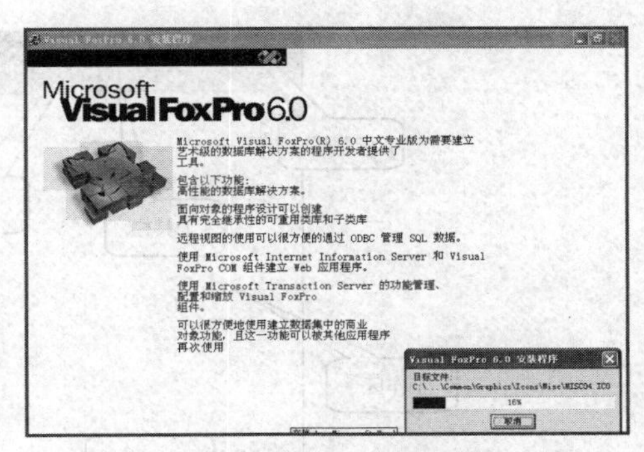

图 2-6　正在安装程序的界面

（6）等待安装完成后，将出现 2-7 所示的安装成功的对话框，确认安装成功。

图 2-7　确认安装成功

3. Visual FoxPro 6.0 的启动

方法一：选择 Windows 菜单的“开始/程序/Microsoft Visual FoxPro 6.0”命令，再单击“Microsoft Visual FoxPro 6.0”，可以启动 Visual FoxPro。

方法二：双击“我的电脑”，选择 Visual FoxPro 所在的磁盘位置“programs files/ Microsoft Visual Studio/vfp98/VFP6.exe”。

方法三：在桌面上双击 Visual FoxPro 的快捷方式。

4. Visual FoxPro 6.0 的退出

方法一：在 Visual FoxPro 的菜单系统中选择“文件/退出”命令。

方法二：在 Visual FoxPro 的命令窗口中执行 QUIT 命令。

方法三：单击在 Visual FoxPro 系统主窗口右上角的“×”图标。

2.2 Visual FoxPro 的工作界面

如果是第一次进入 Visual FoxPro 6.0，则系统将显示一个全屏幕欢迎界面，如图 2-8 所示。

图 2-8　进入 VFP 的欢迎界面

单击“关闭此屏”，即可进入中文 Visual FoxPro 6.0，显示如图 2-9 所示的用户界面。该界面包含标题栏、菜单栏、工具栏、命令窗口、工作区和状态栏。

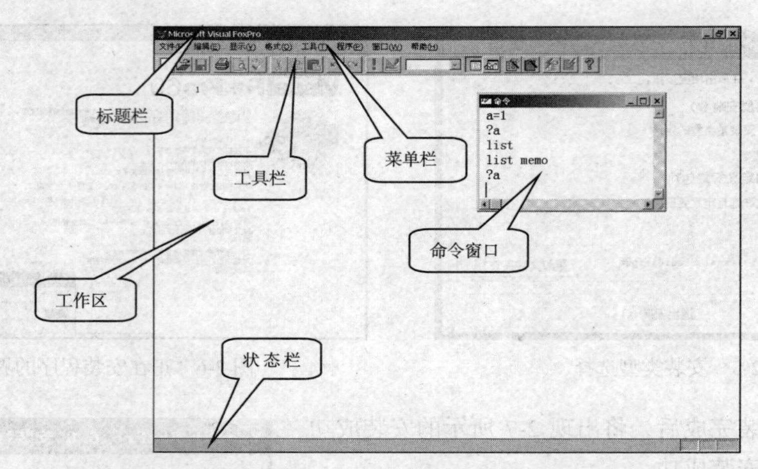

图 2-9　Visual FoxPro 6.0 系统主界面

2.2.1　Visual FoxPro 的菜单系统

菜单系统是我们最常用的实现人机对话的工具，Visual FoxPro 的菜单系统与 Word、Excel 的菜单非常相似。基本菜单项有“文件”“编辑”“显示”“格式”“工具”“程序”“窗口”“帮助”。但 Visual FoxPro 6.0 的菜单是根据环境动态改变的，所以，窗口中的菜单项可能在不同的情况下有一些差异，即使是相同的菜单项，其中的选项也可能不一样。例如打开一个表文件，主菜单中就会增加“表”菜单项；打开一个表单时，主菜单上就会添加“表单”菜单项。

2.2.2　Visual FoxPro 的工具栏

Visual FoxPro 6.0 提供了大量的工具栏，可以很方便地进行各种操作。对于每一个设计器，Visual FoxPro 6.0 都提供了相对应的工具栏，并且还可以根据自己的需要和习惯来定制自己的工具栏。

工具栏是将最常用的菜单功能以图形按钮的形式放在一起，以方便用户使用。每个按钮执行的操作对应于某个菜单命令。如图 2-10 所示的是“常用”工具栏和“表单设计器”工具栏。所有工具栏按钮都有文本提示功能，当把鼠标指针移到某个图标按钮上稍停一会儿时，系统将用文字的形式显示该按钮的功能。

图 2-10　工具栏

2.2.3　Visual FoxPro 的命令窗口

命令窗口是 Visual FoxPro 6.0 中输入交互式命令的区域。在此输入合法的命令后，按回车键确认，系统将执行命令，并显示相应结果。

2.2.4 Visual FoxPro 的工作区

工作区是 Visual FoxPro 6.0 显示命令执行结果的区域，在此还可以打开各种设计器、向导、对话框以及工作窗口。

2.2.5 配置 Visual FoxPro 6.0 的工作环境

安装 Visual FoxPro 6.0 后，系统会设置为默认的工作环境。有时为了满足某些特殊的要求，用户也可以自己设置工作环境。例如设置默认目录为 D:\学生成绩管理。操作步骤如下：

（1）首先需要在 D 盘上建立一个“学生成绩管理”的文件夹，然后进入 Visual FoxPro 6.0 系统，打开“工具”菜单，选择“选项”选项，在弹出的对话框中选择“文件位置”选项卡，如图 2-11 所示。

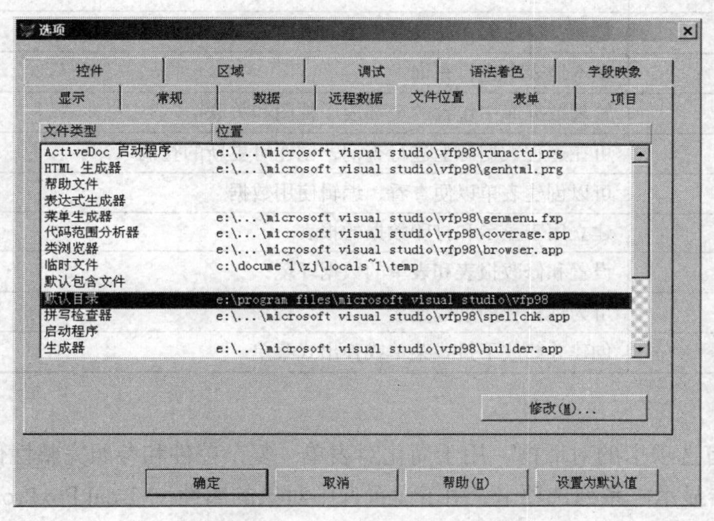

图 2-11 “文件位置”选项卡

（2）选中其中的“默认目录”选项，单击“修改”按钮，弹出“更改文件位置”对话框，选中“使用默认目录”复选框，修改对话框中的内容，如图 2-12 所示，或单击对话框右侧的 ... 按钮，选择指定的盘符与路径。

图 2-12 设置默认目录

（3）单击“确定”按钮，此时系统默认文件存取位置为“D:\学生成绩管理”。

2.2.6 Visual FoxPro 6.0 的集成开发环境

1. 项目管理器

开发一个完善的数据库应用系统，必然涉及许多不同类型的文件，这些文件中有的是用户创建的，有的是系统自动生成的。为了便于使用、修改、管理这些文件，Visual FoxPro 6.0 提供了一个项目管理器。项目管理器是数据、程序、文档及对象的管理者。掌握和灵活运用项目管理器可提高系统开发效率。它可以将开发系统时所用到的各种数据、文档、代码、类库及菜单、文本等文件都放置到一个项目文件中，帮助用户按一定的顺序和逻辑关系对这些文件进行有效的管理和组织，项目管理器的扩展名为.PJX，具体使用方法将在后面章节介绍。

2. 设计器

Visual FoxPro 中有创建各类文件的命令，但需要用户熟记，并掌握其中的复杂参数，甚至还要编写程序代码。为了避免这些麻烦，Visual FoxPro 提供了设计器这种可视化的开发环境，它集成了设计文件的各种操作，Visual FoxPro 6.0 提供的设计器见表 2-1。

表 2-1　　Visual FoxPro 中的设计器

设计器	功能
表设计器	创建、修改表，并设置表中的索引
查询设计器	在本地表中进行查询
数据库设计器	管理数据库中包含的全部表、视图和关联
视图设计器	可在远程数据源上进行查询，创建可更新的查询
表单设计器	可以创建表单以便查看、编辑使用数据
报表设计器	建立用于显示和打印数据的报表
数据环境设计器	设置和修改报表和表单的数据环境
连接设计器	可为远程视图创建连接
菜单设计器	创建并修改下拉式菜单或弹出式菜单

3. 生成器

生成器是带有选项卡的对话框，用于简化对表单、复杂控件和参照完整性代码的创建和修改过程。每个生成器显示一系列选项卡，用于设置选中对象的属性。Visual FoxPro 6.0 提供的生成器有表单生成器、表格生成器、编辑生成器、参照完整性生成器、程序生成器等。

4. 向导

Visual FoxPro 6.0 提供的另一个便捷的工具是“向导”。为了完成不同的任务，Visual FoxPro 6.0 提供了多种向导，常用的有用于生成表文件的表向导；用于生成数据库文件的数据库向导；用于生成表单的表单向导；用于生成报表的报表向导等，具体各种向导的使用方法将在以后的各章节中详细介绍。

2.2.7　Visual FoxPro 6.0 的文件类型

Visual FoxPro 6.0 提供很多文件类型，如表 2-2 所示。

表 2-2　　VFP 6.0 常用的文件扩展名及其关联的文件类型

扩展名	文件类型	扩展名	文件类型
.app	生成的应用程序	.frx	报表
.exe	可执行程序	.frt	报表备注
.pjx	项目	.lbx	标签
.pjt	项目备注	.lbt	标签备注

续表

扩展名	文件类型	扩展名	文件类型
.dbc	数据库	.prg	程序
.dct	数据库备注	.fxp	编译后的程序
.dcx	数据库索引	.err	编译错误
.dbf	表	.mnx	菜单
.fpt	表备注	.mnt	菜单备注
.cdx	复合索引	.mpr	生成的菜单程序
.idx	单索引	.mpx	编译后的菜单程序
.qpr	生成的查询程序	.vcx	可视类库
.qpx	编译后的查询程序	.vct	可视类库备注
.scx	表单	.txt	文本
.sct	表单备注	.bak	备份文件

2.3　Visual FoxPro 的操作方法

2.3.1　Visual FoxPro 的菜单工作方式

菜单方式主要是通过 Visual FoxPro 提供的菜单项或对应的工具栏按钮，根据弹出的对话框或向导逐步完成各项任务的操作方式。

2.3.2　Visual FoxPro 的命令工作方式

命令的使用有两种方式：一种是程序方式；另一种是交互方式。程序方式是在代码窗口中将要完成的任务编写成若干条语句，一条语句占一行，连续执行的方式；交互方式是在命令窗口输入相关命令，每条命令单独执行的方式。

1. 命令的格式

<命令动词> [<范围>] [FIELDS<字段名表达式>] [FOR <条件>] [WHILE <条件>][TO FILE <文件名> / TO PRINT] [ALL　[LIKE / EXCEPT　<通配符>]]　[参数 1] [参数 2] ...

2. Visual FoxPro 6.0 的命令格式说明

（1）命令动词

Visual FoxPro 中所有的命令均以命令动词开头，命令动词指定了该命令的功能，即做什么，它是 Visual FoxPro 的保留字。例如，显示表文件中的所有记录用 LIST 命令。

（2）命令的书写约定

- 以命令动词开头，为了便于用户书写，保留字可以使用缩写的形式，只要写出命令字的至少前 4 个字母即可。例如：COUNT 可写成 COUN。
- 命令中的命令动词之后，可以有用[ ]括起来的多个可选项，所有可选项书写的顺序可以任意，各项之间用空格隔开。
- 变量名、字段名和文件名应避免使用保留字，以免产生错误。

- 命令的总长度不可超过 256 个字符，一条命令占一行，当命令很长，显示器一行显示不下时，可分行书写，但要在换行处加上“;”，命令输入完毕，按回车键执行。

命令中的其他可选子句的使用规则将在下一章详细介绍。

3. 文件命名方法

- 文件名由主文件名和扩展名构成。
- 主文件名是由汉字、字母、数字、下划线构成的，不能以数字开头。
- 扩展名由 3 个字母构成。例如：表文件的扩展名为.DBF。

4. 命令工作方式中的常见错误

（1）命令动词写错

（2）格式不符合要求

- 标点符号不对。
- 缺少必需的空格或添加了不该有的空格。
- 数据类型不一致，要注意字符型、数值型、日期型、逻辑型数据的书写格式。

（3）打不开所需文件

没有正确输入盘符和路径或文件名输错。

命令中除了汉字之外，其他符号都必须在英文状态下使用。

第3章 Visual FoxPro 数据和数据运算

数据是程序加工处理的对象，并以某种特定的形式存在，按照计算机系统处理数据的形式划分，Visual FoxPro 6.0 有常量、变量、函数和表达式 4 种形式的数据。

3.1 Visual FoxPro 的数据类型

数据是计算机程序处理的对象，也是运算产生的结果。数据类型是数据的基本属性。对数据进行操作时，只有同类型的数据才能进行操作，若对不同类型的数据进行操作，系统将会提示语法出错。数据按类型分为数值型数据、字符型数据、逻辑型数据、日期型数据等。

1. 字符型

字符型（Character）数据由汉字、字母、数字、空格等任意 ASCII 码字符组成。最大长度为 254 字符，每个字符占 1 个字节，每个汉字占 2 个字节，值得注意的是，当将阿拉伯数字定义为字符型数据时（如电话号码、邮编、身份证号），它们将不具有计算的功能。

2. 数值型

数值型（Numeric）数据是有大小含义、并可以参与数学运算的数据，常用来表示数量，它可由正负号、0～9 的数字和小数点组成。数值型数据的长度为 1～20。

3. 逻辑型

逻辑型（Logical）数据用于表示两个相反的状态，其值只有真（.T.）和假（.F.），在内存中占 1 个字节。

4. 日期型

日期型（Date）数据是存储和表示年、月、日等日期的数据类型。日期型数据的表示有多种格式，可以通过命令进行格式的设置，最常用的格式为{mm/dd/yyyy}、{^yyyy-mm-dd}。yyyy 代表年，mm 代表月，dd 代表日，共占 8 个字节。日期型数据取值的范围是：公元 0001 年 1 月 1 日到公元 9999 年 12 月 31 日。

5. 日期时间型

日期时间型（DateTime）数据用以保存日期和时间值。日期时间型数据最常用的格式为{mm/dd/yyyy hh:mm:ss am/pm }、{^yyyy-mm-dd　hh:mm:ss am/pm }，hh 为时间中的小时，mm 为时间中的分钟，ss 为时间中的秒。日期时间型数据中可以只包含一个日期或者只包含一个时间值。

6. 货币型

货币型（Currency）数据是数值型数据的一种变形，一般在数值型数据之前加上货币符号$即可，货币型数据取值的范围是:-922337203685477.5807～922337203685477.5807。

当小数位数超过 4 位时，系统将进行四舍五入的处理。每个货币型数据占 8 个字节。

7. 双精度型

双精度型（Double）数据用于取代数值型，以便能提供更高的数值精度。双精度型只能用于数据表中字段的定义，它采用固定存储长度的浮点数形式。与数值型不同，双精度型数据的小数点的位置是由输入的数据值来决定的。每个双精度型数据占 8 个字节。

8. 浮点型

浮点型（Float）数据只能用于数据表中字段的定义，包含此类型是为了提供兼容性，浮点型在功能上与数值型等价。

9. 整型

整型（Integer）数据用于存储无小数部分的数值，只能用于数据表中字段的定义。在数据表中，整型字段占用 4 个字节，取值范围是：−2147483647～2147483647。

10. 备注型

备注型（Memo）数据用于字符型数据块的存储，只能用于数据表中字段的定义。在数据表中，备注型字段占用 4 个字节，并用这 4 个字节来引用备注的实际内容。实际备注内容的多少只受内存可用空间的限制。

11. 通用型

通用型（General）数据用于存储 OLE 对象，只能用于数据表中字段的定义。该字段包含了对 OLE 对象的引用，而 OLE 对象的具体内容可以是一个电子表格、一个字处理器的文本、图片等，是由其他应用软件建立的。

3.2 常量与变量

在程序的运行过程中，把需要处理的数据存放在内存储器中。我们把始终保持不变的数据称为“常量”，存放数据的存储器单元称为“变量”，其中的数据称为变量的值。

3.2.1 常量

常量是指数据处理过程中其值和类型均不变的量。在 Visual FoxPro 6.0 中，常用到的常量数据类型主要有以下几种。

1. 数值型常量

由数字（0～9）、小数点和正负号组成。例如：12.3，-12.3,1.2e+8 表示 1.2×10^{8}。

2. 字符型常量

由汉字和 ASCII 字符集中的可打印字符组成的字符串，使用时必须用定界符括起来，定界符有双引号“”、单引号‘’、方括号[ ]。

【例 3-1】 显示字符型常量“学生”，‘123’，[“三好”学生],“‘student’的中文意思是‘学生’”。

在命令窗口中输入下列命令：

```
? "学生",'123'
```

```
? ["三好"学生]
? " 'student'的中文意思是'学生'"
```

注意　定界符不是字符常量内容，只是字符串常量的开始和结束的标志。

3. 逻辑型常量

只有两个逻辑值“真”和“假”，用圆点定界符括起。例如：逻辑“真”：.t.、.T.、.Y.、.y.；逻辑“假”：.f.、.F.、.N.、.n.。

4. 日期常量

其严格格式为：{^yyyy-mm-dd}。

例如，d1={^2014-01-01}。

若要使用传统的{mm/dd/yy}格式表示日期，必须设置不进行严格日期的检查，此时可使用如下命令进行日期常量的设置与赋值。

```
SET STRICTDATE TO 0
d2={01/01/14}
```

5. 时间日期型常量

用于表示时间日期，其严格格式以{^yyyy-mm-dd hh:mm:ss}表示。

例如，{^2014-01-01 12:11:36}。

6. 货币型常量

在使用货币值时，可以使用货币值来代替数值型，每个货币数据占 8 个字节。例如，$123.45。

3.2.2　变量

变量是指在命令操作或程序执行期间其值可以改变的量。变量分为：内存变量、字段变量、数组变量。每一个变量都必须有一个固定的名称（变量名）进行标识，用户可以通过变量名存取数据。变量名的命名规则为：

（1）以汉字、字母、数字及下画线组成；

（2）以汉字、字母或下画线开始；

（3）避免使用 VFP 的保留字。

1. 字段变量

字段变量隶属于表文件，每个表中都包含若干个字段变量，字段变量的类型有：数值型、字符型、日期型、逻辑型、备注型、通用型等。例如表 3-1 中的学号、姓名、性别、班级等就是字段变量。

表 3-1　　学生统计表

学号	姓名	性别	班级	家庭住址	联系电话
20010301	刘金和	男	会计	北京东城	63975645
20010302	李想	女	会计	北京崇文	57437889
20010303	王立	女	会计	北京丰台	66785343
20010304	张天一	男	金融	北京朝阳	63783333
20020201	赵树可	男	金融	北京怀柔	54743788
20020202	郑小丹	女	金融	北京宣武	65433778

2. 内存变量

内存变量是内存中的临时单元，可以用来在程序的执行过程中保留中间结果和最后结果，或用来保留对数据库进行某种分析处理后得到的结果。特别要注意，除非用内存变量文件来保存内存变量值，否则，当退出 Visual FoxPro 系统后，内存变量也会与系统一起消失。

用户可以根据需要定义内存变量类型，内存变量的定义是通过赋值语句来完成的。它的类型取决于输入的数据的类型。内存变量的类型有数值型、字符型、逻辑型、日期型等，但不能是备注型和通用型。

（1）内存变量的赋值。

命令格式：

```
<内存变量>=<表达式>
STORE <表达式> TO <内存变量表>
```

命令功能：将<表达式>的值赋给内存变量，在 STORE 语句中的内存变量之间用英文状态下的“,”间隔。

【例 3-2】 内存变量的赋值

```
name="李明"
年龄=23
出生日期={^1991-07-23}
L=.T.
STORE 2+3 TO a1, a2, a3
```

（2）内存变量的显示。

命令格式：

```
?[表达式表]
??[表达式表]
LIST MEMORY [LIKE <通配符>][TO PRINTER/TO FILE <文件名>]
DISPLAY MEMORY [LIKE <通配符>][TO PRINTER/TO FILE <文件名>]
```

命令功能：?表示换行输出表达式的值，各表达式之间用“,”分隔。

??表示在光标当前位置输出表达式的值。

LIST 和 DISPLAY：显示内存变量的当前信息，包括变量名、作用域、类型、取值。

① 选用 LIKE 可选项只显示与通配符匹配的所有内存变量，通配符包括*和?，*表示任意多个字符，?表示任意一个字符。

② 可选子句 TO PRINTER 或 TO FILE <文件名>用于在显示的同时送往打印机或者存入给定文件名的文本文件中，文件的扩展名为.TXT。

③ LIST 与 DISPLAY 的区别是：当需要显示的内存变量较多时，DISPLAY 会分屏显示内存变量，LIST 则自动向上滚动显示，只能看到最后一屏的内容。

【例 3-3】 在命令窗口分别输入下面命令：

```
? a1 ,a2 ,a3
??name,年龄
LIST MEMO LIKE a?
```

工作区内分别显示如下结果：

```
5        5        5李明    23
A1       pub      N  5        (        5.00000000)
A2       pub      N  5        (        5.00000000)
A3       pub      N  5        (        5.00000000)
```

（3）保存内存变量。

存储内存变量的文件称为内存文件，扩展名为.MEM。

命令格式：SAVE TO <内存文件名>

SAVE TO <内存文件名> [ALL LIKE <通配符>/ALL EXCEPT<通配符>]

命令功能：保存指定内存变量到内存文件名中。

【例 3-4】
```
SAVE  TO  AA                    &&保存所有内存变量到内存文件 AA.MEM 中
SAVE  TO  MM  ALL  LIKE   X*
SAVE  TO  BB  ALL  EXCEPT  ?Y
```

（4）恢复内存变量。

命令格式：RESTORE FROM <内存文件名> [ADDITIVE]

命令功能：将内存文件中的变量恢复到内存中，[ADDITIVE]表示恢复内存变量时，只覆盖原内存中的同名变量，原内存变量中的其他变量保留。

【例 3-5】
```
RESTORE  FROM  MM               &&将内存文件 MM.MEM 中的变量恢复到内存
RESTORE  FROM  BB  ADDITIVE     &&将内存文件 BB.MEM 中的变量追加到内存
```

（5）清除内存变量。

就是将内存变量中的变量删除，释放出所占的内存空间。

命令格式：格式一 RELEASE <内存变量清单>

格式二 RELEASE ALL[LIKE/EXCEPT <通配符>]

格式三 CLEAR MEMORY

命令功能：① 格式一释放指定的内存变量，变量名之间用“,”号分隔。

② 格式二释放指定的内存变量，当没有可选项时，则表示释放所有内存变量。

③ 格式三释放所有内存变量，与 RELEASE ALL 的功能相同。

【例 3-6】
```
RELEASE   X,Y,Z
RELEASE   ALL
RELEASE   ALL  LIKE  A?
```

如果内存变量与数据表中的字段变量同名时，用户在引用内存变量时，要在其名字前加一个 m.或 m->，用以强调这一变量是内存变量,例 m->姓名。

3. 数组变量

（1）数组变量：一组变量的集合，这些变量的数据类型可以不同，每个数组元素都可以通过一个数值下标被引用，相当于一个内存变量，数组必须先定义，后使用。

（2）数组变量的定义格式：DIMENSION 数组名 1（最大下标 1 [，最大下标 2，…]）

（3）数组元素的数据类型是通过所赋值的数据类型来确定的。

（4）一维数组：各个元素按线性排列，如数组 A（6）。

二维数组：类似于一个数据表，第一维是行，第二维是列。数组一旦被定义之后，该数组的每个元素的初值为逻辑假值,即.F.,如数组 B（2,3）。

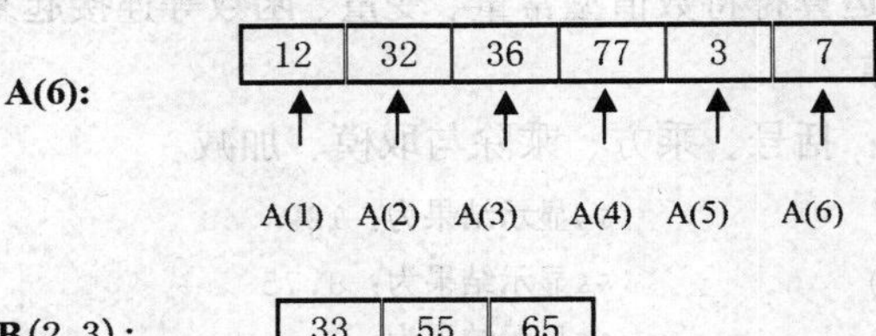

B(2, 3)：

33	55	65
46	75	48

（5）数组下标的排列规则：数组从下标 1 开始使用，二维数组的元素排列是先按行排，后按列排。

如已定义的二维数组 B（2，3），用一维下标表示各个数组元素的形式为：

B（2，3）：B（1,1） B（1,2） B（1,3） B（2,1） B（2,2） B（2,3）

↓ ↓ ↓ ↓ ↓ ↓

B（1） B（2） B（3） B（4） B（5） B（6）

【例 3-7】 给一维数组 C 和二维数组 D 进行赋值,并显示。

```
DIMENSION  C(6),D(2, 3)                 &&定义一维数组 C 和二维数组 D
STORE  6  TO  D                         &&数组 D 中的所有元素赋值 6
C(1)= 325
C(2)= "ABC"
C(3)=.T.
? C(1),C(2),C(3),C(4),C(5),C(6)
? D(1,1),D(1,2),D(1,3)
? D(4),D(5),D(6)
```

显示结果为：

```
325  ABC  .T.  .F.  .F.  .F.
6         6         6
6         6         6
```

内存变量——存放单个数据的内存单元。
数组变量——存放多个数据的内存单元组。
字段变量——存放在数据表中的数据项。

3.3 运算符和表达式

运算是对数据进行加工的过程，描述各种不同运算的符号称为运算符，而参与运算的数据称为操作数。表达式用来表示某个求值规则，它由运算符和配对的圆括号将常量、变量、函数和对象等操作数以合理的形式组合而成。每个表达式都产生唯一的值。在 VFP 中有 5 类运算符和表达式。

3.3.1 算术运算符与算术表达式

1. 算术运算符

算术运算符包括圆括号( )、乘方（**或^）、乘（*）、除（/）、模运算或取余（%）、加（+）、减（−）。

2. 算术表达式

算术表达式是由数值运算符将数值型常量、变量、函数等连接起来的式子，其结果为数值型。

3. 运算符的优先顺序

各运算符优先顺序为：括号、乘方、乘除与取模、加减。

【例 3-8】

```
? 5+7            &&显示结果为：12
? 70/(5+3)       &&显示结果为：8.75
? 70%(5+3)       &&显示结果为：6
? 7*3**2         &&显示结果为：63.00
```

3.3.2　字符串运算符与字符串表达式

1. 字符串运算符

字符串运算符：+、-、$。

2. 字符串表达式

一个字符串表达式由字符串常量、字符串变量、字符串函数和字符串运算符组成。它可以是一个简单的字符串常量，也可以是若干个字符串常量或字符串变量的组合。

（1）完全连接运算符（+）：两个字符串进行简单的首尾连接。

（2）不完全连接运算符（-）：将第一个字符串尾部的空格移到第二个字符串的尾部，然后，再将两个字符串连接起来。

【例 3-9】 在命令窗口分别输入下列命令（□表示空格）

```
? "abc□"+"xyz"
? "计算机□" + "应用技术" + "专业"
? "计算机□"-"应用技术" + "专业"
```

分别显示结果为：

```
abc□xyz
计算机□应用技术专业
计算机应用技术□专业
```

（3）包含运算符：

命令格式：<串 1> $ <串 2>

命令功能：如果<串 1>包含于<串 2>中，则其结为 .T.，否为.F.。

【例 3-10】
```
? "abc"$"123abc"              &&显示结果为：.T.
?"微机"$"微型计算机"            &&显示结果为：.F.
```

3. 运算符的优先顺序

3 个运算符的优先顺序相同。

3.3.3　日期运算符与日期表达式

1. 日期运算符

日期运算符：加法（+）、减法（-）。

2. 日期表达式

日期表达式由+、-、算术表达式、日期型常量、日期型变量和函数组成。日期型数据是一种特殊的数值型数据，它们之间只能进行加“+”、减“-”运算。有下面 3 种情况：

（1）日期+整数：一个表示天数的数值型数据可加到日期型数据中，其结果仍然为一日期型数据（向后推算的日期）。

（2）日期-整数：一个表示天数的数值型数据可从日期型数据中减掉它，其结果仍然为一日期型数据（向前推算的日期）。

（3）日期-日期：两个日期型数据可以相减，结果是一个数值型数据（两个日期相差的天数）。

【例 3-11】
```
?{^1997-07-1}+20                    &&显示结果为：07/21/97
?{^2006-02-28}-{^1997-07-01}        &&显示结果为：3164
?{^1997-07-01}-100                  &&显示结果为：03/23/97
```

3.3.4 关系运算符与关系表达式

1. 关系运算符

关系运算符又称比较运算符，用来对两个表达式的值进行比较，Visual FoxPro 6.0 提供的关系运算符有：小于（<）、小于等于（<=）、大于（>）、大于等于（>=）、不等于（<>、#或!=）、等于（=）、全等于（==）。

2. 关系表达式

关系表达式是指用关系运算符将两个表达式连接起来的式子，比较的结果是一个逻辑值（.T.或.F.），这个结果就是关系表达式的值。关系运算符的两边可以是字符表达式、数值表达式或者日期表达式，但两边的数据类型必须一致才能进行比较。

3. 设置字符的排列顺序

在“工具”菜单下选择“选项”，打开“选项”对话框，单击“数据”选项卡，从“排序序列”下拉列表框中选择“Machine”选项，如图 3-1 所示。此时设置为机器次序，指定的字符排序与 FoxPro 以前版本兼容，排列次序是：西文字符是按照 ASCII 码值排序，即空格<数字<大写字母<小写字母；汉字的机内码与汉字国标码一致，一级汉字小于二级汉字，一级汉字内按汉语拼音顺序排列。

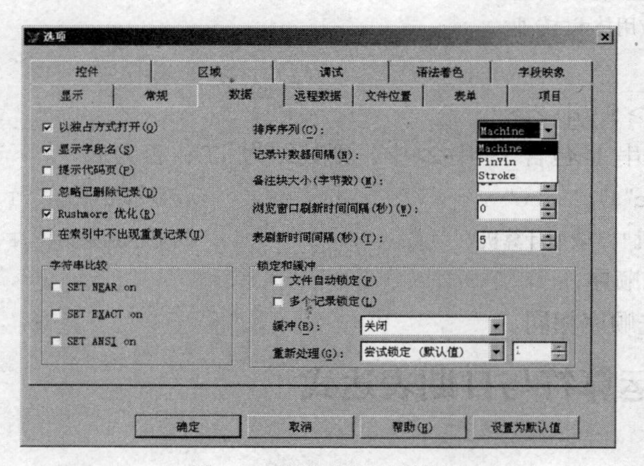

图 3-1 “选项”对话框

【例 3-12】

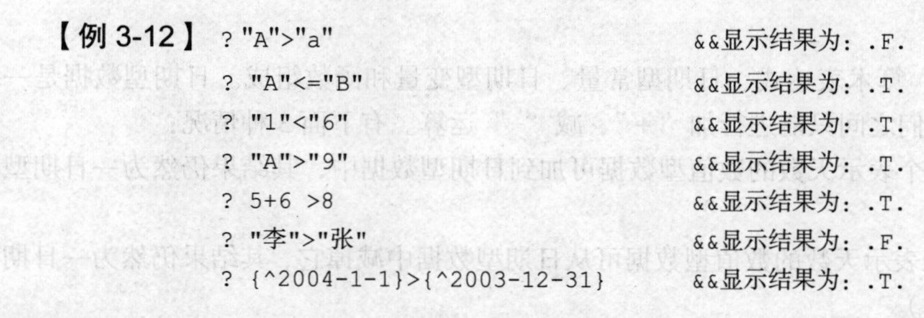

```
? "A">"a"                    &&显示结果为：.F.
? "A"<="B"                   &&显示结果为：.T.
? "1"<"6"                    &&显示结果为：.T.
? "A">"9"                    &&显示结果为：.T.
? 5+6 >8                     &&显示结果为：.T.
? "李">"张"                   &&显示结果为：.F.
? {^2004-1-1}>{^2003-12-31}  &&显示结果为：.T.
```

注意

时间在前的小，时间在后的大。

4. 全等于（==）

只有（==）两边的内容完全相同时，结果为.T.，否则值为.F.。

【例 3-13】

```
? "aa"=="aa"                  &&显示结果为：.T.
? 2==3                        &&显示结果为：.F.
```

5. 等于（=）

（1）用“=”运算符比较两个字符串时，运算结果与命令 SET　EXACT　ON/OFF 的设置有关。

（2）SET　EXACT　ON：先在较短的字符串的尾部加上若干个空格，使两个字符串长度相等，然后再进行比较。

（3）SET　EXACT　OFF：只要右边的字符串与左边的字符串的前面部分内容相匹配，即可得到逻辑真的结果。

SET　EXACT 的设置如表 3-2 所示。

表 3-2　SET　EXACT 的设置（表中的“□”表示空格）

比较	SET　EXACT　OFF	SET　EXACT　ON
“abc”=“abc”	.T.	.T.
“ab”=“abc”	.F.	.F.
“abc”=“ab”	.T.	.F.
“ab□”=“ab”	.T.	.T.
“ab”=“ab□”	.F.	.T.
“ab”=“”	.T.	.F.

3.3.5　逻辑运算符与逻辑表达式

1. 逻辑运算符

逻辑运算符：逻辑非（NOT）、逻辑与（AND）、逻辑或（OR）。

2. 逻辑表达式

逻辑表达式是指用逻辑运算符连接若干关系表达式或逻辑值而成的式子。VFP 提供的逻辑运算符的运算规则见表 3-3。

NOT：由真变假或由假变真，进行取“反”操作。

AND：两边表达式的值均为真时，结果才为真，否则为假。

OR：两边表达式中只要有一个值为真，结果就为真，只有两边表达式的值均为假，结果才为假。

表 3-3　逻辑运算符的运算规则

A	B	Not A	A　AND　B	A　OR　B
.T.	.T.	.F.	.T.	.T.
.T.	.F.	.F.	.F.	.T.
.F.	.T.	.T.	.F.	.T.
.F.	.F.	.T.	.F.	.F.

3. 逻辑运算符的优先顺序

逻辑运算符运算的先后顺序为：NOT、AND、OR

【例 3-14】

```
? 6>3  AND  7<8               &&显示结果为：.T.
? "A">"C"OR"A"<"C"            &&显示结果为：.T.
? NOT  "A"<"a"                &&显示结果为：.F.
```

在早期的版本中，逻辑运算符的两边必须使用圆点号，如.AND.、.OR.、.NOT.，目前，两者可以通用。

3.3.6 各类运算符的优先级

在一个表达式中进行多种操作时，Visual FoxPro 6.0 系统会按一定的顺序进行求值，称这个顺序为运算符的优先顺序，运算符的优先顺序为：

算术运算符、字符运算符、关系运算符、逻辑运算符。

（1）同级运算按照它们从左到右出现的顺序进行计算。

（2）可以用括号改变优先顺序，强令表达式的某些部分优先运行。

（3）括号内的运算总是优先于括号外的运算，在括号之内，运算符的优先顺序不变。

【例 3-15】
```
? 8-1>7 .OR. "A"+"B"$"123ABC"                      &&显示结果为.T.
? 3*5>=100 .OR..NOT. "A"$"ABC".AND. "23">"234"     &&显示结果为.F.
```

3.4 函　数

3.4.1 函数类型

Visual FoxPro 的函数有两种：一种是用户自定义的函数；一种是系统函数。自定义函数由用户根据需要自行编写，系统函数则是由 Visual FoxPro 提供的内部函数，用户可以随时调用，本节主要介绍系统函数。Visual FoxPro 中的许多操作和功能都是通过函数实现的。根据函数返回值的类型，可以将函数分为数值函数、字符串函数、日期和时间函数、类型转换函数、测试函数等，下面仅对经常使用的函数进行举例说明，其他函数及功能见附表。

3.4.2 数值函数

1. ABS( )

命令格式：ABS（数值表达式）

命令功能：返回指定数值型表达式的绝对值。

【例 3-16】
```
?ABS(-3*6)          &&显示结果为：18
?ABS(3*6)           &&显示结果为：18
```

2. INT( )

命令格式：INT（数值表达式）

命令功能：计算一个数值表达式的值，并返回其整数部分。

【例 3-17】
```
?INT(3.14*6)        &&显示结果为：18
?INT(-3.14*6)       &&显示结果为：-18
```

3. MAX( )

命令格式：MAX（数值表达式 1,数值表达式 2，…）

命令功能：比较几个表达式的值，并返回其中值最大的表达式。

【例 3-18】?MAX(13,2*5,-8)　　　　&&显示结果为：13

?MAX(MAX(13,2*5),-8)　　　　&&显示结果为：13

4. MOD( )

命令格式：MOD（数值表达式 1,数值表达式 2）

命令功能：用数值表达式 1 除以数值表达式 2，返回其余数。

【例 3-19】（1）?MOD（13,6）　　　　&&显示结果为：1

（2）若整数 N 能整除整数 M，则 N、M 应满足下列等式

MOD(N,M)=0

或 INT(N/M)=N/M

当数值表达式 1 或表达式 2 是负数时，遵循如下规则：

```
MOD (N,- M)= MOD (N, M)- M
MOD (-N, M)= M- MOD (N, M)
MOD (-N,- M)=- MOD (N, M)
```

5. SQRT( )

命令格式：SQRT（数值表达式）

命令功能：返回指定数值表达式的算术平方根。

【例 3-20】?SQRT（13）　　　　&&显示结果为：3.61

6. ROUND( )

命令格式：ROUND（数值表达式 1，数值表达式 2）

命令功能：按表达式 2 指定的小数位数求表达式 1 四舍五入后的值。

【例 3-21】?ROUND（135.789,2）　　　　&&显示结果为：135.79

?ROUND(135.789,0)　　　　&&显示结果为：136

?ROUND(135.789,-2)　　　　&&显示结果为：100

技巧

求 5 位正整数 X 的个位数字、十位数字、百位数字之和的表达式为：MOD(X,10)+MOD(INT(X/10),10)+MOD(INT(X/100),10)

3.4.3 字符串类型函数

1. TRIM( )

命令格式：TRIM（字符串表达式）

命令功能：删除指定字符表达式的尾部空格，并返回删除空格后的字符串。

【例 3-22】?TRIM（"ABC□"）　　　　&&显示结果为：ABC

2. ALLTRIM( )

命令格式：ALLTRIM（字符串表达式）

命令功能：删除指定字符表达式的前后空格，并返回删除空格后的字符串。

【例 3-23】?ALLTRIM（"□AB□C□"）　　　　&&显示结果为：AB□C

3. LEFT( )

命令格式：LEFT（字符串表达式,N）

命令功能：从字符串表达式最左边字符开始，返回指定数目的字符串。

【例 3-24】 ?LEFT（"中华人民共和国",4） &&显示结果为：中华

4. SUBSTR( )

命令格式：SUBSTR（字符串表达式,N1,N2）

命令功能：取从字符串表达式的 N1 位置开始,长度为 N2 的子串，返回子字符串。

【例 3-25】 ?SUBSTR（"中华人民共和国",5,4） &&显示结果为：人民

5. AT( )

命令格式：AT（字符串表达式 1,字符串表达式 2）

命令功能：返回字符表达式 1 在字符表达式 2 中第一次出现的起始位置，若表达式 1 在表达式 2 中不出现，则返回 0。

【例 3-26】
```
?AT（"共和国","中华人民共和国"）      &&显示结果为：9
?AT("中国","中华人民共和国")          &&显示结果为：0
?AT("bc", "abcbc")                  &&显示结果为：2
```

6. LEN( )

命令格式：LEN（字符串表达式）

命令功能：返回字符串表达式的长度。

【例 3-27】 ?LEN（"中华人民共和国"） &&显示结果为：14

7. SPACE( )

命令格式：SPACE（数值表达式）

命令功能：产生由数值表达式指定数目的空格，返回结果为字符型。

【例 3-28】

?LEFT("中华人民共和国",2) + SPACE(2) + SUBSTR("中华人民共和国",13,2) &&显示结果为:中 国（中和国中间有 2 个空格字符）

8. LOWER( )

命令格式：LOWER（字符串表达式）

命令功能：将指定字符串表达式转换为小写字母。

【例 3-29】?LOWER（"COMPUTER"） &&显示结果为：computer

9. UPPER( )

命令格式：UPPER（字符串表达式）

命令功能：将指定字符串表达式转换为大写字母。

【例 3-30】?UPPER（"computer"） &&显示结果为：COMPUTER

10. &

命令格式：&<字符型内存变量>[.字符表达式]

命令功能：宏代换函数，用于代换一个字符变量的内容，即调用了字符型内存变量的值。

【例 3-31】
```
aa="bb"
bb="北京"
?aa,bb                       &&显示结果为：bb    北京
?&aa                         &&显示结果为：北京
name="张亮"
? "&name"                    &&显示结果为：张亮
? "&name. very  good! "      &&显示结果为：张亮 very good!
```

宏替换表达式中的“.”用以表示宏替换变量的结束。

3.4.4　日期类型函数

1. DATE( )

命令格式：DATE( )

命令功能：返回系统日期。

【例 3-32】 ?DATE( )　　　　&&显示结果为：06/05/14

2. TIME( )

命令格式：TIME( )

命令功能：返回系统的时间。

【例 3-33】 ?TIME( )　　　　&&显示结果为：10:12:13 AM

3. YEAR( )

命令格式：YEAR（日期表达式）

命令功能：返回给定日期表达式中的年份。

【例 3-34】

```
?YEAR({^1997-07-01})        &&显示结果为：1997
?YEAR(DATE( ))              &&显示结果为：2006
```

求 1938 年 10 月 4 日出生的人的年龄：

```
?YEAR(DATE())-YEAR({^1938-10-4})
```

4. MONTH( )

命令格式：MONTH（日期表达式）

命令功能：返回给定日期表达式中的月份。

【例 3-35】 ?MONTH({^2014-06-05})　　　　&&显示结果为：6

5. DAY( )

命令格式：DAY（日期表达式）

命令功能：返回给定日期表达式中的日期。

【例 3-36】

```
?DATE( )                    &&显示结果为：06/05/14
?DAY(DATE())                &&显示结果为：5
```

6. DATETIME( )

命令格式：DATETIME( )

命令功能：返回系统的日期和时间。

【例 3-37】 ?DATETIME( )　　　　&&显示结果为：06/05/14 10:12:13 AM

7. HOUR( )

命令格式：HOUR（日期表达式）

命令功能：返回给定日期时间型表达式的小时部分。

【例 3-38】 ?HOUR(DATETIME( ))　　　　&&显示结果为：10

8. DOW( )

命令格式：DOW（日期表达式）

命令功能：返回给定日期表达式中的星期数，返回值为数值型。

【例 3-39】 ?DOW({^1997-07-01})　　　　&&显示结果为：3

系统默认星期日是 1。

3.4.5 类型转换函数

数据类型转换函数的功能是将某一种类型的数据转换成另一种类型的数据。

1. CHR( )

命令格式：CHR（数值表达式）

命令功能：根据指定的 ASCII 代码返回相应的字符，要求表达式的值是 0～255 的数值。

【例 3-40】 ?CHR（20+45） &&显示结果为：A

2. ASC( )

命令格式：ASC（字符串表达式）

命令功能：给出字符串表达式中最左边字符的 ASCII 码的十进制数，函数返回值是 0～255 的数值。

【例 3-41】 ?ASC（"ASDF"） &&显示结果为：65

?ASC("123ASDF") &&显示结果为：49

3. STR( )

命令格式：STR（数值表达式 1,数值表达式 2，数值表达式 3）

命令功能：将数值表达式 1 的值转换成字符数据。

（1）数值表达式 2 给出转换后的字符串长度，该长度包括小数点、负号，如果缺省数值表达式 2 和数值表达式 3，则输出结果为固定长度 10 位，且只取整数部分。

（2）数值表达式 3 给出小数位数，默认位数为 0。

（3）当数值表达式 2 的值大于数值表达式 1 给出值的数字位数时，在返回字符串左边添加空格。

（4）如果数值表达式 2 的值小于小数点左边的数字位数，则将返回一串星号***。

【例 3-42】 ?STR（123.456,8,2） &&显示结果为：□□123.46

?STR(123.456,8) &&显示结果为：□□□□□123

?STR(123.456) &&显示结果为：□□□□□□□123

?STR(123.456,2) &&显示结果为：**

4. VAL( )

命令格式：VAL（字符串表达式）

命令功能：将数值字符串转换为数值型数据,转换后的数据默认为 2 位小数。

【例 3-43】 ?VAL（"123.456"） &&显示结果为：123.46

?VAL("123ABC") &&显示结果为：123.00

?VAL("ABC123") &&显示结果为：0.00

5. CTOD( )

命令格式：CTOD（表达式）

命令功能：将字符型表达式转换为日期型数据。

【例 3-44】 ?CTOD （"02/12/99"） &&显示结果为：02/12/99

6. DTOC( )

命令格式：DTOC（表达式）

命令功能：将日期型表达式转换为字符型数据。

【例 3-45】 ?DTOC （{^2006-01-23}） &&显示结果为：01/23/06

把当前日期以 XXXX 年 XX 月 XX 日形式表示的表达式如下。

```
?STR(YEAR(DATE()),4)+ "年"+STR(MONTH(DATE()),2)+ "月"
+STR(DAY(DATE()),2)+ "日"
```

3.4.6 测试函数

在数据处理过程中，有时用户需要了解操作对象的状态。例如要使用的文件是否存在，表的当前记录号、记录指针是否为文件尾等。

1. TYPE( )

命令格式：TYPE（表达式）

命令功能：测试数据类型，返回数据类型的简写符号，表达式必须用引号“”括起。

【例 3-46】
```
?TYPE("56")                     &&显示结果为 N
?TYPE("DATE()")                 &&显示结果为 D
```

2. IIF( )

命令格式：IIF（条件表达式 1,表达式 2，表达式 3）

命令功能：如果条件表达式 1 的值为.T.,函数值为表达式 2 的值，否则为表达式 3 的值。

【例 3-47】
```
X=12
Y=18
?IIF(X<Y,X+2,Y+2)               &&显示结果为：14
?IIF("A">"B", "A", "B")         &&显示结果为：B
```

3. BOF( )

命令格式：BOF( )

命令功能：文件首函数，检测当前或指定工作区中表的记录指针是否位于第一条记录之前。如果是，返回.T. ,否则返回.F.。

【例 3-48】
```
USE 学生表
?BOF()                          &&显示结果为.F.
SKIP -1
?BOF()                          &&显示结果为.T.
```

4. EOF( )

命令格式：EOF( )

命令功能：文件尾函数，检测当前或指定工作区中表的记录指针是否位于最后一条记录之后。如果是，返回.T. ,否则返回.F.。

【例 3-49】
```
USE 学生表
GO  BOTTOM
?EOF()                          &&显示结果为.F.
SKIP
?EOF()                          &&显示结果为.T.
```

5. FOUND( )

命令格式：FOUND( )

命令功能：用于测试查询表文件或索引文件的记录是否找到，如果找到，结果为逻辑真，否则为逻辑假。

第 4 章 Visual FoxPro 表和数据库

数据库文件实质上就是表与表之间关系的集合，它就好像一个容器，可以把逻辑上相关的表文件、本地视图文件、远程视图文件等多种元素包含进来，并对这些元素进行组织管理。在数据库中可以创建表、记录和字段的有效性规则、默认值、触发器、建立永久关系等。

表是关系型数据库系统中存储数据的最基本单元，对表的操作也是最基本的操作。表文件可以在数据库中创建，也可以单独创建之后再添加到数据库中。当然，也可以不把表文件添加到数据库中，或将数据库中的表文件移出数据库。根据表文件是否被添加到数据库中，可将表分成两类：数据库表和自由表。数据库表简称库表，是属于某个数据库的表文件，而且只能属于某一个数据库；自由表是不属于任何一个数据库的表文件。可以随时将数据库表转换为自由表，也可以将自由表转换成数据库表。

4.1 自由表的创建

在关系数据库管理系统中，所有的操作都是在表的基础上进行的。表的使用效率如何，取决于表结构设计的好与坏。表中数据的冗余度、共享性及完整性的高低，直接影响着表的质量。表文件可以在数据库中创建，成为某个数据库中的库表，也可以不属于任何库文件，成为自由表。本节主要讲解自由表的创建。

4.1.1 分析自由表的组成

建立自由表时，首先要对所处理的对象进行调查分析，再根据需要设计一张二维表，当表的行、列个数及每列数据的属性确定后，再把数据集合放在其中。下面将以表 4-1 所示学生表的设计过程为例，具体介绍 Visual FoxPro 6.0 系统中自由表的建立过程。

表 4-1 学生表

学号	姓名	性别	出生日期	团员否	入学成绩	班级	照片	简历
05011001	李平	女	10/21/85	T	502.00	计算机	略	略
05011002	章立新	男	02/14/86	T	489.50	计算机	略	略
05011003	赵智慧	女	05/07/85	T	467.00	计算机	略	略
05021001	林敏	女	08/01/85	T	498.00	金融	略	略
05021002	刘欣	男	11/05/84	F	500.00	金融	略	略

续表

学号	姓名	性别	出生日期	团员否	入学成绩	班级	照片	简历
05021003	于晶	女	03/04/85	T	488.00	金融	略	略
05021004	朱健华	男	10/20/86	T	496.00	金融	略	略
05031001	李国华	男	11/21/85	T	482.00	会计	略	略
05031002	陈炳章	男	06/01/83	T	466.00	会计	略	略
05031003	崔新荣	女	02/11/85	T	478.00	会计	略	略

1. 分析表的组成

从上面这张二维表可以看到，它是由以下几部分组成的。

（1）表的名字：每一张表都有一个名字，是用来概括表的内容，例如，表 4-1 的名字为“学生表”。

（2）表中每一个栏目标题序列为表头，它标明了每一列对应数据的属性。例如，表 4-1 中的“学号”“姓名”“性别”“出生日期”等。

（3）表中每一行的数据是表的内容，每一行表示一个人的基本信息。

2. 定义表文件的数据类型

在 Visual FoxPro 6.0 系统中，一张二维表对应一个数据表，称为表文件，是由表名、表结构、表的记录三部分组成的。

（1）表文件的名字相当于二维表中的表名，它是表文件的主要标识，用户可以依靠数据表名在磁盘上存取、使用指定的表文件。

（2）表文件的结构相当于二维表的表头，二维表的每一列对应了表文件中的一个字段，其属性决定了字段名、字段类型和字段长度。

（3）表文件的记录是表的内容，是表中不可分割的基本项，表的大小取决于它拥有的数据记录的多少。

4.1.2 创建自由表

1. 使用表设计器创建自由表

【例 4-1】 依照表 4-2 的内容，建立一个名为“学生表”的表结构。

表 4-2 学生表文件的结构

字段名	字段类型	字段宽度	小数点	索引否
学号	字符型	8		
姓名	字符型	8		
性别	字符型	2		
出生日期	日期型	8		
团员否	逻辑型	1		
入学成绩	数值型	6	2	
班级	字符型	10		
照片	通用型	4		
简历	备注型	4		

方法一：菜单方式。

操作步骤如下：

（1）在 Visual FoxPro 系统主菜单下打开“文件”菜单，选择“新建”选项，进入“新建”对话框，如图 4-1 所示。

（2）在图 4-1 对话框中选择“表”，再单击“新建文件”按钮，进入“创建”对话框，如图 4-2 所示。

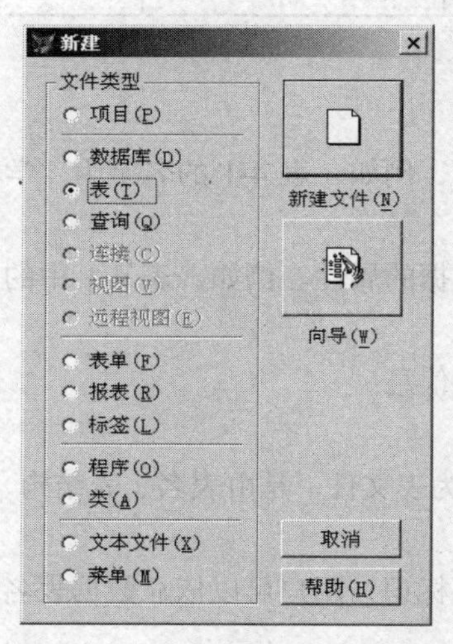

图 4-1 “新建”对话框

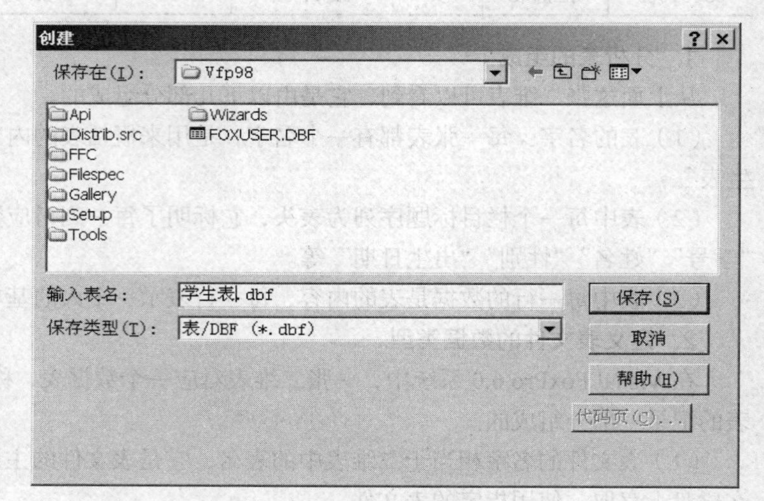

图 4-2 “创建”对话框

（3）在“创建”对话框中输入要建立的表的名字“学生表”，然后单击“保存”按钮，进入“表设计器”对话框，如图 4-3 所示。

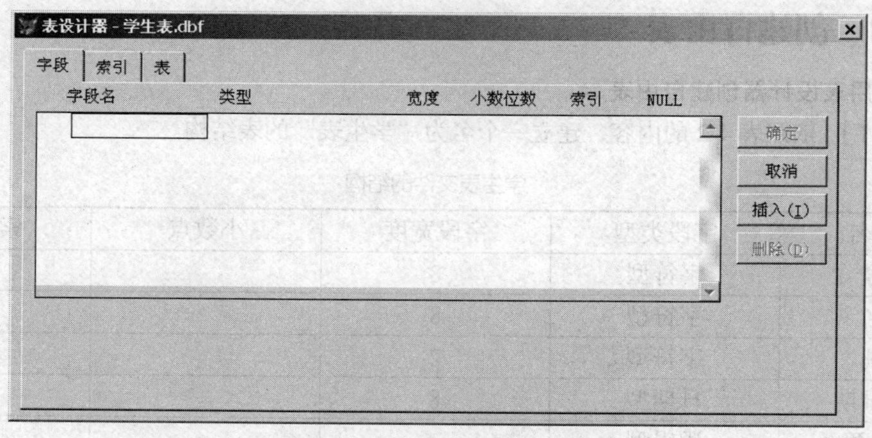

图 4-3 “表设计器”对话框

（4）在图 4-3 所示的对话框中，可以逐一定义表中所有字段的字段名、类型和宽度等，如果根据表 4-2 的内容定义表“学生表”的结构，就要在“表设计器”对话框输入以下信息，如图 4-4 所示。

（5）当表中所有字段的属性定义完成后，单击确定”按钮，进入“系统”对话框，如图 4-5 所示。

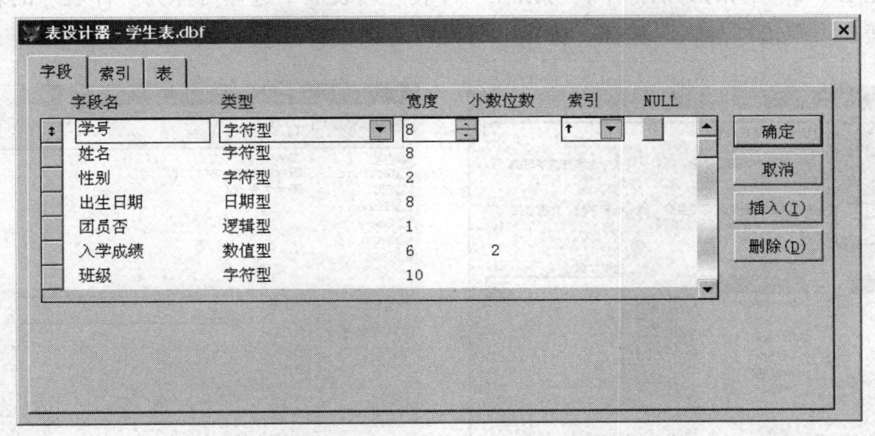

图 4-4 “表设计器”对话框

图 4-5 Microsoft Visual FoxPro 对话框

（6）在“系统”对话框中根据自己的需要，如果选择“是”，可以立即向表文件中输入数据；如果选择“否”，以后再输入数据，将结束表结构的建立。

方法二：使用命令方式建立表结构。

命令格式：CREATE [<表文件名>/?]

命令功能：创建表文件。

说明：

（1）当在命令窗口中输入 CREATE 学生表，将进入如图 4-3 所示的“表设计器”对话框，其他操作与方法一相同。

（2）当在命令窗口输入 CREATE ?，将进入如图 4-2 所示的“创建”对话框，其他操作与方法也相同。

2. 使用表向导创建自由表

使用表向导，就是把已有的表作为“样本”，在向导的引导下，通过筛选、修改操作完成新表的创建过程。

【例 4-2】 使用“学生表”，利用向导的方法，创建一个新的自由表“学生表 1”。

“学生表 1”的结构含有“姓名”“性别”“出生日期”“照片”字段，这些字段的属性与“学生表”的相同，因此，可以由 “学生表”产生。操作步骤如下。

（1）在 Visual FoxPro 系统主菜单下打开“文件”菜单，选择“新建”，进入“新建”对话框，如图 4-1 所示。

（2）在图 4-1 所示中选择“表”，再单击“向导”按钮，进入“表向导”的步骤 1 对话框，如图 4-6 所示。

（3）在图 4-6 所示的对话框中，可以在“样表”列表框中选择可作为“样表”的表，若没有所要的样表，可单击“加入”按钮，弹出“打开”对话框，如图 4-7 所示。

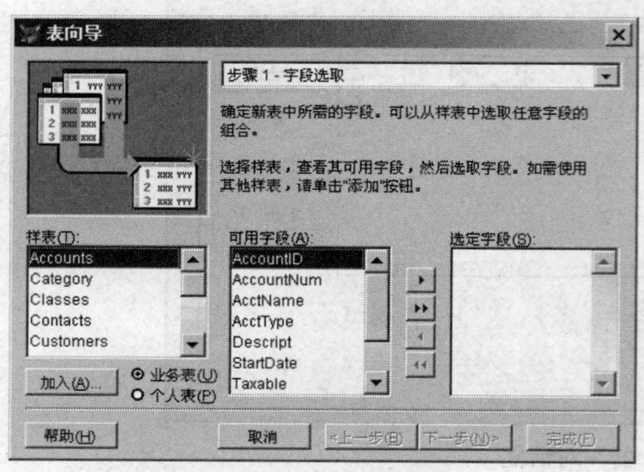

图 4-6　“表向导”对话框（步骤 1）

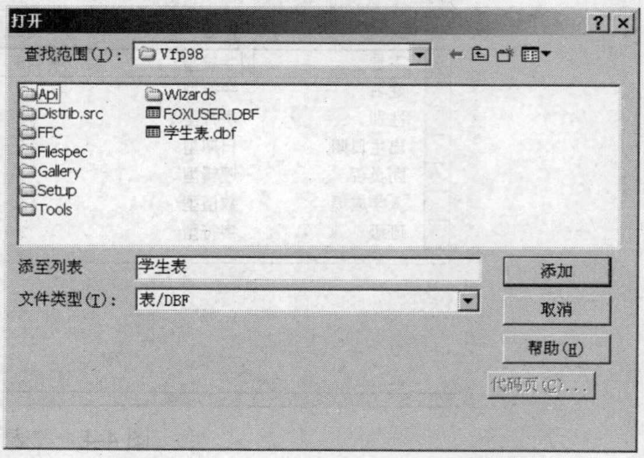

图 4-7　“打开”对话框

（4）在图 4-7 中输入作为样表的表名“学生表”，单击“添加”按钮，将表“学生表”添加到“样表”框中，如图 4-8 所示。

（5）在“样表”列表框中选择作为向导的 “学生表”，此时在“可用字段”列表框中将显示“学生表”的全部字段，可供用户选择所需字段。在“可用字段”中逐一选择所需字段，单击▸按钮，则该字段就被选到“选定字段”中，如图 4-9 所示。

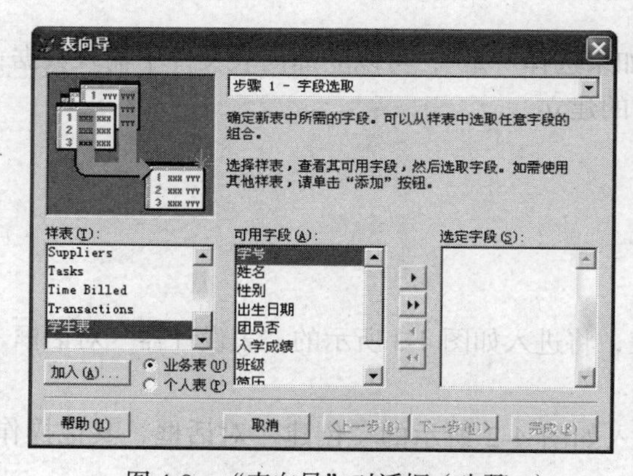

图 4-8　“表向导”对话框（步骤 1）

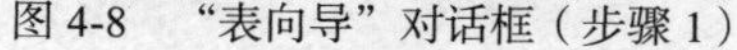

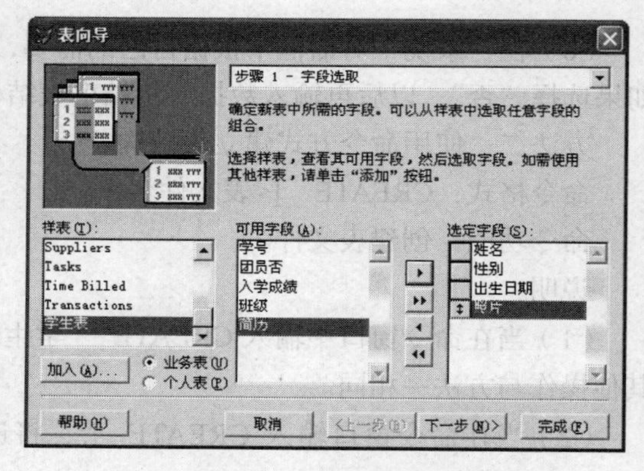

图 4-9　“表向导”对话框（步骤 1）

▸　从“可用字段”中向“选定字段”中添加一个字段。

▸▸　把“可用字段”中的所有字段都添加到“选定字段”中。

◂　删除“选定字段”中的选定字段。

◂◂　删除“选定字段”中的所有字段。

（6）在“表向导”的步骤 1 对话框中完成了所有的选定字段操作后，单击“下一步”按钮，进入“表向导”的步骤 la 对话框，如图 4-10 所示。

（7）在“表向导”的步骤 la 对话框中有两个单选项，单击“创建独立的自由表”单选项，单击“下一步”按钮，进入“表向导”的步骤 2 对话框，如图 4-11 所示。

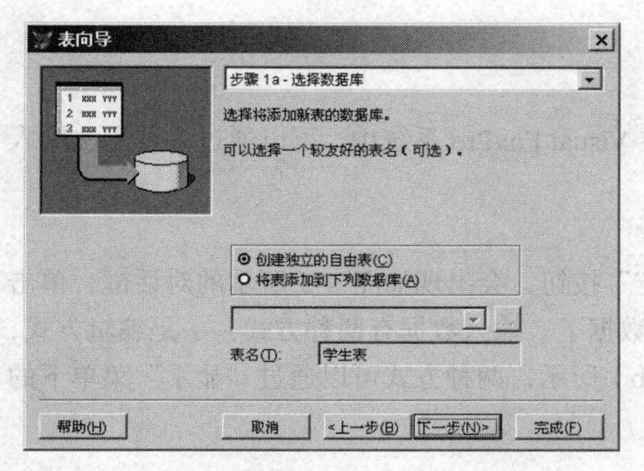

图 4-10 “表向导”对话框（步骤 1a）

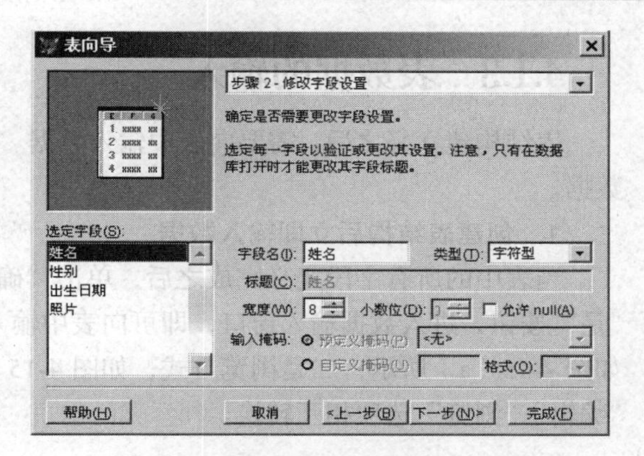

图 4-11 “表向导”对话框（步骤 2）

（8）在该对话框中可对已选定的字段进行字段名、字段类型、字段长度的修改和确认，然后单击“下一步”按钮，进入“表向导”的步骤 3 对话框，如图 4-12 所示。

（9）在图 4-12 所示的表向导对话框中可以选择一个或多个字段进行索引，然后单击“下一步”按钮，进入“表向导”的步骤 4 对话框，如图 4-13 所示。

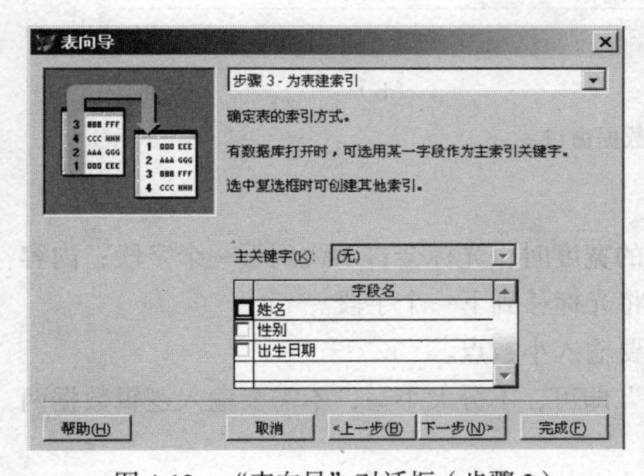

图 4-12 “表向导”对话框（步骤 3）

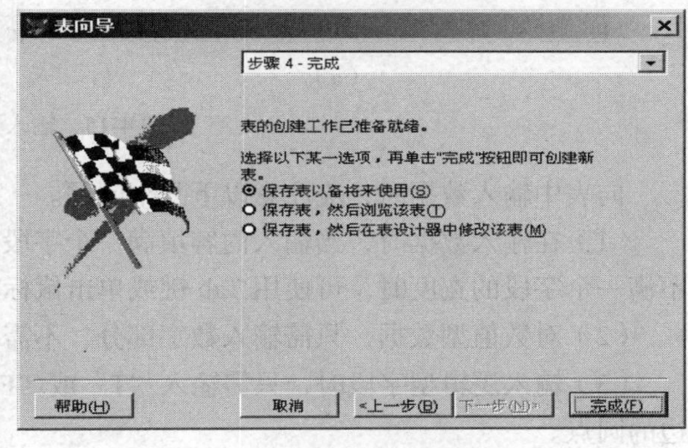

图 4-13 “表向导”对话框（步骤 4）

（10）在图 4-13 所示对话框中，有 3 个确定数据表存储方式的单选项，功能如下。

保存表以备将来使用：仅保存表文件。

保存表，然后浏览该表：保存表文件，同时进入浏览窗口。

保存表，然后在表设计器中修改该表：保存表文件，同时进入表设计器对话框。

（11）选好表的存储方式后，单击“完成”按钮，进入“另存为”对话框，如图 4-14 所示。

（12）在图 4-14 所示的对话框中输入表的名字“学生表 1”，单击“保存”按钮，一个新表结构就建好了。

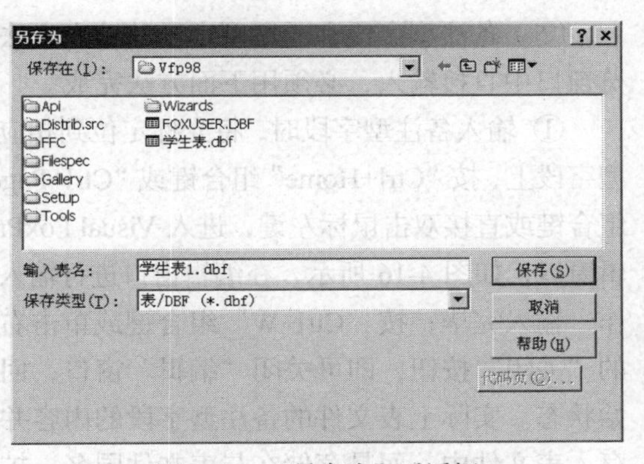

图 4-14 “另存为”对话框

4.1.3 表数据的输入

表结构建立好之后，需要向表中输入数据。在 Visual FoxPro 系统中，可以通过多种方法输入数据。

1. 创建表结构后立即输入数据

当表中的所有字段定义完成之后，单击“确定”按钮，会出现如图 4-5 所示的对话框，单击“是”按钮，进入数据输入窗口，即可向表中输入数据了。输入数据有两种方式：一是编辑方式，如图 4-15（a）所示；二是浏览方式，如图 4-15（b）所示，两种方式可以通过“显示”菜单下的“编辑”“浏览”选项相互转换。

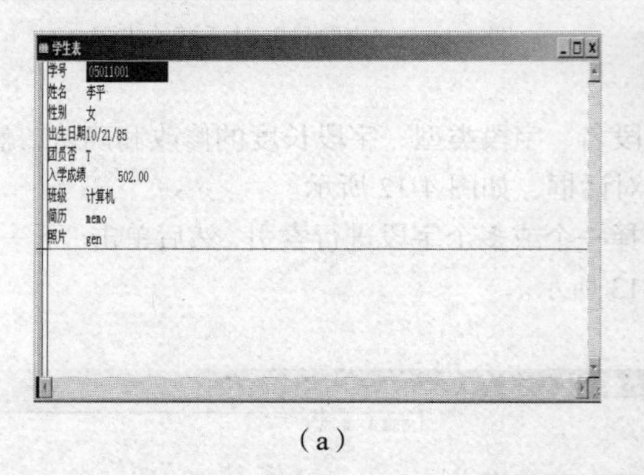

（a）

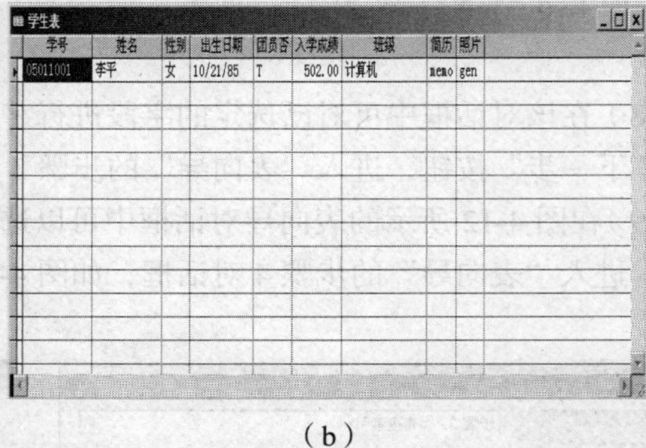

（b）

图 4-15　输入数据窗口

向表中输入数据时，应注意以下几个问题。

（1）在输入数据时，当输入内容填满一个字段的宽度时，光标会自动跳到下一个字段；内容不满一个字段的宽度时，可使用 Tab 键或单击鼠标将光标移到下一个字段。

（2）对数值型数据，只需输入数字部分，不需要输入小数点。

（3）输入逻辑型字段时，只需输入“T”或“F”即可，不分大小写，不需要输入逻辑数据两边的圆点。

（4）输入日期型数据时，只需输入月、日、年格式的数字，不需输入“/”，要求输入的日期是有效日期，否则系统将提示日期无效。

（5）备注型字段和通用型字段的输入方法与其他类型的数据输入方法不同，不能在编辑或浏览窗口中直接输入，必须用下面方法完成。

① 输入备注型字段时，将光标定位到相应备注型字段上，按“Ctrl+Home”组合键或“Ctrl+PageUp”组合键或直接双击鼠标左键，进入 Visual FoxPro 编辑窗口，如图 4-16 所示，在编辑窗口进行输入等操作，输入完毕，按“Ctrl+W”组合键或单击右上角的“关闭”按钮，即可关闭“编辑”窗口，回到初始状态。实际上表文件的备注型字段的内容并没有存入表文件中，而是存储在与表文件同名，扩展名为.FPT 的备注文件中。

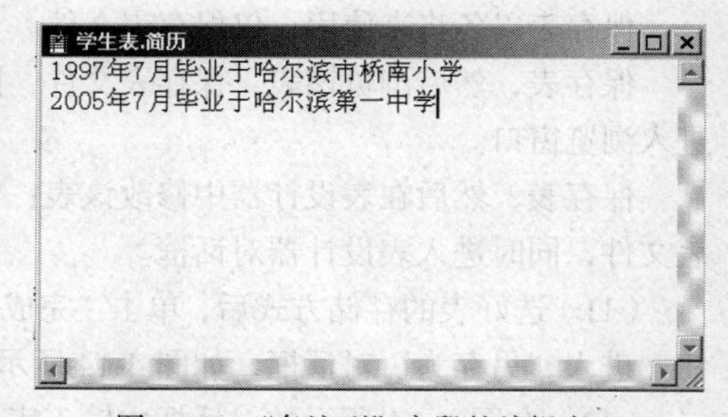

图 4-16　“备注型”字段的编辑窗口

② 输入通用型字段内容时，用鼠标双击浏览或编辑窗口中的通用型字段，进入 Visual FoxPro

编辑窗口，如图 4-17 所示。然后在如图 4-18 所示的窗口中选择“编辑”菜单中的“插入对象”命令，系统弹出“插入对象”对话框，如图 4-19 所示，在该对话框对话框的“对象类型”中选择需要的对象类型。在“插入对象”对话框中如果选择了“新建”，则进入创建一个对象窗口，在对象创建好之后，退出此对话框；如果选择“由文件创建”，则进入另一个“插入对象”对话框，如图 4-20 所示，输入要插入的文件名，或单击“浏览”按钮，选择需要插入对象的文件，单击“确定”按钮即可。实际上表文件的通用型字段的内容与备注型字段一样存储在与表文件同名，扩展名为.FPT 的文件中。

图 4-17　“通用型”字段窗口

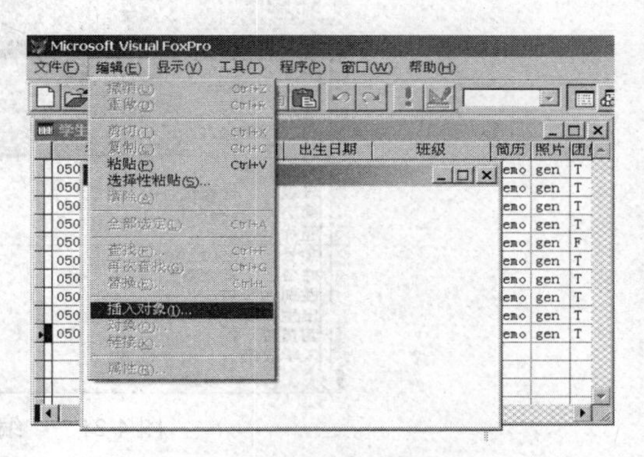

图 4-18　选择插入对象

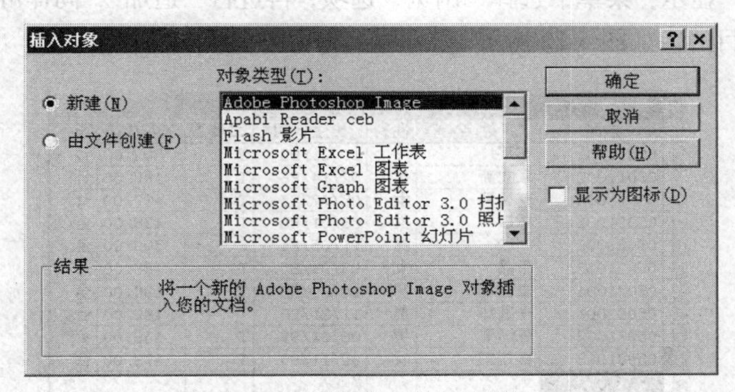

图 4-19　“插入对象”对话框

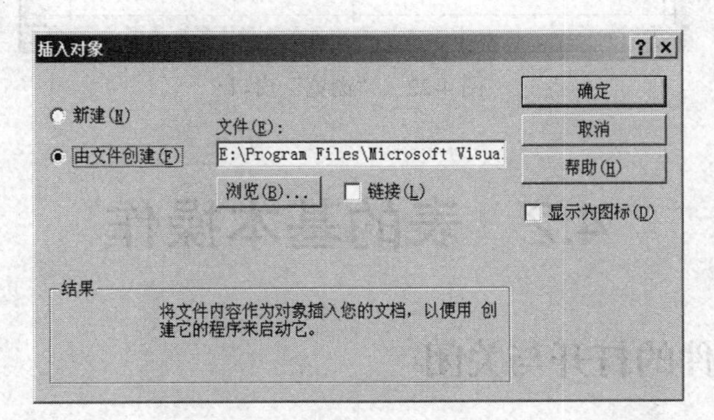

图 4-20　“插入对象”对话框

2. 以追加的方式输入数据

建立表结构时，如果用户没有选择立即方式向表输入数据，可以用追加的方式向表输入数据，操作步骤如下。

（1）打开要输入数据的自由表。

（2）在 Visual FoxPro 系统主菜单下单击“显示”菜单，选择“浏览”选项，然后选择“编辑”选项，可进入表的“编辑”窗口，再单击“显示”菜单下的“追加方式”选项，即可向表文件中追加数据，如图 4-21 所示。

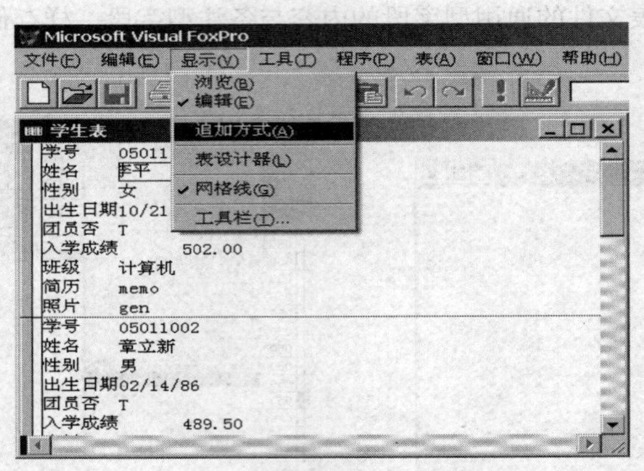

图 4-21　“编辑”窗口

（3）也可以在“显示”菜单下选择“浏览”选项，再进行“追加”，同样可以实现向表中输入数据或修改数据的目的，如图 4-22 所示。

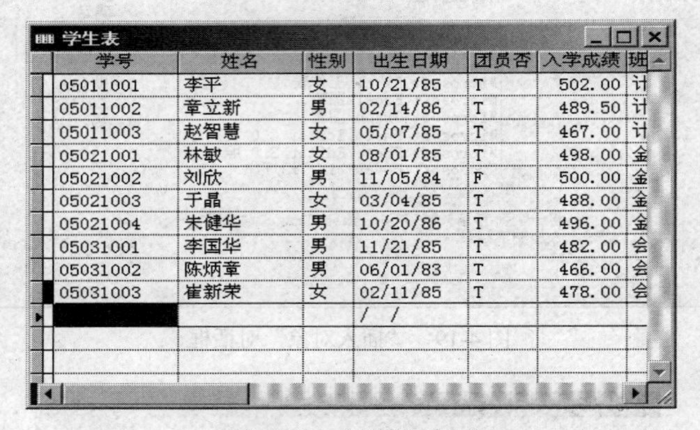
学生表

学号	姓名	性别	出生日期	团员否	入学成绩	班
05011001	李平	女	10/21/85	T	502.00	计
05011002	章立新	男	02/14/86	T	489.50	计
05011003	赵智慧	女	05/07/85	T	467.00	计
05021001	林敏	女	08/01/85	T	498.00	金
05021002	刘欣	男	11/05/84	F	500.00	金
05021003	于晶	女	03/04/85	T	488.00	金
05021004	朱健华	男	10/20/86	T	496.00	金
05031001	李国华	男	11/21/85	T	482.00	会
05031002	陈炳章	男	06/01/83	T	466.00	会
05031003	崔新荣	女	02/11/85	T	478.00	会
			/ /			

图 4-22　“浏览”窗口

4.2　表的基本操作

4.2.1　表文件的打开与关闭

1．打开表文件

使用任何表之前，都必须先打开表文件，也就是将磁盘上的文件调入内存，当对表操作完之后，再把表文件关闭，也就是将内存中的表文件送回磁盘保存。常用的方法有菜单、按钮和命令三种。

方法一：菜单方式。

（1）在 Visual FoxPro 主窗口中单击“文件”菜单，选择“打开”选项，弹出“打开”对话框，如图 4-23 所示。

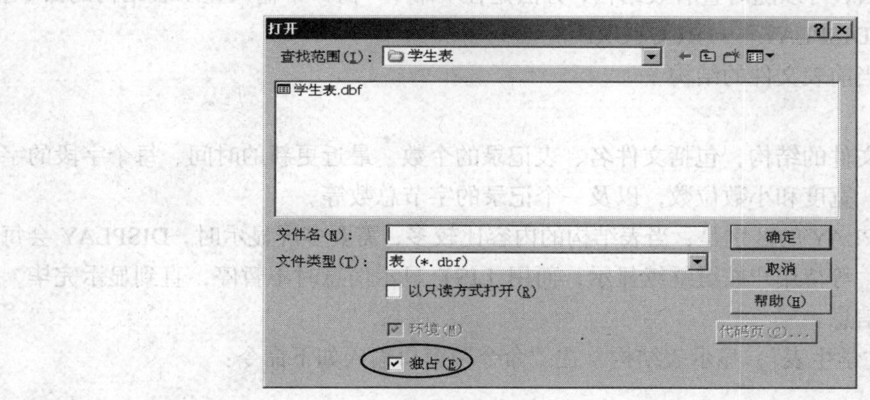

图 4-23　“打开”对话框

（2）在“文件类型”处选择“表（*.dbf）”，选中“独占”复选框。

（3）选择“学生表”所在的位置，选中“学生表”，在“文件名”处就有了被选中的文件名，单击“确定”按钮，即可打开“学生表”。

方法二：命令按钮方式。

单击工具栏上的“打开”按钮，弹出如图 4-23 所示的“打开”对话框，其余与方法一相同。

方法三：命令方式。

命令格式：USE　<表文件名>/?

命令功能：打开指定的表文件。

说明：若在命令窗口中输入 USE　?,则打开类似图 4-23 所示的“打开”对话框，选择要打开的表文件。

如图 4-24 所示的是打开“学生表”文件，在“命令”窗口所输入的命令。

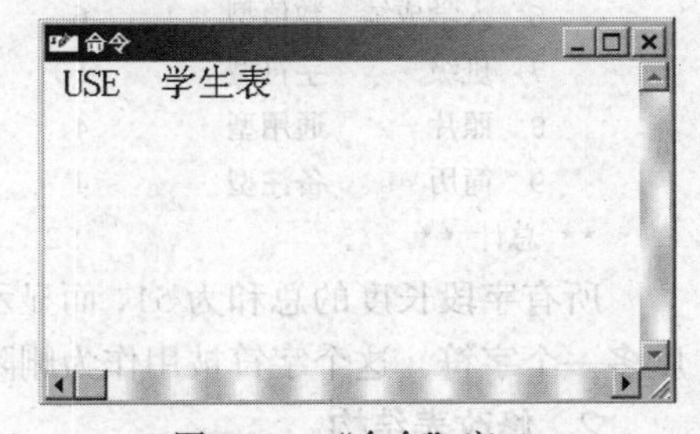

图 4-24　“命令”窗口

这里使用命令“USE　学生表”，必须是在指定好文件的存取目录之后的形式，否则要指定盘符及目录。

2. 关闭表文件

在“命令”窗口中关闭表的命令如下。

命令格式：USE

命令功能：关闭当前打开的表文件。

说明：从表的打开和关闭的命令方式中，我们发现都使用了 USE 命令。

（1）当 USE 后有文件名时，表示要打开<表文件名>指定的表文件。

（2）仅有 USE 时，为关闭当前打开的表文件。

（3）打开表文件时，若表中含有备注型字段，则该表的备注文件也同时被打开。

（4）在同一时刻，每个工作区只能打开一个表文件，若在本工作区打开另外一个表文件，则前一个表文件被关闭。

4.2.2 表结构的显示和修改

1. 显示表结构

表结构创建好之后，可以随时查看表结构，方法是在“命令”窗口中输入显示表结构的命令。

命令格式：LIST/DISPLAY STRUCTURE

命令功能：显示当前表文件的结构。

说明：

（1）显示当前表文件的结构，包括文件名、表记录的个数、最近更新的时间、每个字段的字段号、字段名、类型、宽度和小数位数，以及一个记录的字节总数等。

（2）LIST 与 DISPLAY 的区别是：当表结构的内容比较多，需要多屏显示时，DISPLAY 会每显示一屏信息后暂停，等待用户按键继续显示，而用 LIST 显示信息时不暂停，直到显示完毕，即只能看到最后一屏信息。

【例 4-3】 打开“学生表”，显示表结构，在“命令”窗口输入如下命令：

```
USE 学生表
LIST STRUCTURE
```

工作区显示结果如下：

```
表结构:          e:\学生表.dbf
数据记录数:      10
最近更新的时间:  02/07/14
备注文件块的大小: 64
代码页:          936
字段  字段名    类型      宽度  小数  索引  排序  Nulls
   1  学号      字符型     8                       否
   2  姓名      字符型     8                       否
   3  性别      字符型     2                       否
   4  出生日期  日期型     8                       否
   5  团员否    逻辑型     1                       否
   6  入学成绩  数值型     6     2                 否
   7  班级      字符型    10                       否
   8  照片      通用型     4                       否
   9  简历      备注型     4                       否
** 总计 **                52
```

所有字段长度的总和为 51，而显示结果中的最后一行总计是 52，总计的结果都会比实际的长度多一个字符，这个字符被用作为删除标志。所有字段长度的总和是一个记录的长度。

2. 修改表结构

表文件建好之后，有时根据实际要求，还有可能需要修改表的结构，所有这些操作都可以通过命令或菜单方式完成。

【例 4-4】 删除“学生表”中的“班级”字段，在“入学成绩”前插入“电话”字段。

方法一：菜单方式。

（1）如图 4-23 所示，选择以独占的方式打开需要修改的表文件。

（2）单击“显示”菜单，选择“表设计器”选项，弹出“表设计器”对话框，如图 4-25 所示，选中“班级”字段，单击右侧的“删除”按钮，然后选中“入学成绩”，单击“插入”按钮，此时在“入学成绩”字段前插入了一个新字段，把“新字段”改为“电话”字段的各项信息。

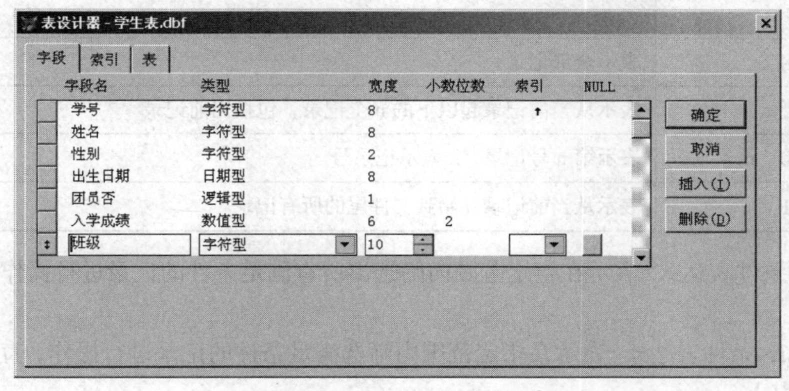

图 4-25　“表设计器”对话框

（3）单击“确定”按钮，弹出询问是否永久性更改表结构，如图 4-26 所示，单击“是”按钮即可。

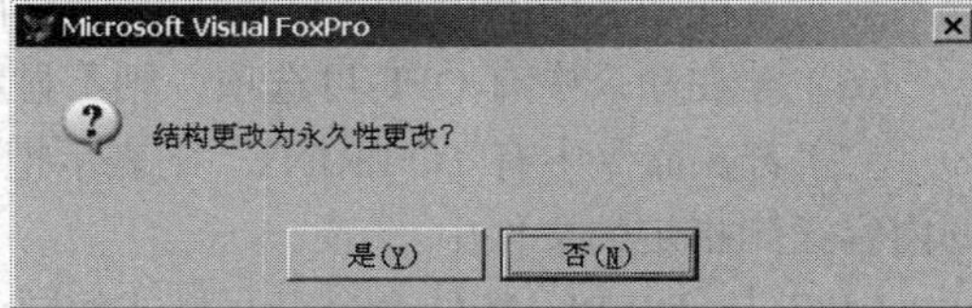

图 4-26　系统提示对话框

方法二：命令方式。

在“命令”窗口中输入修改表结构的命令如下。

命令格式：MODIFY　STRUCTURE

命令功能：显示并修改当前表文件的结构。

说明：

（1）输入此命令也会弹出如图 4-25 所示的“表设计器”对话框，其余同方法一。

（2）改变表的结构时，系统会自动备份当前的表文件，备份文件的扩展名是.BAK，备注备份文件的扩展名为.TBK。如果在修改表结构时出现了错误，可以把新表结构文件删除，把.BAK 文件和.TBK 文件改变为原文件扩展名.DBF 和.FPT，从而恢复原来的表文件结构。修改“学生表”的结构，在命令窗中输入下面命令即可进入修改状态：

```
USE  学生表
MODIFY  STRUCTURE
```

4.2.3　记录的显示与定位

1. 显示表记录

表记录的显示可由 LIST、DISPLAY、BROWSE 等命令完成，这里主要讲述 LIST 与 DISPLAY。

命令格式 1：LIST [范围] [FOR/WHILE <条件表达式>] [FIELDS <字段名表>] [OFF][TO PRINT/FILE <文件名>]

命令功能：连续显示当前表中指定范围内符合条件的记录的指定字段内容。

命令格式 2：DISPLAY [<范围>] [FOR/WHILE <条件>] [FIELDS <字段名表>] [OFF][TO PRINT/FILE <文件名>]

命令功能：分屏显示当前表中指定范围内符合条件的记录的指定字段内容。

说明：

（1）[ ]是可选项，可有可无，各可选项的先后顺序任意，各项之间要用空格分开，但任意可选项内部的内容作为一个整体不能分开，<>和[ ]只是分界符，在书写命令时不要带上。

（2）[范围]表示表文件记录的范围，可以是以下内容，如表 4-3 所示。

表 4-3　　范围项可使用的子句

选项	说明
ALL	表示全部记录
NEXT　n	表示从当前记录起以下的 n 个记录，包括当前记录
RECORD　n	表示第 n 号记录，n 表示记录号
REST	表示从当前记录开始到文件尾的所有记录

（3）FOR<条件表达式>表示在指定范围内筛选出所有满足条件的记录进行操作，<条件>为逻辑表达式。

（4）WHILE<条件表达式>表示在指定范围内筛选满足条件的记录进行操作，直到第一个不满足条件的记录为止。

（5）FIELDS <字段名表>显示<字段名表>指定的字段，若没有该选项，则显示当前表中的所有字段，各字段名间用英文状态下“,”分隔，除非在<字段名表>中指明，否则在 LIST 和 DISPLAY 都不显示备注型字段的内容，只是在字段名下方显示“memo”。

（6）若在命令中有 OFF 可选项，则不显示记录号，反之显示记录号。

（7）若在命令中有 TO PRINT，则表示把显示的内容同时打印；有 FILE <文件名>，则把显示的内容送到指定的文件中。

LIST 与 DISPLAY 的命令书写格式相同，但它们是有区别的：

① DISPLAY 命令在没有[范围]和<条件>子句时仅显示当前记录；而 LIST 命令则显示所有记录。所以，要显示所有记录时，可用 LIST 或 DISPLAY　ALL。

② 当一次要显示的记录多于一个屏幕时，DISPLAY　ALL 命令能分屏显示，每显示完一屏就暂停，并提示按任意键继续显示，而 LIST 命令则连续显示。

【例 4-5】（1）显示“学生表”中所有的男同学，不显示记录号。

（2）显示计算机班级同学的姓名、出生日期、入学成绩。

操作命令如下。

（1）
```
USE  学生表
LIST  FOR 性别="男"  OFF
```

显示结果：

```
学号      姓名    性别  出生日期   团员否   入学成绩   班级    照片   简历
05011002  章立新  男    02/14/86   .T.      489.50     计算机  memo   gen
05021002  刘欣    男    11/05/84   .F.      500.00     金融    memo   gen
05021004  朱健华  男    10/20/86   .T.      496.00     金融    memo   gen
05031001  李国华  男    11/21/85   .T.      482.00     会计    memo   gen
05031002  陈炳章  男    06/01/83   .T.      466.00     会计    memo   gen
```

（2）
```
DISPLAY  ALL  FOR 班级="计算机"FIELDS 姓名,出生日期,入学成绩
```

显示结果：

```
记录号  姓名    出生日期   入学成绩
     1  李平    10/21/85   502.00
     2  章立新  02/14/86   489.50
     3  赵智慧  05/07/85   467.00
```

2. 记录指针的定位

在表文件中，系统有一个用来指示记录位置的指针，对表记录操作是通过记录指针控制的，记录指针所指的记录称为当前记录，在 Visual FoxPro 中，只对记录指针所指的当前记录做操作，刚打开的表，记录指针自动指向第一条记录，要想对其他记录进行操作，就要将指针移到相应的记录上，移动记录指针的这个过程称为记录指针的定位，可以通过命令操作的方法来改变当前记录。

方法一：在“浏览”窗口中移动。

打开表文件，在如图 4-27 所示的窗口中单击“表”菜单，选择“转到记录”命令，弹出下一级菜单，菜单中各项命令功能如下。

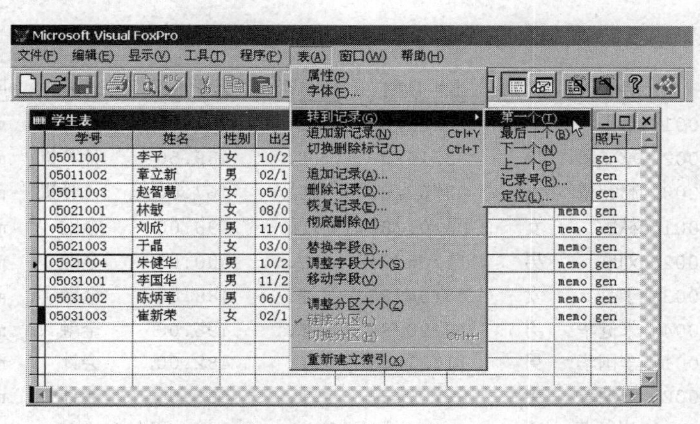

图 4-27 “浏览”窗口

第一个：将指针指向第一条记录。

最后一个：将指针指向最后一条记录。

下一个：将指针指向当前记录的下一条记录。

上一个：将指针指向当前记录的上一条记录。

记录号：若选择此项，可在弹出的对话框中输入记录号即可直接定位，如图 4-28 所示。

定位：若选择此项，可在弹出的对话框中输入范围、条件即可定位，如图 4-29 所示。

也可以直接通过鼠标单击浏览窗口中的最左边一列进行快速定位。如图 4-27 中的三角形位置所示。

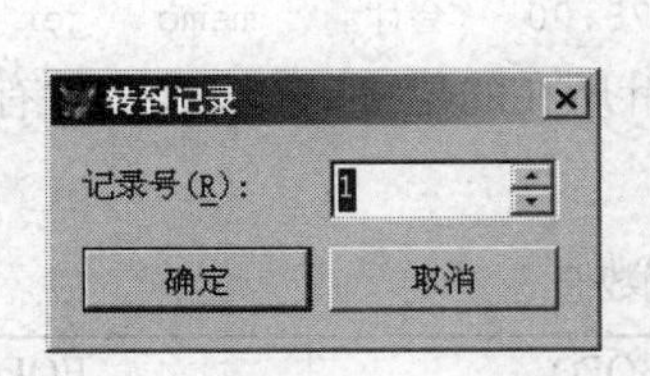

图 4-28 “转到记录”对话框

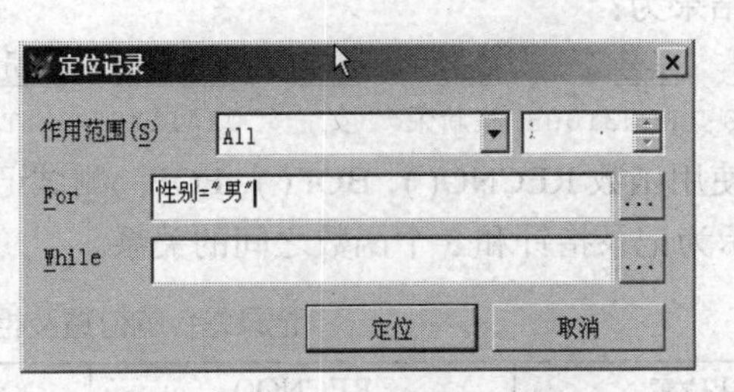

图 4-29 “定位记录”对话框

方法二：用命令移动指针。

可以在命令窗口或程序中使用命令来移动记录指针，移动记录指针的命令分绝对移动和相对移动两种。

（1）绝对移动。

命令格式：GO/GOTO <记录号>

命令功能：将记录指针移到<记录号>指定的位置，<记录号>可以是数值表达式，必须是正数且位于有效的记录范围之内。特别地，<记录号>也可以是 TOP 和 BOTTOM。

GO TOP　　指针定位表文件的第一条记录。

GOTO　BOTTOM　　指针定位表文件的最后一条记录。

【例 4-6】 使用 GO 命令移动记录指针练习。

```
USE 学生表
LIST
```

显示结果为：

记录号	学号	姓名	性别	出生日期	团员否	入学成绩	班级	照片	简历
1	05011001	李平	女	10/21/85	.T.	502.00	计算机	memo	gen
2	05011002	章立新	男	02/14/86	.T.	489.50	计算机	memo	gen
3	05011003	赵智慧	女	05/07/85	.T.	467.00	计算机	memo	gen
4	05021001	林敏	女	08/01/85	.T.	498.00	金融	memo	gen
5	05021002	刘欣	男	11/05/84	.F.	500.00	金融	memo	gen
6	05021003	于晶	女	03/04/85	.T.	488.00	金融	memo	gen
7	05021004	朱健华	男	10/20/86	.T.	496.00	金融	memo	gen
8	05031001	李国华	男	11/21/85	.T.	482.00	会计	memo	gen
9	05031002	陈炳章	男	06/01/83	.T.	466.00	会计	memo	gen
10	05031003	崔新荣	女	02/11/85	.T.	478.00	会计	memo	gen

```
GO 3
DISP
```

显示结果为：

记录号	学号	姓名	性别	出生日期	团员否	入学成绩	班级	照片	简历
3	05011003	赵智慧	女	05/07/85	.T.	467.00	计算机	memo	gen

```
GO 3+2
DISP
```

显示结果为：

记录号	学号	姓名	性别	出生日期	团员否	入学成绩	班级	照片	简历
5	05021002	刘欣	男	11/05/84	.F.	500.00	金融	memo	gen

```
GO BOTTOM
DISP
```

显示结果为：

记录号	学号	姓名	性别	出生日期	团员否	入学成绩	班级	照片	简历
10	05031003	崔新荣	女	02/11/85	.T.	478.00	会计	memo	gen

可以使用函数 RECNO( )，BOF( )，EOF( )测试记录指针所在的位置，假设表文件有 N 条记录，表 4-4 所示为记录指针和 3 个函数之间的关系。

表 4-4　　记录指针的位置及相关的函数值

指针位置	RECNO()	BOF()	EOF()
文件首	1	.T.	.F.
第一条记录	1	.F.	.F.
最后一条记录	N	.F.	.F.
文件尾	N+1	.F.	.T.

（2）相对移动。

命令格式：SKIP [数值表达式]

命令功能：在当前表文件中，将记录指针从当前位置向上或向下移动。

说明：

[数值表达式]：指定记录指针需要移动的记录个数，如果记录数是正数，记录指针向下移动；如果记录数是负数，记录指针向上移动，当没有这个可选项时，表示记录指针向下移动一个记录。

SKIP 命令上移不能超过文件首记录，下移不能超过文件尾。

【例 4-7】 使用 SKIP 命令移动记录指针。

```
USE 学生表
? RECNO() , BOF() , EOF()
```

显示结果为：

```
1    .F.   .F.
 SKIP  -1
 ?RECNO() , BOF() , EOF()
```

显示结果为：

```
1    .T.    .F.
 SKIP  2+2
 DISP
```

显示结果为：

记录号	学号	姓名	性别	出生日期	团员否	入学成绩	班级	照片	简历
5	05021002	刘欣	男	11/05/84	.F.	500.00	金融	memo	gen

GO BOTTOM

DISP

显示结果为：

记录号	学号	姓名	性别	出生日期	团员否	入学成绩	班级	照片	简历
10	05031003	崔新荣	女	02/11/85	.T.	478.00	会计	memo	gen

```
?RECNO() , BOF() , EOF()
```

显示结果为：

```
10   .F.   .F.
 SKIP
 ?RECNO( ) , BOF( ) , EOF( )
```

显示结果为：

```
11   .F.   .T.
```

4.2.4 表记录的修改

1. BROWSE

命令格式：BROWSE [FOR <条件表达式>][FIELDS <字段名表>] [LOCK <数值表达式>] [FREEZE <字段名>]

命令功能：打开浏览窗口，显示表文件中指定记录的指定字段，可以用全屏幕编辑键移动光标，对记录内容进行修改。

说明：

（1）[FOR <条件表达式>]指定在浏览窗口中显示的记录要满足的条件表达式。

（2）[FIELDS <字段名表>]指定在浏览窗口中显示的字段，并且使字段按照<字段名表>指定的顺序显示。

（3）[LOCK <数值表达式>]指定在窗口的左分区看到的字段数。

（4）[FREEZE <字段名>]使光标冻结在某字段上，只能修改该字段，其他字段只能显示，不能修改。

（5）BROWSE 命令中没有任何可选项时，在“浏览”窗口中显示除了“备注型”和“通用型”之外的所有记录的所有字段内容，以便用户根据实际需要进行修改。“备注型”和“通用型”字段可直接双击“memo”和“gen”进行修改。

（6）修改完数据后，按“Ctrl+W”组合键或“浏览”窗口关闭，退出并保存修改结果。

【例 4-8】 使用 BROWSE 命令显示并修改“学生表”中所有男同学的姓名、班级和入学成绩。

```
USE  学生表
BROWSE  FIELDS 姓名，班级，入学成绩 FOR 性别= "男"
```

在“浏览”窗口中显示的内容如图 4-30 所示，此时，可在这个窗口中修改记录的内容。

学生表

姓名	班级	入学成绩
章立新	计算机	489.50
刘欣	金融	500.00
朱健华	金融	496.00
李国华	会计	482.00
陈炳章	会计	466.00

图 4-30　“浏览”窗口

【例 4-9】 在屏幕左边锁定两个字段，以便对照修改。

```
USE   学生表
BROWSE  LOCK 2
```

在“浏览”窗口中显示的内容如图 4-31 所示，此时，可在这个窗口的右侧中修改记录的内容。

学生表

学号	姓名	学号	姓名	性别	出生日期	团员否
05011001	李平	05011001	李平	女	10/21/85	T
05011002	章立新	05011002	章立新	男	02/14/86	T
05011003	赵智慧	05011003	赵智慧	女	05/07/85	T
05021001	林敏	05021001	林敏	女	08/01/85	T
05021002	刘欣	05021002	刘欣	男	11/05/84	F
05021003	于晶	05021003	于晶	女	03/04/85	T
05021004	朱健华	05021004	朱健华	男	10/20/86	T
05031001	李国华	05031001	李国华	男	11/21/85	T
05031002	陈炳章	05031002	陈炳章	男	06/01/83	T
05031003	崔新荣	05031003	崔新荣	女	02/11/85	T

图 4-31　“锁定”两个字段的浏览窗口

打开表文件后，也可以单击“显示”菜单，选择“浏览”选项，此时，在弹出的“浏览”窗口中显示的是所有记录的所有字段，通过使用滚动条来显示并修改数据。

2. EDIT

命令格式：EDIT [范围] [FIELDS <字段名表>] [FOR/WHILE <条件表达式>]

命令功能：以 EDIT 窗口方式修改记录。

说明：

（1）无[范围]选项时，默认为所有记录。

（2）[FIELDS <字段名表>]指定需要修改的字段名，字段名间用英文状态下的“,”分隔。无此选项时，默认为所有字段。

（3）[FOR <条件表达式>]表示在 EDIT 窗口中只显示满足条件的记录。

（4）EDIT 与 BROWSE 只是修改的窗口不同，但是修改的方法是一样的，如图 4-32 所示。

图 4-32 “EDIT”窗口

3. CHANGE

CHANGE 命令与 EDIT 命令的使用方法相似。

4. REPLACE

前面的所有命令在修改记录内容时，只能逐条进行，若需要有规律地修改大量记录的某个字段的值，则可以成批替换记录,成批替换记录主要使用菜单方法和命令方法。

方法一：菜单方式。

【例 4-10】 将学生表中的班级为“计算机”的记录改为班级为“计算机应用”。

操作步骤如下：

（1）打开“学生表”。

（2）单击“显示”菜单，选择“浏览”选项，弹出“浏览”窗口。

（3）单击“表”菜单，选择“替换字段”选项，弹出“替换字段”对话框，并按如图 4-33 所示的内容填写，然后单击“替换”按钮。

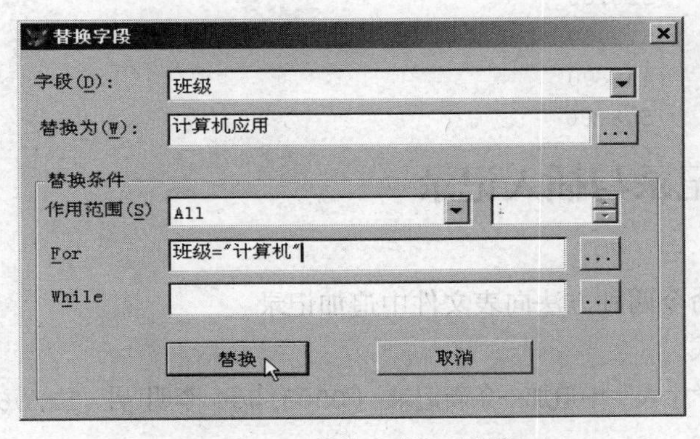

图 4-33 “替换字段”对话框

（4）此时的“浏览”窗口的记录已经按要求修改完毕。

方法二：命令方式。

命令格式：REPLACE [范围] [FOR/WHILE <条件表达式>] <字段名 1> WITH <表达式 1> [ADDITIVE][，<字段名 2> WITH <表达式 2>]…

命令功能：在当前表文件中，对指定范围内满足条件的记录进行批量修改。

说明：

（1）用<表达式 1>的值替换<字段 1>中的数据，用<表达式 2>的值替换<字段 2>中的数据，依次类推。

（2）字段类型与其后的表达式类型应匹配。

（3）[ADDITIVE]选项只适用于备注型字段的修改，若有此选项，则表示将 WITH 后面的<表达式>的内容添加在原来备注内容的后面；否则， WITH 后面<表达式>的内容将覆盖原来的备注内容。

（4）若没有[范围]和[FOR/WHILE<条件表达式>]，则仅对当前记录进行替换；若没有[范围]但有[FOR/WHILE<条件表达式>]，则在整个数据范围内对满足条件的记录进行替换；若没有[FOR/WHILE<条件表达式>]但有[范围]，则对范围指定的记录进行替换。

下面用命令方式完成【例 4-10】的任务。

```
USE   学生表
REPLACE  ALL 班级 WITH  "计算机应用"  FOR  班级= "计算机"
```

【例 4-11】 把“学生表”中每个同学的“入学成绩”加上 30 分的体育分。

```
USE   学生表
REPLACE  ALL 入学成绩  WITH  入学成绩+30
LIST  FIELDS  姓名,入学成绩
```

显示结果：

记录号	姓名	入学成绩
1	李平	532.00
2	章立新	519.50
3	赵智慧	497.00
4	林敏	528.00
5	刘欣	530.00
6	于晶	518.00
7	朱健华	526.00
8	李国华	512.00
9	陈炳章	496.00
10	崔新荣	508.00

4.2.5 追加记录与插入记录

1. 追加记录

可以使用菜单和命令两种方法向表文件中追加记录。

方法一：菜单方式。

【例 4-12】 向“学生表”中追加一条新记录：（05031004 李明 男 12/06/86 .T. 498.00 会计 memo gen）

操作步骤如下。

（1）打开“学生表”。

（2）单击“显示”菜单，选择“浏览”选项，弹出“浏览”窗口。

（3）单击“表”菜单，选择“追加新记录”选项，记录指针自动移动到最后一条记录的后面，此时可以直接输入新记录的信息，还可以继续追加更多的记录，如图 4-34 所示。

学生表

学号	姓名	性别	出生日期	团员否	入学成绩	班级	简
05011001	李平	女	10/21/85	T	502.00	计算机	Me
05011002	章立新	男	02/14/86	T	489.50	计算机	me
05011003	赵智慧	女	05/07/85	T	467.00	计算机	me
05021001	林敏	女	08/01/85	T	498.00	金融	me
05021002	刘欣	男	11/05/84	F	500.00	金融	me
05021003	于晶	女	03/04/85	T	488.00	金融	me
05021004	朱健华	男	10/20/86	T	496.00	金融	me
05031001	李国华	男	11/21/85	T	482.00	会计	me
05031002	陈炳章	男	06/01/83	T	466.00	会计	me
05031003	崔新荣	女	02/11/85	T	478.00	会计	me
05031004	李明	男	12/06/86	T	498.00	会计	me

图 4-34 “浏览”窗口追加记录

方法二：命令方式。

命令格式：APPEND [BLANK]

命令功能：在当前表文件的尾部添加记录。

说明：

（1）当有[BLANK]可选项时，表示在表文件的尾部追加一条空记录。

（2）当没有[BLANK]可选项时，弹出“浏览”窗口或“编辑”窗口，指针定位到最后一条记录的后面，等待输入数据。

2. 从其他表文件中向当前表文件成批添加记录

命令格式：APPEND FROM <表文件名> [FIELDS <字段名表>] [FOR/WHILE <条件表达式>]

命令功能：将<表文件名>指定的表文件的内容追加到当前表文件的尾部。

说明：

（1）如果源文件与当前表文件有不同的字段，则只追加两表中具有的相同字段名和类型的字段，其他字段为空。

（2）如果源文件中字段宽度大于当前表文件的宽度，则自动截去超长部分，小于时用空格填充。

3. 插入记录

命令格式：INSERT [BEFORE] [BLANK]

命令功能：在打开表中的当前记录的前或后插入记录。

说明：

（1）当有[BLANK]可选项时，表示插入一个空白记录。

（2）当有[BEFORE]可选项时，在当前记录之前插入一个记录，否则，在当前记录之后插一个记录。

【例 4-13】 在“学生表”中的第 3 号记录之后插入一条新记录。

```
USE  学生表
GO  3
INSERT
```

为了兼容以前的版本，INSERT 这个命令在使用时可能会受到一些限制，若使用时出现问题，可使用 INSERT –SQL。插入一条记录可用命令：INSERT INTO 学生表（学号,姓名,性别) VALUES (“05031104”，“王静”，“女”)

4.2.6 表记录的删除

表中不需要的记录可以随时删除，删除分为逻辑删除和物理删除两步，逻辑删除是在要删除的记录前加一个删除的标记，并不是真正地删除，必要时可恢复；而物理删除则是将记录从表中真正删除，不能恢复。删除的方法有“菜单”和“命令”两种。

方法一：菜单方式。

【例 4-14】 将“学生表”中新追加的名为“李明”的记录真正删除。

（1）打开学生表。

（2）单击“显示”菜单，选择“浏览”选项，弹出“浏览”窗口。

（3）单击“表”菜单，选择“删除记录”选项，如图 4-35 所示，弹出“删除”对话框，输入要删除记录的条件和所选择的范围，然后单击“删除”按钮，如图 4-36 所示。

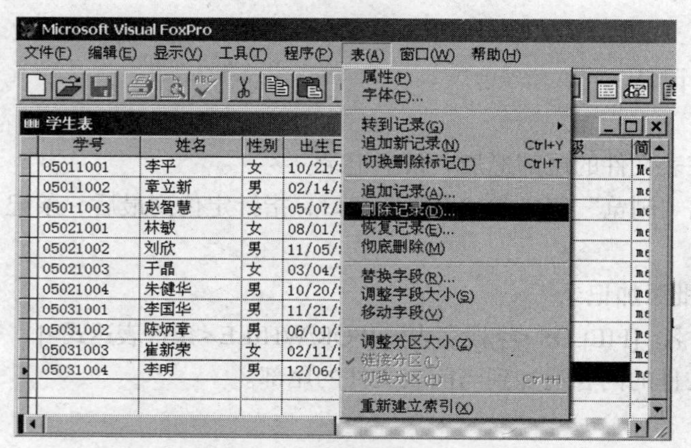

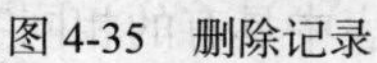
图 4-35 删除记录

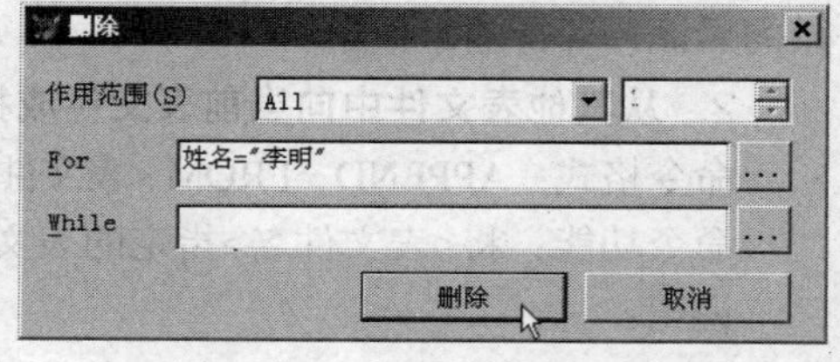

图 4-36 “删除”对话框

（4）此时，被删除的记录并没有真正地删除，而是在记录的左边加上了黑色的删除标记，如图 4-37 所示的鼠标箭头所指，此时是逻辑删除。

学生表

学号	姓名	性别	出生日期	团员否	入学成绩	班级	简
05011001	李平	女	10/21/85	T	502.00	计算机	Me
05011002	章立新	男	02/14/86	T	489.50	计算机	me
05011003	赵智慧	女	05/07/85	T	467.00	计算机	me
05021001	林敏	女	08/01/85	T	498.00	金融	me
05021002	刘欣	男	11/05/84	F	500.00	金融	me
05021003	于晶	女	03/04/85	T	488.00	金融	me
05021004	朱健华	男	10/20/86	T	496.00	金融	me
05031001	李国华	男	11/21/85	T	482.00	会计	me
05031002	陈炳章	男	06/01/83	T	466.00	会计	me
05031003	崔新荣	女	02/11/85	T	478.00	会计	me
05031004	李明	男	12/06/86	T	498.00	会计	me

图 4-37 逻辑删除之后的窗口

（5）若单击“表”菜单，选择“恢复记录”选项，在弹出的“恢复记录”对话框中输入要恢复记录的条件，单击“恢复记录”按钮，可取消逻辑删除，如图 4-38 所示。此时“浏览”窗口中姓名为“李明”的记录左边的删除标志消失。

（6）要完全删除该记录，单击“表”菜单，选择“彻底删除”选项，弹出对话框，如图 4-39 所示。单击“是”按钮，这时才真正删除了该记录，此时是物理删除。

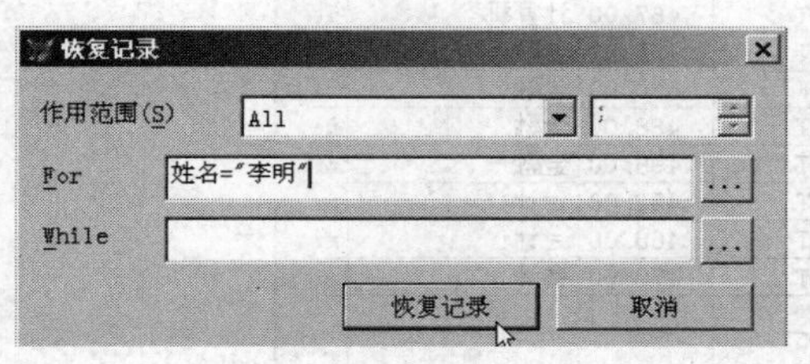

图 4-38 “恢复记录”对话框

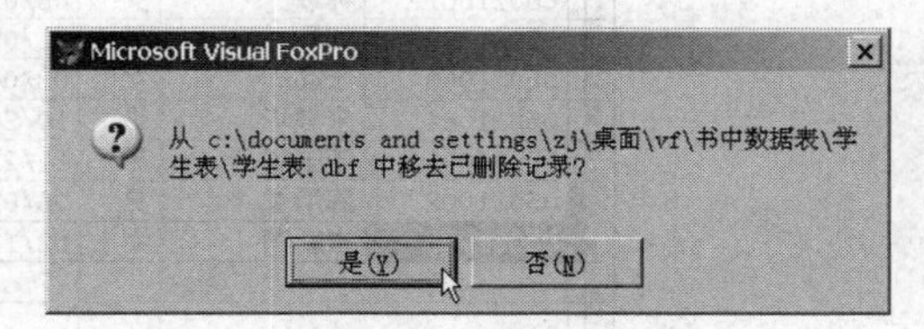

图 4-39 删除对话框

也可以在“浏览”窗口中用鼠标直接单击记录左边的删除标记位，单击一下，加删除标记，再单击一下，则取消删除标记。

方法二：命令方式。

1. 逻辑删除

命令格式：DELETE [范围][FOR/WHILE <条件表达式>]

命令功能：给当前表文件中满足条件的记录加上删除标记“*”。

说明：

（1）该命令仅给要删除的记录加上了删除标记，用 LIST 或 DISPLAY 命令显示时仍然可以看到要删除的记录，但在被删记录的左边有“*”标记。在“浏览”窗口可看到被删除记录的左边有一条黑的删除标记。

（2）若命令中省略[范围]和[条件表达式]，则只对当前记录加删除标记；若省略[范围]但有<条件表达式>时，则[范围]默认为 ALL。

【例 4-15】逻辑删除“学生表”中入学成绩低于 480.00 的记录。

在命令窗口中输入命令序列：

```
USE 学生表
DELETE ALL FOR 入学成绩<480.00
LIST
```

显示结果：

记录号	学号	姓名	性别	出生日期	团员否	入学成绩	班级	照片	简历
1	05011001	李平	女	10/21/85	.T.	502.00	计算机	memo	gen
2	05011002	章立新	男	02/14/86	.T.	489.50	计算机	memo	gen
3	*05011003	赵智慧	女	05/07/85	.T.	467.00	计算机	memo	gen
4	05021001	林敏	女	08/01/85	.T.	498.00	金融	memo	gen
5	05021002	刘欣	男	11/05/84	.F.	500.00	金融	memo	gen
6	05021003	于晶	女	03/04/85	.T.	488.00	金融	memo	gen
7	05021004	朱健华	男	10/20/86	.T.	496.00	金融	memo	gen
8	05031001	李国华	男	11/21/85	.T.	482.00	会计	memo	gen
9	*05031002	陈炳章	男	06/01/83	.T.	466.00	会计	memo	gen
10	*05031003	崔新荣	女	02/11/85	.T.	478.00	会计	memo	gen

打开“浏览”窗口，结果如图 4-40 所示。

学生表

	学号	姓名	性别	出生日期	团员否	入学成绩	班级	简
	05011001	李平	女	10/21/85	T	502.00	计算机	Me
	05011002	章立新	男	02/14/86	T	489.50	计算机	me
■	05011003	赵智慧	女	05/07/85	T	467.00	计算机	me
	05021001	林敏	女	08/01/85	T	498.00	金融	me
	05021002	刘欣	男	11/05/84	F	500.00	金融	me
	05021003	于晶	女	03/04/85	T	488.00	金融	me
	05021004	朱健华	男	10/20/86	T	496.00	金融	me
	05031001	李国华	男	11/21/85	T	482.00	会计	me
■	05031002	陈炳章	男	06/01/83	T	466.00	会计	me
■	05031003	崔新荣	女	02/11/85	T	478.00	会计	me

图 4-40　逻辑删除后的“浏览”窗口

2. 恢复记录

命令格式：RECALL [范围][FOR/WHILE <条件表达式>]

命令功能：将当前表文件中指定范围内带删除标记且满足条件的记录去掉删除标记。

说明：

若命令中省略[范围]和[条件表达式]，则只对当前记录取消删除标记，若省略[范围]但有<条件表达式>时，则[范围]默认为 ALL。

【例 4-16】 去掉例 4-15 中被删记录的删除标记。

命令序列：

```
USE  学生表
RECALL  FOR 入学成绩<480.00
LIST
```

显示结果：

记录号	学号	姓名	性别	出生日期	团员否	入学成绩	班级	照片	简历
1	05011001	李平	女	10/21/85	.T.	502.00	计算机	memo	gen
2	05011002	章立新	男	02/14/86	.T.	489.50	计算机	memo	gen
3	05011003	赵智慧	女	05/07/85	.T.	467.00	计算机	memo	gen
4	05021001	林敏	女	08/01/85	.T.	498.00	金融	memo	gen
5	05021002	刘欣	男	11/05/84	.F.	500.00	金融	memo	gen
6	05021003	于晶	女	03/04/85	.T.	488.00	金融	memo	gen
7	05021004	朱健华	男	10/20/86	.T.	496.00	金融	memo	gen
8	05031001	李国华	男	11/21/85	.T.	482.00	会计	memo	gen
9	05031002	陈炳章	男	06/01/83	.T.	466.00	会计	memo	gen
10	05031003	崔新荣	女	02/11/85	.T.	478.00	会计	memo	gen

3. 物理删除

命令格式：PACK

命令功能：将当前表文件中所有带删除标记的记录彻底删除。

【例 4-17】 彻底删除“学生表”中入学成绩低于 480.00 的记录。

命令序列：

```
USE  学生表
DELETE  FOR  入学成绩<480.00
PACK
```

4. 删除表中的所有记录

命令格式：ZAP

命令功能：将表文件中的所有记录进行彻底删除，不能恢复，只保留表的结构。

ZAP　↔　DELETE　ALL
　　　　　PACK

4.2.7　其他文件操作

1. 表文件的复制

命令格式：COPY TO <新表文件名>[范围][FIELDS <字段名表>][FOR/WHILE <条件表达式>]

命令功能：把当前表文件的内容全部或部分复制到新文件中。

说明：

（1）对已打开的表文件进行复制，复制后的新表是关闭的。

（2）FIELDS<字段名表>表示将字段名表中列出的字段内容复制到新表文件中，若没有此选项，则表示复制所有的字段。

【例 4-18】 将“学生表”中“金融”班的学生复制到表文件名为“金融班学生表”的表中。

操作命令序列：

```
USE  学生表
COPY  TO  金融班学生表  FOR  班级="金融"
USE  金融班学生表
LIST
```

显示的结果：

记录号	学号	姓名	性别	出生日期	团员否	入学成绩	班级	照片	简历
1	05021001	林敏	女	08/01/85	.T.	498.00	金融	memo	gen
2	05021002	刘欣	男	11/05/84	.F.	500.00	金融	memo	gen
3	05021003	于晶	女	03/04/85	.T.	488.00	金融	memo	gen
4	05021004	朱健华	男	10/20/86	.T.	496.00	金融	memo	gen

2. 表结构的复制

命令格式：COPY STRUCTRUE　TO　<新表文件名>　[FIELDS <字段名表>]

命令功能：将当前表文件的结构全部或部分复制到新表文件中。

说明：

此命令是仅复制结构，而前一个命令是结构和指定记录一起复制到新文件中。

3. 任意类型文件的复制

命令格式：COPY　FILE <源文件名> TO <目标文件名>

命令功能：将源文件内容复制到目标文件中。

说明：

（1）该命令可以复制任何类型的文件，<源文件名>和<目标文件名>必须加扩展名。

（2）复制时源文件必须关闭。

```
COPY  FILE  学生表.FPT  TO  学生表.TXT
```

4. 文件的更名

命令格式：RENAME <源文件名> TO <新文件名>

命令功能：将源文件名改为新文件名。

说明：

（1）<源文件名>和<新文件名>必须加扩展名。

（2）更名时源文件必须关闭。

4.3 表的排序、索引和查询

表文件建立好之后，表中的记录是按其输入的先后次序排序存放的，但是这种组织方式往往不能满足用户的要求，因为该物理顺序只是反映了向表文件内输入记录时的先后顺序，而我们经常希望它能按用户的要求排序，以便于加速检索数据的速度。

4.3.1 表的排序

表的排序有时也称“分类”，即按照关键字来重新排列表文件中的数据，数据从小到大排列叫做按升序排序；由大到小排列叫做按降序排序。排序操作的结果将生成一个新的表文件。原表文件名及记录的顺序不变。数据大小的比较规则是：如果是数值型、日期型的数据进行比较，则由其本身的大小决定，字符型数据由其 ASCII 码值确定，汉字由机内码确定大小（即按拼音）。排序的目的是为了快速查找。

命令格式：SORT ON <字段名 1> [/A][/D][/C][,<字段名 2> [/A][/D][/C]…] TO <新表文件名> [范围][FOR/WHILE <条件表达式>][FIELDS <字段名列表>]

命令功能：对当前表文件中指定范围内满足条件的记录按指定字段的升序或降序进行重新排序，并把排序的结果以表文件的形式保存在新文件中。

说明：

（1）/A 表示按升序排列，为系统默认值；/D 表示按降序排序；/C 表示不区分大小写字母。

（2）[范围][FOR/WHILE <条件表达式>]的使用方式与其他命令相同。

（3）ON 子句表示按哪些字段排序，字段列表中的第一个字段是最重要的排序关键字，通常称为“主关键字”，即首先按第一个字段值进行排序，若遇到第一个关键字值相同的情况，再按第二个关键字排序，依此类推。

（4）FIELDS<字段名列表>表示生成的新表文件中仅包含字段名列表所列的字段，缺省此项表示所有字段。

（5）排序后生成的新表文件是关闭的，使用前必须先打开。

【例 4-19】 对“学生表”按“入学成绩”字段进行重新排序，排序结果保存在“学生表 1”表文件中。

操作命令序列：

```
USE 学生表
SORT ON 入学成绩 TO 学生表1
USE 学生表1
LIST
```

显示结果：

记录号	学号	姓名	性别	出生日期	团员否	入学成绩	班级	照片	简历
1	05031002	陈炳章	男	06/01/83	.T.	466.00	会计	memo	gen
2	05011003	赵智慧	女	05/07/85	.T.	467.00	计算机	memo	gen
3	05031003	崔新荣	女	02/11/85	.T.	478.00	会计	memo	gen
4	05031001	李国华	男	11/21/85	.T.	482.00	会计	memo	gen
5	05021003	于晶	女	03/04/85	.T.	488.00	金融	memo	gen
6	05011002	章立新	男	02/14/86	.T.	489.50	计算机	memo	gen
7	05021004	朱健华	男	10/20/86	.T.	496.00	金融	memo	gen
8	05021001	林敏	女	08/01/85	.T.	498.00	金融	memo	gen
9	05021002	刘欣	男	11/05/84	.F.	500.00	金融	memo	gen
10	05011001	李平	女	10/21/85	.T.	502.00	计算机	memo	gen

【例 4-20】 对“学生表”按“班级”字段进行重新排序，排序结果保存在“学生表 2”表文件中，并且“学生表 2”中只含有姓名、入学成绩、班级 3 个字段。

操作命令序列：

```
USE  学生表
SORT  ON  班级  TO  学生表 2  FIELDS  姓名,入学成绩,班级
USE  学生表 2
LIST
```

显示结果：

记录号	姓名	入学成绩	班级
1	李国华	482.00	会计
2	陈炳章	466.00	会计
3	崔新荣	478.00	会计
4	李平	502.00	计算机
5	章立新	489.50	计算机
6	赵智慧	467.00	计算机
7	林敏	498.00	金融
8	刘欣	500.00	金融
9	于晶	488.00	金融
10	朱健华	496.00	金融

此处的“会计”中的“会”为多音字，应该读“kuai”，但在排序时是按“hui”读音参与比较的。

4.3.2　表的索引

用 SORT 命令进行排序时，将原文件记录按要求物理地移动，存入一个新的文件，实现了数据记录的有序排列，但由于排序结果建立了许多内容相同仅是排列次序不同的表文件，因而造成了大量的数据冗余，浪费了存储空间。而且，如果对原表文件进行增、删、改操作后，又会使表中记录变成无序，必须使用排序命令对表文件进行重新排列，非常不方便。下面讲述的索引文件可以解决上述问题。

索引文件类似于新华字典的“汉语拼音音阶表”，字典中的“汉语拼音音阶表”是按照拼音顺序对汉字排序，并生成指明各个汉字所在页号的列表，要想查找某个汉字，只需先对照该列表查找此字应从哪页开始查找，然后再到该页开始查找。因此我们可以认为，索引文件是由索引关键

字和指针构成的，或者说索引就是一个已排序的关键值与记录的对应列表。

索引文件和表文件分别存储，而且索引并不改变表中记录存储的顺序，它只是改变了读取表中记录的顺序。使用索引文件可以加快检索数据的速度。与排序的方法相比，建立索引文件的方法有更大的灵活性。

索引文件是根据选定的关键字建立起来的，"关键字"可以是一个字段，或者是几个字段的组合，由于各记录均有与此关键字对应的项，便可根据这些项的值对各记录按逻辑顺序进行排列。索引文件就是按此逻辑顺序记录着各关键字项及对应的记录号的。

索引文件必须依赖于原表文件才有意义，就好像任何一本书不能只有目录，而没有内容一样。

1. 索引文件的分类

索引文件分为独立索引文件和复合索引文件两种。独立索引文件只能存储一个索引，扩展名为.IDX；而复合索引可以存储多个索引，扩展名为.CDX。

2. 独立索引文件

（1）索引文件的建立。

命令格式：INDEX ON <关键字表达式> TO <索引文件名> [FOR <条件表达式>]

命令功能：对当前表文件中符合条件的记录按给定的关键字表达式建立索引文件。

说明：

① <关键字表达式>可以是一个字段，也可以是多个字段，当为多个字段时，必须用字符串运算符"+"连接，各字段必须转换为相同类型的数据才能相加。

② 关键字的类型可以是字符型、数值型、日期型的数据，不能是备注型。

③ [FOR <条件表达式>]只对当前表文件中满足条件的记录建立索引。

【例 4-21】 对"学生表"按"入学成绩"建立索引文件，索引文件名为"成绩.IDX"。

```
USE  学生表
INDEX ON 入学成绩  TO 成绩
LIST
```

显示结果：

记录号	学号	姓名	性别	出生日期	团员否	入学成绩	班级	照片	简历
9	05031002	陈炳章	男	06/01/83	.T.	466.00	会计	memo	gen
3	05011003	赵智慧	女	05/07/85	.T.	467.00	计算机	memo	gen
10	05031003	崔新荣	女	02/11/85	.T.	478.00	会计	memo	gen
8	05031001	李国华	男	11/21/85	.T.	482.00	会计	memo	gen
6	05021003	于晶	女	03/04/85	.T.	488.00	金融	memo	gen
2	05011002	章立新	男	02/14/86	.T.	489.50	计算机	memo	gen
7	05021004	朱健华	男	10/20/86	.T.	496.00	金融	memo	gen
4	05021001	林敏	女	08/01/85	.T.	498.00	金融	memo	gen
5	05021002	刘欣	男	11/05/84	.F.	500.00	金融	memo	gen
1	05011001	李平	女	10/21/85	.T.	502.00	计算机	memo	gen

从显示结果的记录号我们可知，数据在表文件中的物理次序并没有变，只是记录的显示次序发生了变化。若要按入学成绩的降序显示表文件中的记录，由于建立独立索引文件的命令没有按降序排列，所以只能把命令

```
INDEX ON 入学成绩  TO 成绩
```

改成：

```
INDEX  ON -入学成绩  TO 成绩
```

【例 4-22】 对“学生表”按“班级”和“入学成绩”建立索引文件，索引文件名为“班级_成绩.IDX”。

```
USE  学生表
INDEX  ON 班级+STR(入学成绩)  TO 班级_成绩
LIST
```

显示结果：

记录号	学号	姓名	性别	出生日期	团员否	入学成绩	班级	照片	简历
9	05031002	陈炳章	男	06/01/83	.T.	466.00	会计	memo	gen
10	05031003	崔新荣	女	02/11/85	.T.	478.00	会计	memo	gen
8	05031001	李国华	男	11/21/85	.T.	482.00	会计	memo	gen
3	05011003	赵智慧	女	05/07/85	.T.	467.00	计算机	memo	gen
2	05011002	章立新	男	02/14/86	.T.	489.50	计算机	memo	gen
1	05011001	李平	女	10/21/85	.T.	502.00	计算机	memo	gen
6	05021003	于晶	女	03/04/85	.T.	488.00	金融	memo	gen
7	05021004	朱健华	男	10/20/86	.T.	496.00	金融	memo	gen
4	05021001	林敏	女	08/01/85	.T.	498.00	金融	memo	gen
5	05021002	刘欣	男	11/05/84	.F.	500.00	金融	memo	gen

从显示结果我们看到，显示记录的顺序是首先按班级顺序，班级相同再按入学成绩的升序显示的。

【例 4-23】 对“学生表”按“班级”和“出生日期”建立索引文件，索引文件名为“班级_日期.IDX”。

```
USE 学生表
INDEX ON 班级+STR(DATE()-出生日期) TO 班级_日期
LIST
```

显示结果：

记录号	学号	姓名	性别	出生日期	团员否	入学成绩	班级	照片	简历
8	05031001	李国华	男	11/21/85	.T.	482.00	会计	memo	gen
10	05031003	崔新荣	女	02/11/85	.T.	478.00	会计	memo	gen
9	05031002	陈炳章	男	06/01/83	.T.	466.00	会计	memo	gen
2	05011002	章立新	男	02/14/86	.T.	489.50	计算机	memo	gen
1	05011001	李平	女	10/21/85	.T.	502.00	计算机	memo	gen
3	05011003	赵智慧	女	05/07/85	.T.	467.00	计算机	memo	gen
7	05021004	朱健华	男	10/20/86	.T.	496.00	金融	memo	gen
4	05021001	林敏	女	08/01/85	.T.	498.00	金融	memo	gen
6	05021003	于晶	女	03/04/85	.T.	488.00	金融	memo	gen
5	05021002	刘欣	男	11/05/84	.F.	500.00	金融	memo	gen

按“出生日期”字段建立索引　INDEX　ON　出生日期　TO　日期
而【例 4-23】若用 INDEX ON 班级+DTOC(出生日期) TO 班级_日期
命令建立索引文件，则班级相同时，按日期的月份排序。

（2）索引文件的打开。

命令格式 1：USE <表文件名>　INDEX　<索引文件名列表>

命令功能 1：打开表文件的同时打开指定的索引文件。

命令格式 2：SET INDEX TO <索引文件名列表>

命令功能 2：若表文件已经是打开的，则用格式 2 打开指定索引文件。

说明：

<索引文件名列表>中列出要打开的索引文件的名字，若要同时打开多个索引文件，则在要打开的索引文件名之间用英文状态下的“,”分隔。其中第一个索引文件是主索引文件。此时，是按主索引文件进行显示表中记录的。

（3）索引文件的关闭。

命令格式：SET INDEX TO （或 CLOSE INDEX）

命令功能：关闭所有已打开的索引文件

（4）设置主索引文件。

刚建立的索引本身就是主索引，打开多个索引文件时，默认排在第一位的索引文件是主索引，在独立索引文件中，设置主索引的命令如下。

命令格式：SET ORDER TO <数值表达式>/<索引文件名>

命令功能：在打开的索引文件中指定主索引文件。

说明：

（1）<数值表达式>表示从 1 开始为打开索引文件依次排号，<数值表达式>的值即为该索引文件在<索引文件名>中的顺序号。

（2）<索引文件名>表示将<索引文件名>所指的索引文件设置为主索引。

【例 4-24】 若对“学生表”已经建立了前面几个的索引文件，利用 SER ORDER TO 设置主索引。

```
USE 学生表  INDEX  成绩, 班级_成绩,班级_日期
SET ORDER TO  2
LIST
```

显示结果：

记录号	学号	姓名	性别	出生日期	团员否	入学成绩	班级	照片	简历
9	05031002	陈炳章	男	06/01/83	.T.	466.00	会计	memo	gen
10	05031003	崔新荣	女	02/11/85	.T.	478.00	会计	memo	gen
8	05031001	李国华	男	11/21/85	.T.	482.00	会计	memo	gen
3	05011003	赵智慧	女	05/07/85	.T.	467.00	计算机	memo	gen
2	05011002	章立新	男	02/14/86	.T.	489.50	计算机	memo	gen
1	05011001	李平	女	10/21/85	.T.	502.00	计算机	memo	gen
6	05021003	于晶	女	03/04/85	.T.	488.00	金融	memo	gen
7	05021004	朱健华	男	10/20/86	.T.	496.00	金融	memo	gen
4	05021001	林敏	女	08/01/85	.T.	498.00	金融	memo	gen
5	05021002	刘欣	男	11/05/84	.F.	500.00	金融	memo	gen

```
SET ORDER TO 成绩
LIST
```

显示结果：

记录号	学号	姓名	性别	出生日期	团员否	入学成绩	班级	照片	简历
9	05031002	陈炳章	男	06/01/83	.T.	466.00	会计	memo	gen
3	05011003	赵智慧	女	05/07/85	.T.	467.00	计算机	memo	gen
10	05031003	崔新荣	女	02/11/85	.T.	478.00	会计	memo	gen
8	05031001	李国华	男	11/21/85	.T.	482.00	会计	memo	gen

```
   6   05021003 于晶   女   03/04/85  .T.   488.00  金融    memo  gen
   2   05011002 章立新 男   02/14/86  .T.   489.50  计算机  memo  gen
   7   05021004 朱健华 男   10/20/86  .T.   496.00  金融    memo  gen
   4   05021001 林敏   女   08/01/85  .T.   498.00  金融    memo  gen
   5   05021002 刘欣   男   11/05/84  .F.   500.00  金融    memo  gen
   1   05011001 李平   女   10/21/85  .T.   502.00  计算机  memo  gen
SET ORDER TO 0
LIST
```

显示结果：

记录号	学号	姓名	性别	出生日期	团员否	入学成绩	班级	照片	简历
1	05011001	李平	女	10/21/85	.T.	502.00	计算机	memo	gen
2	05011002	章立新	男	02/14/86	.T.	489.50	计算机	memo	gen
3	05011003	赵智慧	女	05/07/85	.T.	467.00	计算机	memo	gen
4	05021001	林敏	女	08/01/85	.T.	498.00	金融	memo	gen
5	05021002	刘欣	男	11/05/84	.F.	500.00	金融	memo	gen
6	05021003	于晶	女	03/04/85	.T.	488.00	金融	memo	gen
7	05021004	朱健华	男	10/20/86	.T.	496.00	金融	memo	gen
8	05031001	李国华	男	11/21/85	.T.	482.00	会计	memo	gen
9	05031002	陈炳章	男	06/01/83	.T.	466.00	会计	memo	gen
10	05031003	崔新荣	女	02/11/85	.T.	478.00	会计	memo	gen

```
SET ORDER TO 1
GO BOTTOM
DISP
```

记录号	学号	姓名	性别	出生日期	团员否	入学成绩	班级	照片	简历
1	05011001	李平	女	10/21/85	.T.	502.00	计算机	memo	gen

3. 复合索引文件

复合索引文件（.CDX）分为结构复合索引文件和非结构复合索引文件。结构复合索引文件与表文件同名，并且只要表文件打开，该索引文件也随之打开；非结构复合索引文件与表文件不同名，并且不会随着表文件的打开而打开，需要使用命令来打开。

（1）复合索引文件的建立。

命令格式：INDEX ON <关键字表达式>　TAG<索引标识符>　[OF<索引文件名>][FOR<条件>][ASCENDING/DESCENDING] [UNIQUE/CANDINATE] [ADDITIVE]

命令功能：对当前表文件按给定关键字表达式值建立扩展名为.CDX 的复合索引文件。

说明：

① TAG <索引标识符> [OF 索引文件名]用于创建一个扩展名为.CDX 的复合索引文件。若无[OF 索引文件名]，则是创建结构复合索引文件，将索引标识加在结构复合索引文件中，索引文件名与表文件名相同，但扩展名为.CDX；若有[OF <索引文件名>]，则创建非结构复合索引文件，将索引标识加在指定的非结构复合索引文件中。

② [ASCENDING/DESCENDING]：建立升序或降序索引，默认是升序。

③ [UNIQUE/CANDINATE]：UNIQUE 表示当表文件中具有关键字表达式值相同的记录时，只有第一个记录被放入索引文件中，CANDINATE 则表示创建一个候选结构化索引标识。

④ [ADDITIVE]：在建立索引时是否关闭以前的索引，默认是关闭已经使用的索引，使新建的索引成为当前索引。若有此选项，则不关闭原先打开的所有索引文件。

【例 4-25】将例 4-21、例 4-22、例 4-23 中 3 个索引建立在结构复合索引文件“学生表.CDX”中

```
USE  学生表
INDEX ON 入学成绩  TAG 成绩
INDEX ON 班级+STR(入学成绩)  TAG 班级_成绩
INDEX ON 班级+STR(DATE()-出生日期) TAG 班级_日期
```

【例 4-26】将例 4-21、例 4-22、例 4-23 中 3 个索引建立在非结构复合索引文件“索引.CDX”文件中。

```
USE  学生表
INDEX ON 入学成绩  TAG 成绩   OF 索引
INDEX ON 班级+STR(入学成绩)  TAG 班级_成绩   OF 索引
INDEX ON 班级+STR(DATE()-出生日期) TAG 班级_日期   OF 索引
```

（2）复合索引文件的打开。

结构复合索引文件由于与表文件同名，所以随表的打开而自动打开，非结构复合索引文件的打开与关闭与独立索引文件相同。

命令格式 1：USE <表文件名> INDEX <非结构复合索引文件名列表>

命令功能 1：打开表文件的同时打开指定的非结构复合索引文件。

命令格式 2：SET INDEX TO <非结构复合索引文件名列表>

命令功能 2：若表文件已经是打开的，则用命令格式 2 打开指定非结构复合索引文件。

（3）复合索引文件的关闭。

结构复合索引文件的关闭是随着表文件的关闭来完成的。非结构复合索引文件的关闭与独立索引文件的操作相同。

命令格式：SET INDEX TO

（或 CLOSE INDEX）

命令功能：关闭所有已打开的索引文件。

（4）设置主索引文件。

复合索引文件打开后，其中的索引不会自动设置主索引标识，必须使用命令设置。

命令格式：SET ORDER TO <TAG 索引标识>/<数值表达式>。

命令功能：在打开的复合索引文件中设置主索引标识。

说明：

（1）<TAG 索引标识>是将复合索引文件中给定的<索引标识>设置为主索引标识。

（2）<数值表达式>是将复合索引文件中第几个索引标识设置为主索引标识。

【例 4-27】非结构复合索引文件的主索引标识的设置。

```
USE  学生表
INDEX ON 入学成绩  TAG 成绩   OF 索引
INDEX ON 班级+STR(入学成绩)  TAG 班级_成绩   OF 索引
INDEX ON 班级+STR(DATE()-出生日期) TAG 班级_日期  OF 索引
LIST
```

显示结果：

记录号	学号	姓名	性别	出生日期	团员否	入学成绩	班级	照片	简历
8	05031001	李国华	男	11/21/85	.T.	482.00	会计	memo	gen
10	05031003	崔新荣	女	02/11/85	.T.	478.00	会计	memo	gen
9	05031002	陈炳章	男	06/01/83	.T.	466.00	会计	memo	gen

2	05011002	章立新	男	02/14/86	.T.	489.50	计算机	memo	gen
1	05011001	李平	女	10/21/85	.T.	502.00	计算机	memo	gen
3	05011003	赵智慧	女	05/07/85	.T.	467.00	计算机	memo	gen
7	05021004	朱健华	男	10/20/86	.T.	496.00	金融	memo	gen
4	05021001	林敏	女	08/01/85	.T.	498.00	金融	memo	gen
6	05021003	于晶	女	03/04/85	.T.	488.00	金融	memo	gen
5	05021002	刘欣	男	11/05/84	.F.	500.00	金融	memo	gen

```
SET  INDEX  TO
LIST
```

显示结果：

记录号	学号	姓名	性别	出生日期	团员否	入学成绩	班级	照片	简历
1	05011001	李平	女	10/21/85	.T.	502.00	计算机	memo	gen
2	05011002	章立新	男	02/14/86	.T.	489.50	计算机	memo	gen
3	05011003	赵智慧	女	05/07/85	.T.	467.00	计算机	memo	gen
4	05021001	林敏	女	08/01/85	.T.	498.00	金融	memo	gen
5	05021002	刘欣	男	11/05/84	.F.	500.00	金融	memo	gen
6	05021003	于晶	女	03/04/85	.T.	488.00	金融	memo	gen
7	05021004	朱健华	男	10/20/86	.T.	496.00	金融	memo	gen
8	05031001	李国华	男	11/21/85	.T.	482.00	会计	memo	gen
9	05031002	陈炳章	男	06/01/83	.T.	466.00	会计	memo	gen
10	05031003	崔新荣	女	02/11/85	.T.	478.00	会计	memo	gen

```
CLOSE  INDEX
SET  INDEX  TO 索引.CDX
LIST
```

显示结果：

记录号	学号	姓名	性别	出生日期	团员否	入学成绩	班级	照片	简历
1	05011001	李平	女	10/21/85	.T.	502.00	计算机	memo	gen
2	05011002	章立新	男	02/14/86	.T.	489.50	计算机	memo	gen
3	05011003	赵智慧	女	05/07/85	.T.	467.00	计算机	memo	gen
4	05021001	林敏	女	08/01/85	.T.	498.00	金融	memo	gen
5	05021002	刘欣	男	11/05/84	.F.	500.00	金融	memo	gen
6	05021003	于晶	女	03/04/85	.T.	488.00	金融	memo	gen
7	05021004	朱健华	男	10/20/86	.T.	496.00	金融	memo	gen
8	05031001	李国华	男	11/21/85	.T.	482.00	会计	memo	gen
9	05031002	陈炳章	男	06/01/83	.T.	466.00	会计	memo	gen
10	05031003	崔新荣	女	02/11/85	.T.	478.00	会计	memo	gen

从显示结果我们可以看到，虽然非结构复合索引文件已经打开，但没有主索引标识。

```
SET  ORDER  TO  TAG 成绩
LIST
```

显示结果：

记录号	学号	姓名	性别	出生日期	团员否	入学成绩	班级	照片	简历
9	05031002	陈炳章	男	06/01/83	.T.	466.00	会计	memo	gen
3	05011003	赵智慧	女	05/07/85	.T.	467.00	计算机	memo	gen
10	05031003	崔新荣	女	02/11/85	.T.	478.00	会计	memo	gen
8	05031001	李国华	男	11/21/85	.T.	482.00	会计	memo	gen
6	05021003	于晶	女	03/04/85	.T.	488.00	金融	memo	gen

2	05011002	章立新	男	02/14/86	.T.	489.50	计算机	memo	gen
7	05021004	朱健华	男	10/20/86	.T.	496.00	金融	memo	gen
4	05021001	林敏	女	08/01/85	.T.	498.00	金融	memo	gen
5	05021002	刘欣	男	11/05/84	.F.	500.00	金融	memo	gen
1	05011001	李平	女	10/21/85	.T.	502.00	计算机	memo	gen

```
SET ORDER TO 2 OF 索引
LIST
```

显示结果：

记录号	学号	姓名	性别	出生日期	团员否	入学成绩	班级	照片	简历
9	05031002	陈炳章	男	06/01/83	.T.	466.00	会计	memo	gen
10	05031003	崔新荣	女	02/11/85	.T.	478.00	会计	memo	gen
8	05031001	李国华	男	11/21/85	.T.	482.00	会计	memo	gen
3	05011003	赵智慧	女	05/07/85	.T.	467.00	计算机	memo	gen
2	05011002	章立新	男	02/14/86	.T.	489.50	计算机	memo	gen
1	05011001	李平	女	10/21/85	.T.	502.00	计算机	memo	gen
6	05021003	于晶	女	03/04/85	.T.	488.00	金融	memo	gen
7	05021004	朱健华	男	10/20/86	.T.	496.00	金融	memo	gen
4	05021001	林敏	女	08/01/85	.T.	498.00	金融	memo	gen
5	05021002	刘欣	男	11/05/84	.F.	500.00	金融	memo	gen

（5）利用表设计器建立结构复合索引文件。

【例 4-28】 将例 4-25 的任务利用表设计器来完成。

① 打开表文件，单击“显示”菜单，选择“表设计器”选项，弹出“表设计器”对话框，如图 4-41 所示。

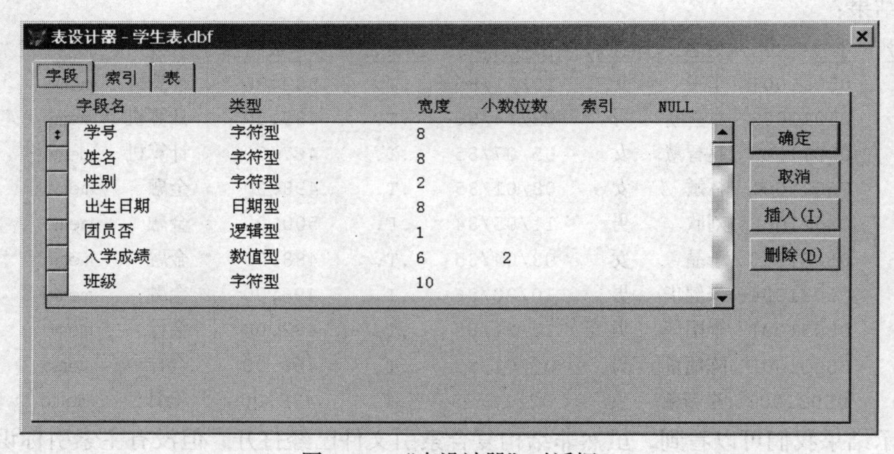

图 4-41 “表设计器”对话框

② 在“表设计器”对话框中，选择“索引”标签，输入索引内容，在“索引名”框输入索引的标识名，在“类型”列表中选定索引类型，如图 4-42 所示。

③ 在“表达式”框中键入作为记录排序依据的字段名，或者通过选择表达式框后面的对话框按钮，用“表达式生成器”来建立表达式，如图 4-43 所示。

④ 若想有选择地输出记录，可在图 4-42 中的“筛选”框中输入筛选表达式，或者选择该框后面的按钮，通过“表达式生成器”来建立表达式。

⑤ 单击“确定”按钮，完成题目要求。

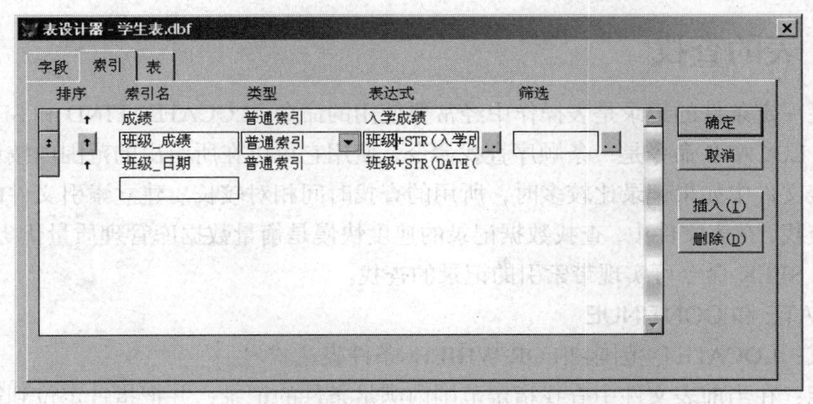

图 4-42　索引的输入

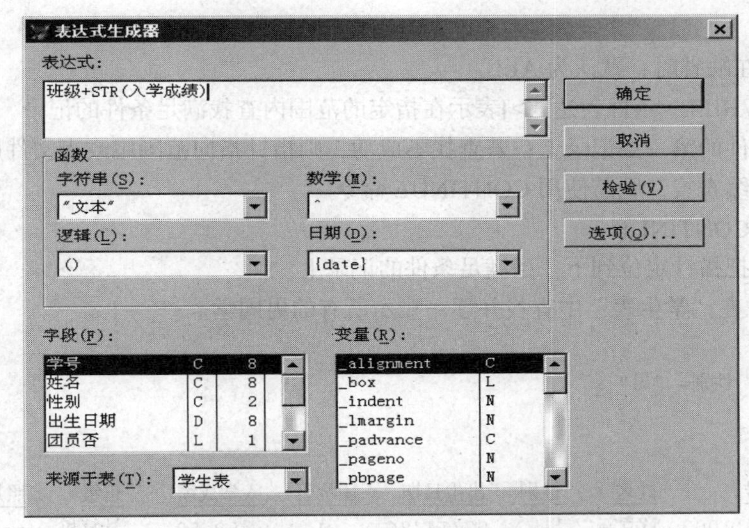

图 4-43　"表达式生成器"对话框

4. 重新索引

对表文件进行修改、插入、删除等操作时，如果打开相应的索引文件，则这些索引文件会随着表文件的更新而自动更新，否则就不会跟着变化，必须使用重新索引命令。

命令格式：REINDEX

命令功能：重新建立打开的索引文件。

5. 删除复合索引文件中的标识

在使用复合索引文件时，可以随时删除索引标识。

命令格式 1：DELETE TAG <标识名> [OF<复合索引文件名>]

命令功能 1：从指定的复合索引文件中删除指定的索引标识。

命令格式 2：DELETE ALL [OF<复合索引文件名>]

命令功能 2：删除指定复合索引文件的全部标识，该复合索引文件将自动被删除。

说明：

（1）以上两个命令都要求复合索引文件是打开状态。

（2）如果没有[OF <复合索引文件名>]选项，表示删除结构复合文件中的索引标识。

4.3.3 表的查找

查找满足一定条件的记录是表操作中经常要使用的命令，LOCATE、FIND 和 SEEK 都可以完成查找任务，LOCATE 命令是一条顺序查找命令，使用它可以在所给出的范围内按记录顺序号逐个查找，在表文件中如果记录比较多时，所用的查找时间相对较长。建立索引文件的主要目的就是为了便于查找，在表文件中，查找数据记录的速度快慢是衡量数据库管理质量优劣的重要指标，使用 FIND 和 SEEK 命令可实现带索引的记录的查找。

1. LOCATE 和 CONTINUE

命令格式：LOCATE [<范围>][FOR/WHILE<条件表达式>]

命令功能：在当前表文件中查找指定范围内满足条件的记录，并把指针定位到第一个满足条件的记录上。

说明：

（1）[范围]在缺省时，默认为 ALL。

（2）[FOR/WHILE <条件表达式>]表示在指定的范围内查找满足条件的记录。若查找成功，指针定位到满足条件的第一条记录上；若查找不成功，则指针指向范围尾或表文件尾。

（3）若要继续查找，则需使用 CONTINUE 命令。

命令格式：CONTINUE

命令功能：把指针定位到下一条满足条件的记录上。

【例 4-29】 在“学生表”中查找并逐一显示所有的男同学。

```
USE 学生表
LOCATE  FOR 性别= "男"
DISP
```

显示结果：

记录号	学号	姓名	性别	出生日期	团员否	入学成绩	班级	照片	简历
2	05011002	章立新	男	02/14/86	.T.	489.50	计算机	memo	gen

```
CONTINUE
DISP
```

记录号	学号	姓名	性别	出生日期	团员否	入学成绩	班级	照片	简历
5	05021002	刘欣	男	11/05/84	.F.	500.00	金融	memo	gen

```
CONTINUE
DISP
```

记录号	学号	姓名	性别	出生日期	团员否	入学成绩	班级	照片	简历
7	05021004	朱健华	男	10/20/86	.T.	496.00	金融	memo	gen

2. FIND

命令格式：FIND <字符串/字符型变量/数值>

命令功能：在索引文件中查找索引关键字与指定查找条件相符的第一条记录，并将指针指向它。

说明：

（1）必须打开索引文件进行查找，而且索引文件的关键字必须是要查找的字段。

（2）要查找的是字符型内存变量时，要使用宏替换符“&”把字符型变量的值替换出来。

（3）此命令只能查找符合条件的第一条记录，若还有符合条件的记录，可使用 SKIP 命令定位到该记录上。

（4）若查找成功，则 FOUND( )函数的值为.T. ,EOF( )函数的值为.F.；否则， FOUND( )函数的值为.F. ,EOF( )函数的值为.T. 。

【例 4-30】 FIND 查找。

```
USE 学生表
INDEX  ON  姓名  TO  xingming
FIND  于晶
? FOUND(),RECNO(),EOF()
```

显示结果：

```
.T.      6     .F.
X="刘欣"
FIND &X
DISP
```

记录号	学号	姓名	性别	出生日期	团员否	入学成绩	班级	照片	简历
5	05021002	刘欣	男	11/05/84	.F.	500.00	金融	memo	gen

```
INDEX  ON 性别  TO  xingbie
FIND 男
DISP
```

记录号	学号	姓名	性别	出生日期	团员否	入学成绩	班级	照片	简历
2	05011002	章立新	男	02/14/86	.T.	489.50	计算机	memo	gen

```
SKIP
DISP
```

记录号	学号	姓名	性别	出生日期	团员否	入学成绩	班级	照片	简历
5	05021002	刘欣	男	11/05/84	.F.	500.00	金融	memo	gen

```
INDEX  ON  入学成绩  TO  chengji
FIND  498.00
DISP
```

记录号	学号	姓名	性别	出生日期	团员否	入学成绩	班级	照片	简历
4	05021001	林敏	女	08/01/85	.T.	498.00	金融	memo	gen

3. SEEK

命令格式：SEEK <表达式>

命令功能：在索引文件中查找关键字内容与表达式相同的第一条记录。

说明：

（1）该命令的执行结果是把指针定位在符合条件的第一条记录上，若还有符合条件且要继续查找的记录，可以使用 SKIP 命令。

（2）<表达式>可以是字符型、数值型、日期型和逻辑型数据，表文件必须按相应表达式索引。

（3）可以直接查找字符型、数值型、日期型、逻辑型等内存变量，不需要任何变换。

【例 4-31】 SEEK 查找。

```
USE 学生表
SET  INDEX  TO xingming
SEEK  "于晶"                    && SEEK 后若是常量时必须加相应的定界符
DISP
```

记录号	学号	姓名	性别	出生日期	团员否	入学成绩	班级	照片	简历
6	05021003	于晶	女	03/04/85	.T.	488.00	金融	memo	gen

```
NAME="于晶"
SEEK  NAME                     && SEEK 后若是变量时可以直接引用
```

```
?FOUND(),RECNO()
.T.        6
SET  INDEX  TO  班级_成绩
SEEK  "计算机"+STR(502.00)
?FOUND(),RECNO(),EOF()
.F.     11      .T.
SEEK  "计算机     "+STR(502.00)
?FOUND(),RECNO()
.T.     1
```

注意

由于班级字段定义的长度为 10，所以在“计算机”的后面加 4 个空格，补齐 10 个字符长度，查找才能成功。

```
INDEX  ON  出生日期  TAG  日期
SEEK {^1985-03-04}        &&(或写成: SEEK CTOD("03/04/85"))
DISP
```

记录号	学号	姓名	性别	出生日期	团员否	入学成绩	班级	照片	简历
6	05021003	于晶	女	03/04/85	.T.	488.00	金融	memo	gen

4.4 表的统计与汇总

4.4.1 统计记录个数

命令格式：COUNT [范围] [FOR/WHILE <条件表达式>] [TO <内存变量名>]

命令功能：统计表中指定范围内满足条件的记录的个数。

说明：

（1）如果缺省全部可选项，则统计表中全部记录的个数。

（2）TO <内存变量名>：统计结果可以保存在内存变量中，如果没有此项，只显示不保存。

【例 4-32】统计并显示“学生表”中记录个数及男同学的人数，并把统计结果分别存放在内存变量 A1，A2 中。

在命令窗口中输入下列命令序列：

```
USE  学生表
COUNT  TO  A1
COUNT  FOR  性别= "男" TO  A2
? ["学生表"中有：],A1, "人"
? "其中男同学有：", A2, "人"
```

显示结果：

```
"学生表"中有：          10 人
其中男同学有：           5 人
```

4.4.2 数值型字段求和

命令格式：SUM [范围][字段表达式表][FOR/WHILE <条件表达式>][TO <内存变量名表>]

命令功能：对当前表指定范围内满足条件的记录按指定的数值型字段进行列向求和。

说明：

（1） 如果缺省全部可选项，则对表中所有的数值型字段进行求和。

（2）[范围]、[条件]：当没有[范围]时，表示为 ALL；[条件]与以前命令的使用方法相同。

（3）[字段表达式表]：指定求和字段名，字段名之间用英文状态的“,”分隔，若没有此选项，则对所有数值型字段求和。

（4）TO <内存变量名表>：将求得的结果保存到内存变量中。

【例 4-33】（1）对“学生表”中的“入学成绩”字段进行求和。

（2）求计算机班同学的平均入学成绩。

在命令窗口中输入下列命令序列：

```
USE 学生表
SUM 入学成绩  TO  S1
? "所有学生的入学成绩总和为："+STR(S1,8,2)
```

显示结果：

```
所有学生的入学成绩总和为：4866.50
```

在命令窗口中输入下列命令序列：

```
SUM 入学成绩  TO  S2  FOR 班级= "计算机"
COUNT  TO N  FOR 班级= "计算机"
? "计算机班同学的平均入学成绩为："+STR(S2/N,8,2)
```

显示结果：

```
计算机班同学的平均入学成绩为：486.17
```

4.4.3　数值型字段求平均值

命令格式：AVERAGE [范围][字段表达式表][FOR/WHILE <条件表达式>][TO <内存变量名表>]

命令功能：对当前表指定范围内满足条件的记录按指定的数值型字段进行求平均值，用法与 SUM 相同。

在【例 4-33】中，求“计算机”班的平均入学成绩是分两步完成的，而使用该命令只需要下面一条命令即可。

```
AVERAGE 入学成绩  TO  S2  FOR 班级= "计算机"
```

4.4.4　分类汇总

汇总命令是针对已经排序的或已经做了索引的表文件进行的。它把与关键字段具有相同值的所有记录中的数值字段的内容进行求和，作为一个记录存放在表文件中。其中非数值型字段的内容就是原来表文件中与关键字段值相同的那一组记录的第一个记录的对应字段的内容。

命令格式：TOTAL　ON <关键字>　TO <新表文件名> [范围][FOR/WHILE <条件表达式>] [FIELDS <字段名表>]

命令功能：对当前表指定范围内满足条件的记录按指定的关键字段的不同值为类别，对指定字段分类求和，结果保存在新文件中。

说明：

（1）在使用 TOTAL 之前，当前表文件必须按<关键字>进行排序或索引。

（2）若没有任何可选项，表示对全部记录的所有数值型字段按关键字进行分类求和。

（3）分类的结果生成新的表文件，新表文件的结构与原来的表文件结构相同，但没有备注型字段。

【例 4-34】 对“学生表”中的“入学成绩”按“班级”进行分类汇总。

```
USE 学生表
INDEX  ON  班级   TO   banji
TOTAL  ON  班级   TO  汇总表  FIELDS  入学成绩
USE  汇总表
LIST
```

显示结果：

记录号	学号	姓名	性别	出生日期	团员否	入学成绩	班级	照片	简历
1	05031001	李国华	男	11/21/85	.T.	1426.00	会计	memo	gen
2	05011001	李平	女	10/21/85	.T.	1458.00	计算机	memo	gen
3	05021001	林敏	女	08/01/85	.T.	1982.00	金融	memo	gen

```
COPY  TO  成绩汇总  FIELDS  班级，入学成绩
USE  成绩汇总
LIST
```

显示结果：

记录号	班级	入学成绩
1	会计	1426.00
2	计算机	1458.00
3	金融	1982.00

4.5　多表的使用

迄今为止，我们所有的操作都是对一个表文件而言的，当用 USE 命令打开另外的表文件时，则前一个表文件自动关闭。而在实际工作中，常常需要同时使用多个表文件中的数据，这就要使用多区操作的命令。

4.5.1　选择工作区

对表文件做任何操作之前必须先打开该文件。要想同时使用多个表，就必须同时打开多个表，但默认情况下，任意时刻 Visual FoxPro 只能打开一个表文件。原因是任何一个被打开的表文件都要占用一个“工作区”，默认情况下只使用 1 号工作区。因此，表文件打开时要占用一个工作区，关闭时释放该工作区。所以在同一时刻要再打开另外一个表文件，只能自动关闭前一个表文件。

在 Visual FoxPro 6.0 中，可以使用 32767 个工作区，在不同的工作区可以打开不同的表，但在任意时刻用户只能选择一个工作区进行工作，即用户只能对一个工作区中的表文件进行操作，这个表文件被称为当前表，它所在的工作区称为当前工作区。

1. 工作区的表示方法

（1）数字表示法：用 1，2，3，4，…，32767 表示。

（2）字母表示法：用 A，B，C，…，表示（也可以是小写字母）。

（3）别名表示法：在工作区打开表时指定了别名，可用别名表示该工作区。

2. 选择工作区

命令格式：SELECT　数字区号/字母区号/别名

命令功能：选择指定的工作区。

说明：

（1）打开表文件时，可以给表起一个别名。

格式为：USE　<文件名>　ALIAS　<别名>

（2）用该命令选择工作区时，最后选择的工作区是当前工作区。

（3）当前工作区内的表文件的字段可以直接使用，若要使用其他工作区表文件的字段，要在被访问字段名之前加入“别名”或加“区名”，具体使用方式如下。

例如：别名->字段名　或 别名.字段名

　　　区名->字段名　或 区名.字段名

【例 4-35】 工作区的选择。

```
USE 学生表                 &&在一区打开“学生表”
SELECT B                   &&选择二区
USE 成绩表                 &&在二区打开“成绩表”
LIST                       &&显示二区的记录
```

显示结果：

记录号	学号	课程号	成绩
1	05011001	1011	86.00
2	05011001	1021	65.00
3	05011002	1011	78.00
4	05011002	1031	85.00
5	05011003	1021	67.00
6	05011003	1031	83.00
7	05021001	1011	90.00
8	05021001	2011	68.00
9	05021002	2011	76.00
10	05021002	2020	69.00
11	05021003	1011	64.00
12	05021003	2020	68.00
13	05021004	2011	79.00
14	05021004	1011	77.00
15	05031001	3001	60.00
16	05031001	3002	90.00
17	05031002	3001	82.00
18	05031002	1011	92.00
19	05031003	3001	88.00
20	05031003	3002	76.00

```
GO TOP                     &&指针指向第一条记录
SELE 1                     &&返回到一区
LIST                       &&显示一区的表文件的记录
```

显示结果：

记录号	学号	姓名	性别	出生日期	团员否	入学成绩	班级	照片	简历
1	05011001	李平	女	10/21/85	.T.	502.00	计算机	memo	gen
2	05011002	章立新	男	02/14/86	.T.	489.50	计算机	memo	gen
3	05011003	赵智慧	女	05/07/85	.T.	467.00	计算机	memo	gen
4	05021001	林敏	女	08/01/85	.T.	498.00	金融	memo	gen

```
     5   05021002  刘欣    男   11/05/84   .F.    500.00   金融   memo   gen
     6   05021003  于晶    女   03/04/85   .T.    488.00   金融   memo   gen
     7   05021004  朱健华  男   10/20/86   .T.    496.00   金融   memo   gen
     8   05031001  李国华  男   11/21/85   .T.    482.00   会计   memo   gen
     9   05031002  陈炳章  男   06/01/83   .T.    466.00   会计   memo   gen
    10   05031003  崔新荣  女   02/11/85   .T.    478.00   会计   memo   gen
GO 1
DISP  姓名,性别,B->课程号,B->成绩
```

显示结果：

```
记录号    姓名   性别   B->课程号   B->成绩
   1      李平   女       1011      151.00
```

4.5.2 表之间建立关联

在两个工作区分别打开两个表文件，让两个表的记录指针能根据要求进行同步移动，实现这种操作方法是在两个区建立关联。通过建立关联，可以使用 LIST 命令显示两个工作区表文件的内容。

命令格式：SET　RELATION TO [<关键字表达式>/<数值表达式>] INTO <工作区号>/<别名>

命令功能：当前工作区中的表文件与其他工作区中的表文件通过关键字建立关联。

说明：

（1）<关键字表达式>的值必须是相关联的两个表文件共同具有的字段，并且<别名>表文件必须已经按<关键字表达式>建立了索引文件并处于打开状态。

（2）如果命令中使用了<数值表达式>，则当活动区中指针变化时，<别名>区中将以<数值表达式>计算的结果作为记录序号，把指针定位在对应记录上，此时，<别名>区中的表文件不再使用索引文件。

（3）执行此命令不产生新表文件，称为表间的逻辑联接。

（4）当执行不带参数的 SET　RELATION　TO 命令，则是删除当前工作区中所有的关联。

【例 4-36】 将“学生表”和“成绩表”按“学号”建立关联，然后显示两个表文件中的学号、姓名、性别、班级、课程号、成绩字段的内容。

```
SELE  A
USE 学生表
INDEX ON 学号 TO  xuehao
SELE 2
USE  成绩表
SET  RELATION  TO 学号  INTO  A
LIST  学号 ,A->姓名,A->性别,A.班级,课程号,成绩
```

显示结果：

记录号	学号	A->姓名	A->性别	A->班级	课程号	成绩
1	05011001	李平	女	计算机	1011	86.00
2	05011001	李平	女	计算机	1021	65.00
3	05011002	章立新	男	计算机	1011	78.00
4	05011002	章立新	男	计算机	1031	85.00
5	05011003	赵智慧	女	计算机	1021	67.00
6	05011003	赵智慧	女	计算机	1031	83.00

```
   7    05021001   林敏      女       金融      1011       90.00
   8    05021001   林敏      女       金融      2011       68.00
   9    05021002   刘欣      男       金融      2011       76.00
  10    05021002   刘欣      男       金融      2020       69.00
  11    05021003   于晶      女       金融      1011       64.00
  12    05021003   于晶      女       金融      2020       68.00
  13    05021004   朱健华    男       金融      2011       79.00
  14    05021004   朱健华    男       金融      1011       77.00
  15    05031001   李国华    男       会计      3001       60.00
  16    05031001   李国华    男       会计      3002       90.00
  17    05031002   陈炳章    男       会计      3001       82.00
  18    05031002   陈炳章    男       会计      1011       92.00
  19    05031003   崔新荣    女       会计      3001       88.00
  20    05031003   崔新荣    女       会计      3002       76.00
```

4.5.3　表之间的连接

两个表文件可以通过命令操作，根据一定的条件实现物理连接，从而产生一个新的表文件。

命令格式：JOIN　WITH　<工作区号>/<别名>　TO　<新表文件名> [FIELDS <字段名表>][FOR/WHILE<条件表达式>]

命令功能：将不同工作区的两个表文件根据一定的条件进行连接，生成新的表文件。

（1）此命令应该在当前工作区输入，<别名>是被连接的表文件的别名，它应该在另一个工作区被打开。

（2）新的表文件生成后，处于关闭状态。

（3）FIELDS<字段名表>：指定新表文件中所包含的字段及其排列顺序，但该表中的字段必须是原来两个表文件中所包含的字段，如果没有此选项，新表文件中的字段将包含原来两表文件的所有字段，同名字段只保留一项。

（4）[FOR/WHILE <条件表达式>]：指定两个表文件连接的条件，只有满足条件的记录才能连接。

（5）连接的过程：在当前工作区的表文件中顺序抽出各个记录，每次抽出一个记录后，就在另一个工作区的表中寻找符合条件的记录，每找到一个，就与当前工作区的表文件中的记录进行连接而成为一个新记录。这些新记录中可能包含两个表文件的任意字段。显然，如果原来两个表文件的记录个数分别为 M 和 N，则新表文件中就有可能有 M×N 个记录。

JOIN 命令执行时间比较长，而且当两个表文件都相当大，符合条件的情况又很多时，可能会产生一个极其庞大的新的表文件，使用时要注意防止产生文件过大。

【例 4-37】 通过“学号”把“学生表”和“成绩表”连接起来，生成一个有学号、姓名、性别、班级、课程号、成绩的新表文件“学生成绩.DBF”。

```
SELE  A
USE 学生表
SELE  B
USE 成绩表
JOIN  WITH  A FOR 学号=A.学号 TO 学生成绩  FIELDS  学号,A.姓名,A.性别,A.班级,课程号,成绩
```

```
SELE  C
USE 学生成绩
LIST
```

显示结果：

记录号	学号	姓名	性别	班级	课程号	成绩
1	05011001	李平	女	计算机	1011	86.00
2	05011001	李平	女	计算机	1021	65.00
3	05011002	章立新	男	计算机	1011	78.00
4	05011002	章立新	男	计算机	1031	85.00
5	05011003	赵智慧	女	计算机	1021	67.00
6	05011003	赵智慧	女	计算机	1031	83.00
7	05021001	林敏	女	金融	1011	90.00
8	05021001	林敏	女	金融	2011	68.00
9	05021002	刘欣	男	金融	2011	76.00
10	05021002	刘欣	男	金融	2020	69.00
11	05021003	于晶	女	金融	1011	64.00
12	05021003	于晶	女	金融	2020	68.00
13	05021004	朱健华	男	金融	2011	79.00
14	05021004	朱健华	男	金融	1011	77.00
15	05031001	李国华	男	会计	3001	60.00
16	05031001	李国华	男	会计	3002	90.00
17	05031002	陈炳章	男	会计	3001	82.00
18	05031002	陈炳章	男	会计	1011	92.00
19	05031003	崔新荣	女	会计	3001	88.00
20	05031003	崔新荣	女	会计	3002	76.00

从形式上看，JOIN 与 RELATION 的功能相似，但它们一个是物理连接，生成一个新的表文件；一个是逻辑联接，不生成新的表文件。

4.5.4 根据另外的表文件更新当前表文件

前面讲过用 REPLACE 命令可以实现数据的批量修改，但必须在同一个表文件中完成，UPDATE 命令则可以实现用另一个表文件中的数据来修改当前表文件。

命令格式：UPDATE ON <关键字段名> FROM <工作区号>/<别名> REPLACE <字段名 1> WITH <表达式 1>[,<字段名 2> WITH <表达式 2>…][RANDOM]

命令功能：用指定<表达式>的值修改当前表文件中该记录指定<字段>的值。

说明：

（1）<关键字段名>指定的字段必须是两个表文件中都具有的。

（2）如果有[RANDOM]选项，则只需要当前表文件按关键字段建立索引或排序；如果无此选项，则两个表文件都必须以关键字段建立索引或排序。

（3）当前表文件中关键字段值相同的记录有多个时，只有第一个记录被更新；如果在别名表中可以找到多个关键字段值相同的记录，则先对别名表中关键字段值相同的记录进行汇总，然后再更新；如果在别名表中找不到关键字段相同的记录，则不对当前表文件中的记录进行更新。

【例 4-38】 设有两个表文件，“书库.DBF”表示某书店的仓库情况；“书店.DBF”表示当天书店门市部的图书进出情况，现在需要每天用“书店.DBF”的进货或卖出书的册数去更新“书

库.DBF”的内容。（册数为正时表示进书数量，为负时表示卖书数量）

```
USE  书店
LIST
```

显示结果：

记录号	书号	书名	作者	册数
1	JSJ2030	计算机原理	李鑫	-20
2	SX84644	离散数学	赵世学	-32
3	JSJ6426	软件工程	刘小会	0
4	SX23535	高等数学	林莉	-120
5	JJ63376	经济法	王继成	-96
6	YW43679	大学语文	张继忠	-50
7	YY34636	大学英语	严惠丽	100
8	KJ35675	基础会计	姜珊	-80

```
SELECT 2
USE  书库
LIST
```

显示结果：

记录号	书号	书名	作者	定价	册数	总金额
1	JSJ2030	计算机原理	李鑫	21.20	134	2840.80
2	SX84644	离散数学	赵世学	17.60	128	2252.80
3	JSJ6426	软件工程	刘小会	30.00	69	2070.00
4	SX23535	高等数学	林莉	18.80	306	5752.80
5	JJ63376	经济法	王继成	22.30	238	5307.40
6	YW43679	大学语文	张继忠	19.00	112	2128.00
7	YY34636	大学英语	严惠丽	25.40	168	4267.20
8	KJ35675	基础会计	姜珊	18.50	280	5180.00

```
INDEX  ON 书号  TO  shuhao2
LIST
```

显示结果：

记录号	书号	书名	作者	定价	册数	总金额
5	JJ63376	经济法	王继成	22.30	238	5307.40
1	JSJ2030	计算机原理	李鑫	21.20	134	2840.80
3	JSJ6426	软件工程	刘小会	30.00	69	2070.00
8	KJ35675	基础会计	姜珊	18.50	280	5180.00
4	SX23535	高等数学	林莉	18.80	306	5752.80
2	SX84644	离散数学	赵世学	17.60	128	2252.80
6	YW43679	大学语文	张继忠	19.00	112	2128.00
7	YY34636	大学英语	严惠丽	25.40	168	4267.20

```
SELECT  A
INDEX  ON 书号  TO  shuhao1
LIST
```

显示结果：

记录号	书号	书名	作者	册数
5	JJ63376	经济法	王继成	-96
1	JSJ2030	计算机原理	李鑫	-20
3	JSJ6426	软件工程	刘小会	0

```
      8     KJ35675  基础会计        姜珊        -80
      4     SX23535  高等数学        林莉       -120
      2     SX84644  离散数学        赵世学      -32
      6     YW43679  大学语文        张继忠      -50
      7     YY34636  大学英语        严惠丽      100
SELECT 2
UPDATE ON 书号 FROM A  REPLACE  册数  WITH  册数+A->册数,总金额  WITH  册数*定价
LIST
```

显示结果：

记录号	书号	书名	作者	定价	册数	总金额
5	JJ63376	经济法	王继成	22.30	142	3166.60
1	JSJ2030	计算机原理	李鑫	21.20	114	2416.80
3	JSJ6426	软件工程	刘小会	30.00	69	2070.00
8	KJ35675	基础会计	姜珊	18.50	200	3700.00
4	SX23535	高等数学	林莉	18.80	186	3496.80
2	SX84644	离散数学	赵世学	17.60	96	1689.60
6	YW43679	大学语文	张继忠	19.00	62	1178.00
7	YY34636	大学英语	严惠丽	25.40	268	6807.20

4.6 数据库的创建及基本操作

数据库是指存储在计算机系统内有结构的、相互关联的数据的集合。它用综合的方法组织和管理数据，具有较小的数据冗余，可供多个用户共享，具有较高的数据独立性和安全机制，能够保证数据的安全和可靠，能保证数据的一致性和完整性。在通常的数据库中，将一个和其他多个表结合起来，以便一个表可以从其他多个表中提取相关信息。利用数据库，用户可以建立表之间的永久关系，并能为表中字段设置有效性规则和默认值等。

使用表可以存储和显示一组相关的数据，如果想把多个表联系起来，就一定要建立数据库。只有把这些有关系的表存放在同一个数据库中，确定它们的关联关系，数据库中的数据才能更充分地利用。数据库文件的扩展名是.DBC，与此数据库关联的同名备注文件的扩展名是.DCT，同名索引文件的扩展名是.DCX。

4.6.1 创建数据库

1. 菜单方式

利用“数据库设计器”建立数据库，操作方法是：在 Visual FoxPro 系统主菜单下进入“数据库设计器”窗口，然后打开“数据库”菜单，对数据库进行各种操作。

【例 4-39】 建立“学生成绩管理”数据库。

操作步骤如下：

（1）在 Visual FoxPro 系统主菜单下打开“文件”菜单，选择“新建”，进入“新建”对话框，如图 4-44 所示。

（2）在“新建”对话框中选择“数据库”，再单击“新建文件”按钮，进入“创建”对话框，在“数据库名”后的文本框中输入“学生成绩管理”，如图 4-45 所示。

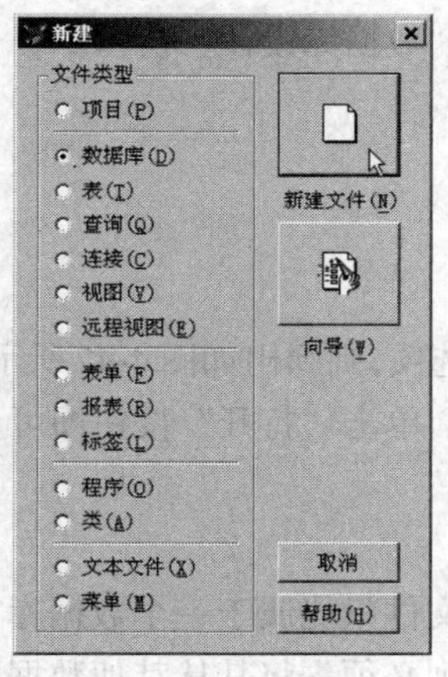

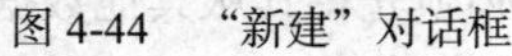
图 4-44　“新建”对话框

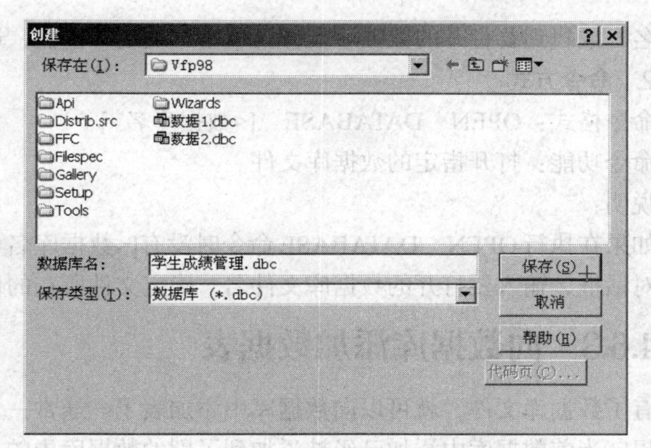

图 4-45　“创建”对话框

（3）单击“保存”按钮，返回到 Visual FoxPro 系统主菜单下，此时空数据库文件“学生成绩管理”已经建成，如图 4-46 所示。

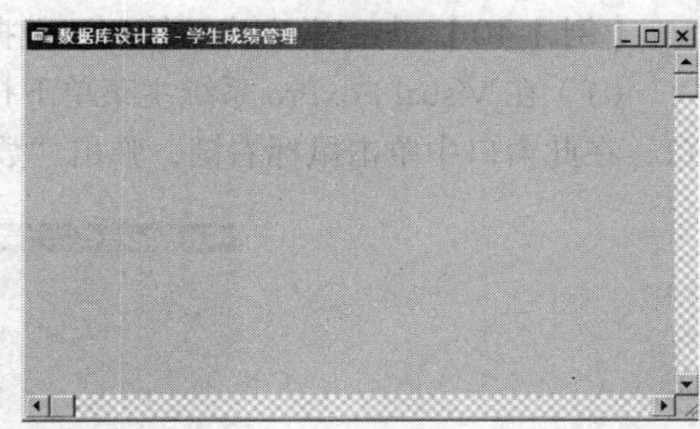

图 4-46　“学生成绩管理”数据库窗口

2. 命令方式

命令格式：CREATE　DATABASE [<数据库名>]

命令功能：创建一个新的数据库。

说明：

如果在执行 CREATE　DATABASE 命令时没有[<数据库名>]可选项，则弹出图 4-45 所示窗口，输入数据库文件名，确定文件所在的位置，单击“保存”按钮即可。

4.6.2　打开数据库

1. 菜单方式

（1）在 Visual FoxPro 系统主菜单下打开“文件”菜单，选择“打开”选项，进入“打开”对话框，如图 4-47 所示。

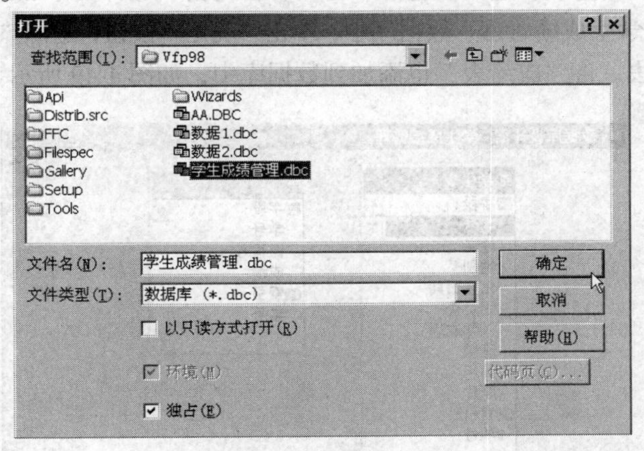

图 4-47　“打开”对话框

（2）在“打开”对话框中，在“文件类型”下拉框内选择数据库类型，然后输入要打开的数据库名，或找到要打开的数据库文件，单击“确定”按钮，进入“数据库设计”窗口。

2. **命令方式**

命令格式：OPEN　DATABASE　[<数据库名>]

命令功能：打开指定的数据库文件。

说明：

如果在执行OPEN　DATABASE命令时没有[<数据库名>]可选项，则弹出如图4-47所示的“打开”对话框，输入要打开的数据库文件名，确定文件所在的位置，单击“打开”按钮即可。

4.6.3　向数据库添加数据表

有了数据库文件，就可以向数据库中添加表了。通常一个表文件只能属于一个数据库文件，如果想向当前数据库中添加已经被添加到了别的数据库中的表，则必须先将其从其他数据库中移去后才能添加到当前数据库中。

1. **菜单方式**

【例 4-40】 向“学生成绩管理”数据库中添加“学生表”和“成绩表”。

（1）在 Visual FoxPro 系统主菜单下打开“学生成绩管理”数据库，进入“数据库设计器”窗口，在此窗口中单击鼠标右键，弹出“数据库”快捷菜单，如图4-48所示。

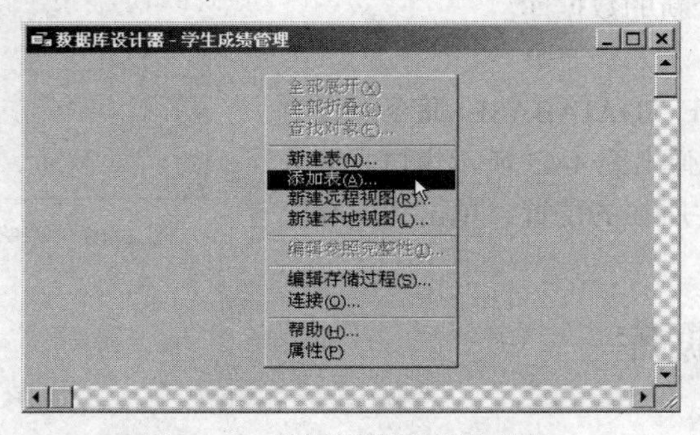

图 4-48　“数据库设计器”窗口

（2）选择“添加表”选项，进入“打开”窗口，在此窗口选择要添加的表文件名“学生表”，则表文件被添加到 “学生成绩管理”数据库中，单击“确定”按钮，返回“数据库设计器”窗口。

（3）使用同样方法，将“成绩表”也添加到数据库中，如图4-49所示。

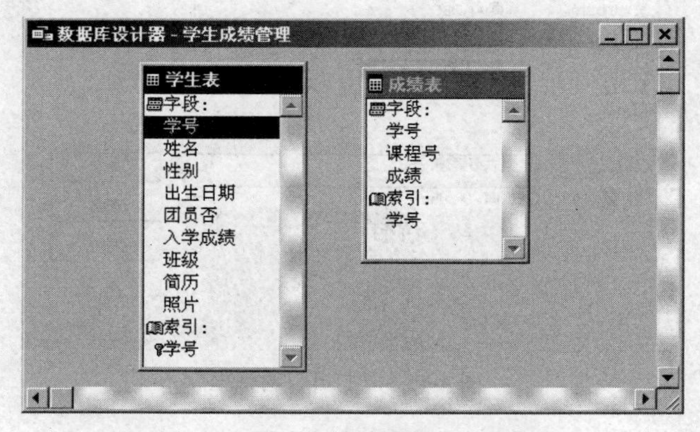

图 4-49　在数据库中添加表的结果

在图 4-48 窗口中的快捷菜单中若选择“新建表”，则可以完成在该数据库中新建一个表文件的任务。

2. 命令方式

命令格式：ADD　TABLE <表文件名>

命令功能：向已经打开的数据库中添加指定的表文件。

【例 4-41】 用命令完成【例 4-40】的任务。

在命令窗口中输入命令：

```
OPEN  DATABASE  学生成绩管理
ADD   TABLE  学生表
ADD   TABLE  成绩表
```

4.6.4　从数据库中移去数据表

1. 菜单方式

在如图 4-50 所示的“数据库设计器”窗口中先激活要删除的表文件，然后在 Visual FoxPro 系统主菜单中打开“数据库”菜单，选择“移去”命令，弹出如图 4-51 所示的对话框，单击“移去”按钮即可。

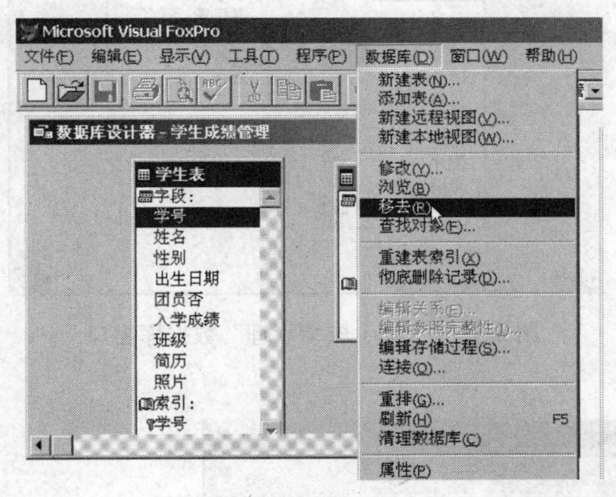

图 4-50　用菜单方式移去表文件

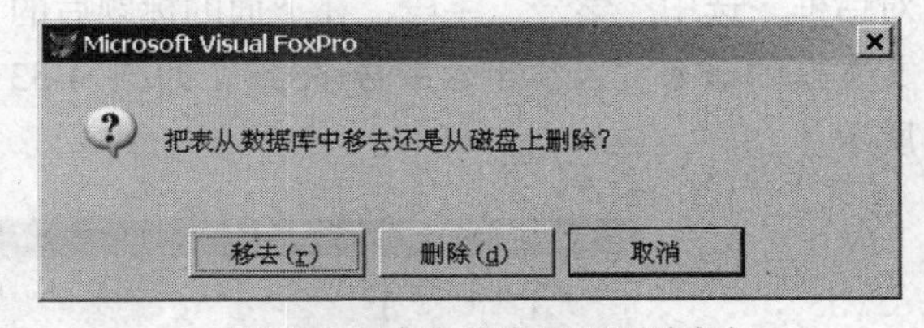

图 4-51　确定是移去还是删除表

2. 命令方式

命令格式：REMOVE　TABLE <表文件名>[DELETE]

命令功能：从当前数据库中移去或删除一个数据表。

说明：

执行该命令时，如果有[DELETE]选项，表示在移去数据表的同时删除数据表文件，否则是从数据库中移去数据表文件，使之成为自由表。

4.6.5　关闭数据库

命令格式：CLOSE　DATABASE　或　CLOSE　ALL

命令功能：关闭所有打开的数据库和表。

4.6.6 删除数据库

命令格式：DELETE DATABASE <数据库名> [DELETE TABLES]

命令功能：删除指定的数据库文件。

说明：

如果有[DELETE TABLES]选项，表示在删除数据库的同时也删除库中的表文件；否则表示删除数据库之后，库中的表将成为自由表。

4.6.7 设置字段属性

在将表添加到数据库中后，可以获得许多自由表中不具备的属性。作为数据库的一部分，这些属性将被保存，当表从数据库中移去时，这些属性也就不再存在。

1. 设置字段标题

要想显示表中的数据，可以在表的“浏览”窗口下进行，如果用户不设置字段标题，则该表的标题显示的是字段名。由于字段名的最大长度只有 10 个字符，所以有时难以概括清楚数据的属性。

【例 4-42】给“学生成绩管理”数据库中的“学生表”的“学号”字段设置标题为“入学年号系号序号”。具体操作步骤如下。

（1）打开“学生成绩管理”数据库，进入“数据库设计器”窗口，单击“学生表”选中它，在“学生表”内单击鼠标右键，弹出快捷菜单，如图 4-52 所示。

（2）选中“修改”选项，打开“表设计器”对话框，选中“学号”字段，在下面的标题后的文本框内输入“入学年号系号序号”，如图 4-53 所示。

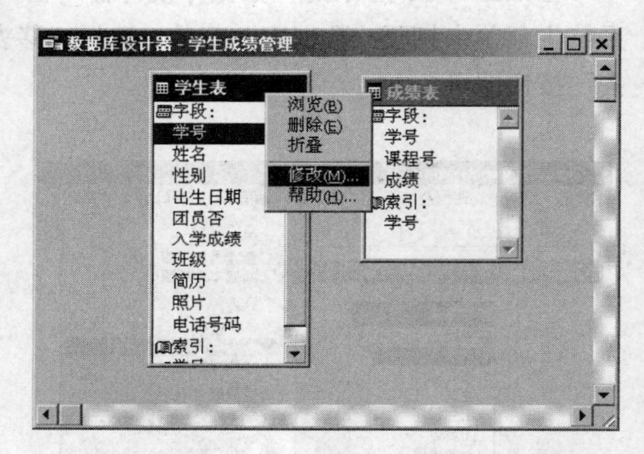

图 4-52 “学生成绩管理”数据库窗口

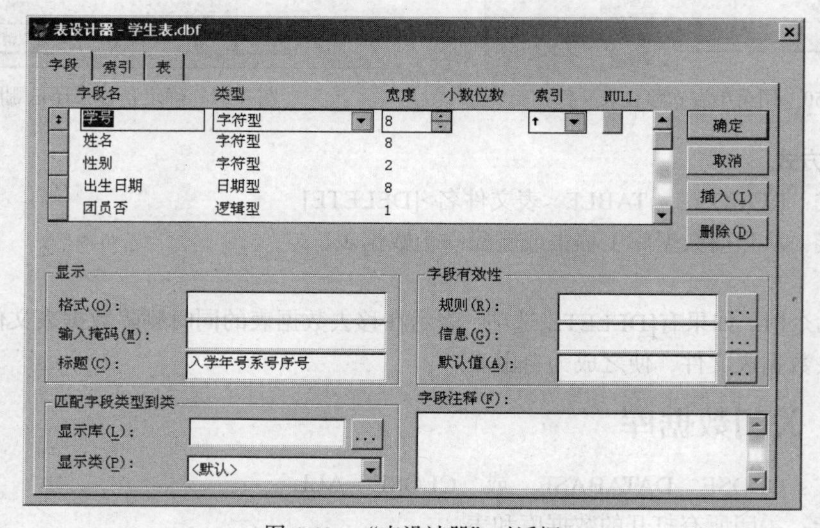

图 4-53 “表设计器”对话框

（3）单击“确定”按钮，弹出如图 4-54 所示的对话框，单击“是”按钮，返回到“数据库设计器”窗口。

（4）打开“显示”菜单，选择“浏览”选项，打开了“学生表”的浏览窗口，如图 4-55 所示，原来“学号”字段由“入学年号系号序号”替代。

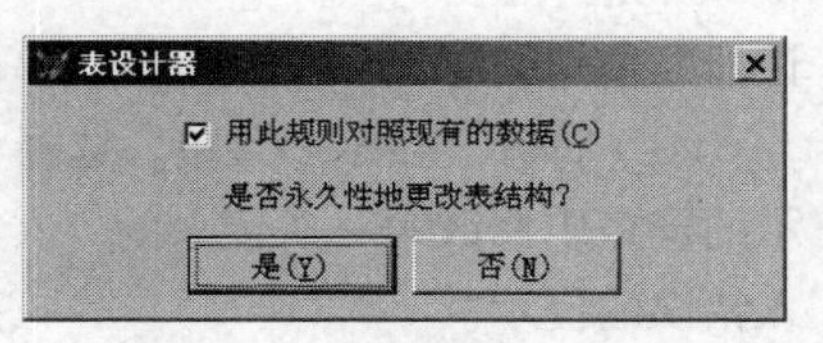

图 4-54　系统确认对话框

学生表

入学年号系号序号	姓名	性别	出生日期	班级	简历	照片	团
05011001	李平	女	10/21/85	计算机	Memo	gen	T
05011002	章立新	男	02/14/86	计算机	memo	gen	T
05011003	赵智慧	女	05/07/85	计算机	memo	gen	T
05021001	林敏	女	08/01/85	金融	memo	gen	T
05021002	刘欣	男	11/05/84	金融	memo	gen	F
05021003	于晶	女	03/04/85	金融	memo	gen	T
05021004	朱健华	男	10/20/86	金融	memo	gen	T
05031001	李国华	男	11/21/85	会计	memo	gen	T
05031002	陈炳章	男	06/01/83	会计	memo	gen	T
05031003	崔新荣	女	02/11/85	会计	memo	gen	T

图 4-55　设置标题后的浏览表

2. 设置有效性规则及说明

为了提高表中数据输入的速度和准确性，可以定义字段的有效性规则。

【例 4-43】给“学生表”中的“入学成绩”字段设置有效性规则。具体操作步骤如下。

（1）打开“学生成绩管理”数据库，选中“学生表”，单击鼠标右键，在弹出的如图 4-52 所示的快捷菜单中选择“修改”选项，进入如图 4-53 所示的“表设计器”对话框，选中“学生表”的“入学成绩”字段，在“规则”后的文本框中输入“入学成绩<600”,在“信息”后的文本框中输入“入学成绩应该小于 600 分”，具体如图 4-56 所示。

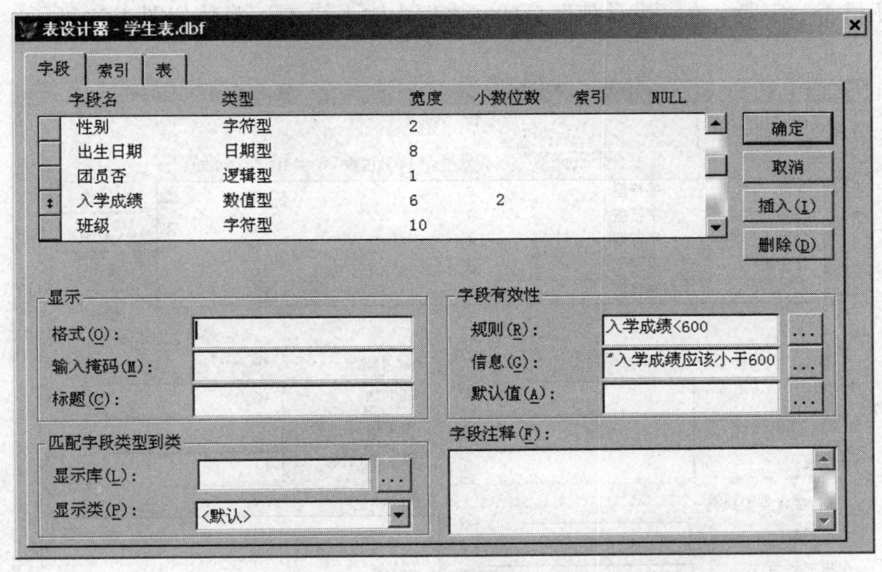

图 4-56　字段有效性修改对话框

（2）单击“确定”按钮，弹出如图 4-54 所示的对话框，单击“是”按钮，返回到“数据库设计器”窗口。

（3）打开“显示”菜单，选择“浏览”选项，打开了“学生表”的浏览窗口，在如图 4-55 所示的窗口中修改第一条记录的“入学成绩”为 666.60，此时弹出如图 4-57 所示的对话框，给出输入错误的提示。

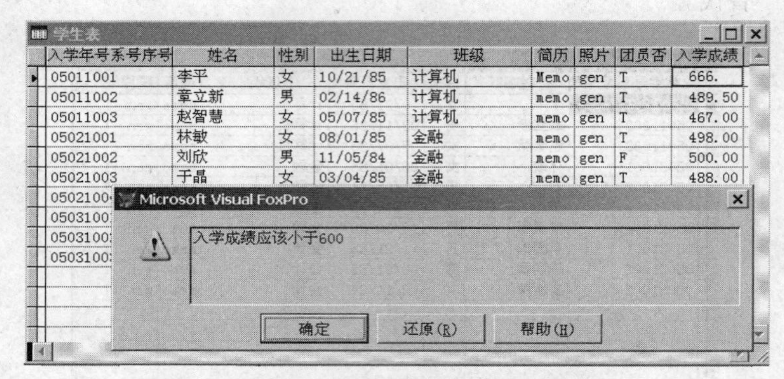

图 4-57　数据输入错误的提示对话框

（4）在这个对话框中单击“还原”按钮，返回“浏览”窗口，恢复修改前的数据，若单击“确定”按钮，则光标回到入学成绩处，可继续修改。

3. 设置字段的默认值

为了提高表中数据输入的速度和准确性，可以设置字段的默认值，这样就可以使系统在建立新记录后自动给字段赋默认值。

【例 4-44】 给“学生表”中的“团员否”字段设置默认值.T.。具体操作步骤如下。

（1）打开“学生成绩管理”数据库，选中“学生表”，单击鼠标右键，在弹出如图 4-52 所示的快捷菜单，在其中选择“修改”选项，进入如图 4-53 所示的“表设计器”对话框，选中“学生表”的“团员否”字段，在“默认值”后的文本框中输入“.T.”,具体如图 4-58 所示。

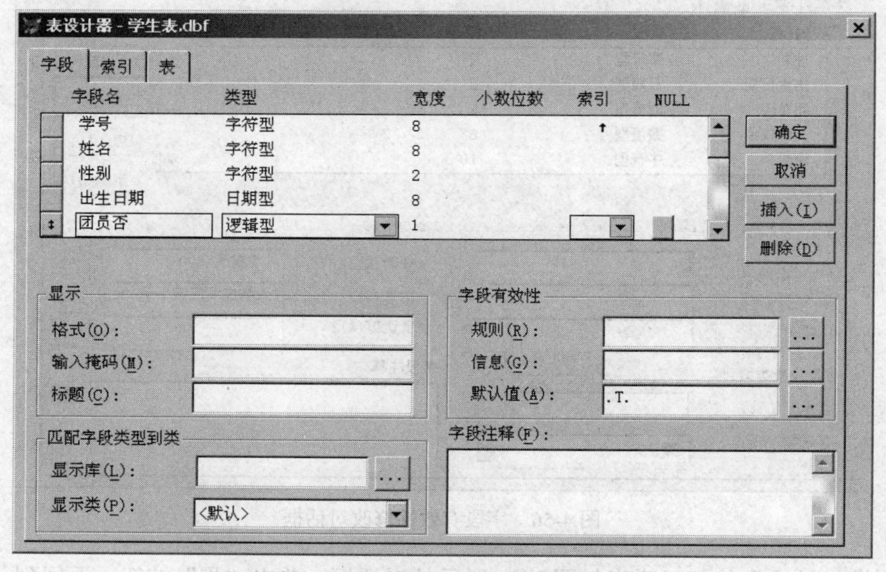

图 4-58　设置“默认值”的修改对话框

（2）单击“确定”按钮即可。此时，当在“浏览”窗口中打开“显示”菜单，选中“追加”选项，我们会看到追加了一条记录，指针定位在追加记录上，并且“团员否”字段的值自动为.T.,如图 4-59 所示。

学生表

年号系号序号	姓名	性别	出生日期	团员否	入学成绩
05011001	李平	女	10/21/85	T	502.00
05011002	章立新	男	02/14/86	T	489.50
05011003	赵智慧	女	05/07/85	T	467.00
05021001	林敏	女	08/01/85	T	498.00
05021002	刘欣	男	11/05/84	F	500.00
05021003	于晶	女	03/04/85	T	488.00
05021004	朱健华	男	10/20/86	T	496.00
05031001	李国华	男	11/21/85	T	482.00
05031002	陈炳章	男	06/01/83	T	466.00
05031003	崔新荣	女	02/11/85	T	478.00
			/ /	T	

图 4-59　设置默认值的浏览窗口

4. 设置输入掩码和字段注释

为了提高表中数据输入的速度和准确性，可以设置字段的掩码；为了提高数据表的使用效率及其共享性，可以对字段加以注释，清楚地掌握字段的属性、意义及用途。

【例 4-45】 给“学生表”中增加“电话号码”字段，并为其设置“输入掩码”和“字段注释”。具体操作步骤如下。

（1）打开“学生成绩管理”数据库，选中“学生表”，单击鼠标右键，在弹出的如图 4-52 所示的快捷菜单中选择“修改”选项，进入如图 4-53 所示的“表设计器”对话框，选择“班级”字段，单击“插入”按钮，在“班级”字段前插入了新字段，具体如图 4-60 所示。

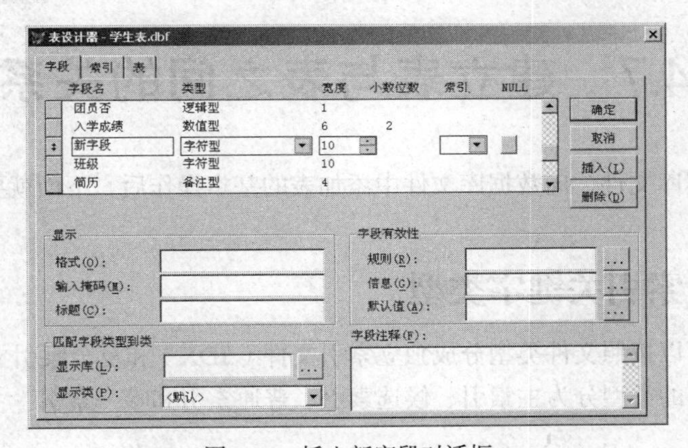

图 4-60　插入新字段对话框

（2）在新字段处输入“电话号码”，在“输入掩码”后的文本框中输入“9999-99999999”，在“字段注释”中输入“输入学生的家庭电话或能与家庭联系的电话”，如图 4-61 所示。

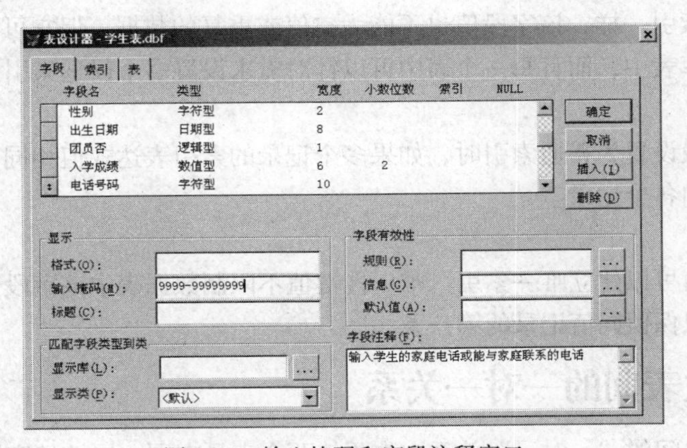

图 4-61　输入掩码和字段注释窗口

（3）单击“确定”按钮，弹出如图 4-54 所示的对话框，单击“是”按钮，返回到“数据库设计器”窗口。此时，打开“显示”菜单，选中“浏览”选项，我们会看到“电话号码”字段的内容变成如图 4-62 所示。当输入电话号码的前 4 位区号后，光标自动跳到后面，等待输入后 8 位。

学生表

性别	出生日期	团员否	入学成绩	电话号码	班级	简历
女	10/21/85	T	502.00	-	计算机	Mem
男	02/14/86	T	489.50	-	计算机	mem
女	05/07/85	T	467.00	-	计算机	mem
女	08/01/85	T	498.00	-	金融	mem
男	11/05/84	F	500.00	-	金融	mem
女	03/04/85	T	488.00	-	金融	mem
男	10/20/86	T	496.00	-	金融	mem
男	11/21/85	T	482.00	-	会计	mem
男	06/01/83	T	466.00	-	会计	mem
女	02/11/85	T	478.00	-	会计	mem

图 4-62　电话号码设置输入掩码后的浏览窗口

4.7　建立表与表之间的关系

掌握了创建数据库文件、向数据库文件中添加表的基本操作后，下面就要在数据库文件中建立表之间的关系。

4.7.1　设置索引关键字类型

索引文件除了可以按照文件类型分成独立索引文件（.IDX）和复合索引文件（.CDX）外，还可以按照索引关键字的类型分为主索引、候选索引、普通索引和唯一索引。

1. 主索引

只有在数据库中的数据表可以建立主索引。索引表达式的值唯一能标识每个记录，所以该字段值不能有重复的数据，不能为空值。数据库中的任何一个数据表只能建立一个主索引。

2. 候选索引

候选索引像主索引一样，该字段值也不能为空值或重复的数据，但它可以设置在自由表中，也可以设置在数据库表中，而且每一个表中可以针对需求设置多个候选索引。

3. 普通索引

当把某一个字段设置为普通索引时，如果多个记录的索引表达式值相同，则可以重复存储，并用独立的指针指向各个记录。

4. 唯一索引

通过唯一性键值可以建立唯一索引。唯一性键值不限制数据表中该字段值的唯一性，但在建立的索引文件中，只保留同值记录的第一条。

4.7.2　建立表间的一对一关系

要建立两个表之间的“一对一”关系，先要使两个表具有同一属性的字段，然后定义父表中该字段为主索引字段（其字段值是唯一的），子表中与其同名的字段为候选索引或主索引（其字段值是唯一的）。由于两个表中的同一属性的字段是一对一的关系，因此两个表之间就具有了“一对一”的关系。

【例 4-46】 建立“图书管理”数据库，并把【例 4-38】中的两个自由表“书库.DBF”和“书店.DBF”添加到其中，设“书库·DBF”为父表，“书店.DBF”为子表，建立“一对一”的关系。具体操作步骤如下。

（1）在 Visual FoxPro 系统主菜单下，参照【例 4-39】创建空数据库文件“图书管理”，如图 4-63 所示。

（2）在图 4-63 窗口内单击鼠标右键，在弹出的快捷菜单中选择“添加表”选项，按照要求添加“书库”和“书店”两个自由表，如图 4-64 所示。

图 4-63 “图书管理”数据库

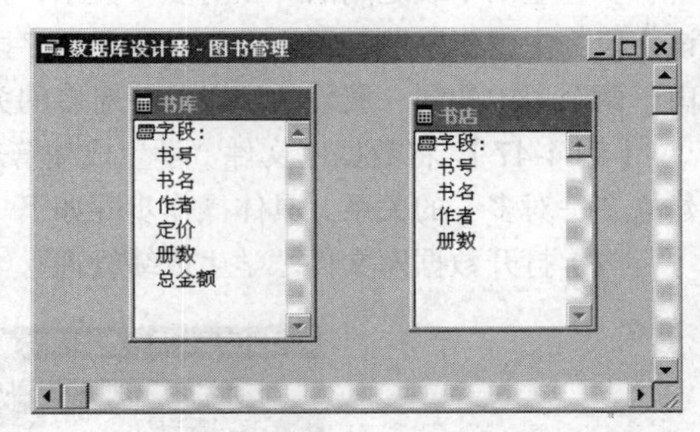

图 4-64 添加两个表的图书数据库

（3）对“书库”和“书店”两数据表按“书号”字段建立主索引。选中表“书库”，单击鼠标右键，在弹出的快捷菜单中选择“修改”选项，进入“表设计器”对话框，选择“索引”标签，设置“书号”为主索引，如图 4-65 所示，用相同方法为“书店”按“书号”建立主索引。

（4）两个数据表建立索引之后的“数据库设计器”窗口内容如图 4-66 所示。

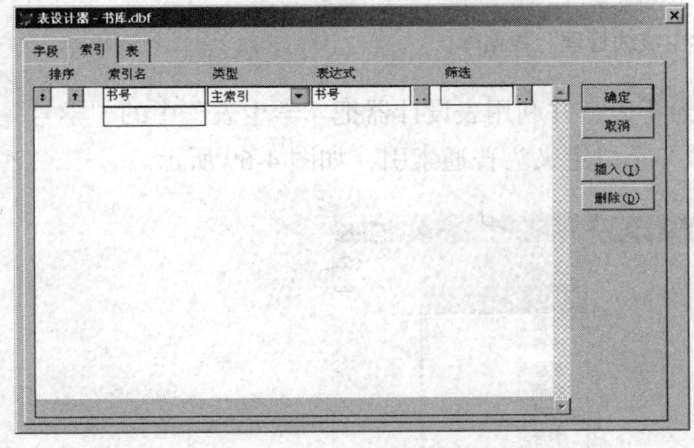

图 4-65 建立“书号”为主索引字段对话框

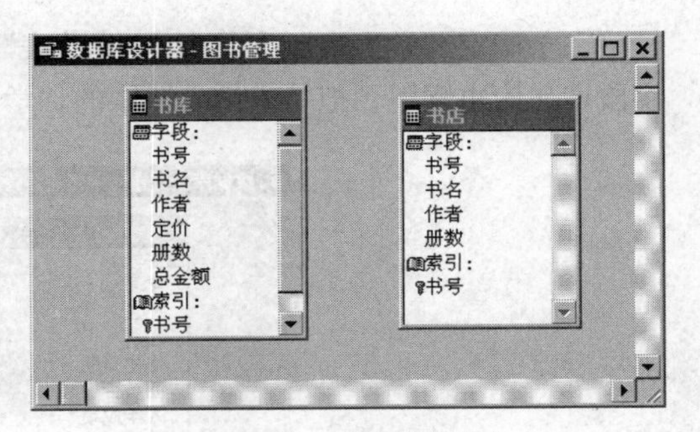

图 4-66 建立索引后的两个表

（5）在图 4-66 窗口中激活父表中的主索引字段，然后按下鼠标左键，并拖至与其建立关联的子表中的对应字段处，再松开鼠标左键，数据库中的两个表之间就多了一个“连线”，其“一对一”关系就建成了，如图 4-67 所示。

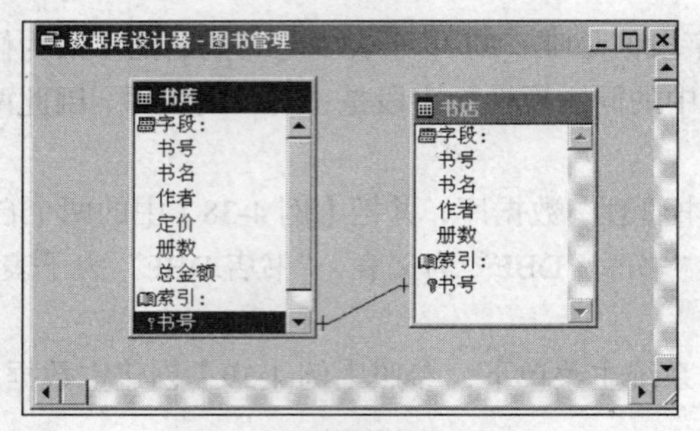

图 4-67　建立的一对一关系

4.7.3　建立表间的一对多关系

要建立两个表之间的“一对多”关系，先要使两个表具有同一属性的字段，然后定义父表中该字段为主索引字段，子表中与其同名的字段为普通索引或唯一索引（其字段值是可以重复的）。由于两个表中的同一属性的字段是一对多的关系，因此两个表之间就具有了“一对多”的关系。

【例 4-47】将数据库文件“学生成绩管理”中的“学生表”和“成绩表”依照“学号”字段建立“一对多”的关系。具体操作步骤如下。

（1）打开数据库文件“学生成绩管理”，进入“数据库设计器”窗口，如图 4-68 所示。

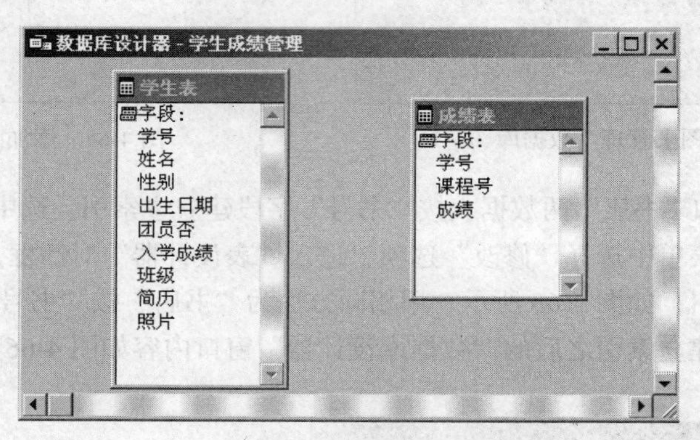

图 4-68　“学生成绩管理”数据库

（2）确定“学生表”为父表，“成绩表”为子表，并利用表设计器把“学生表”中的“学号”字段定义为主索引，把“成绩表”中的“学号”字段定义为普通索引，如图 4-69 所示。

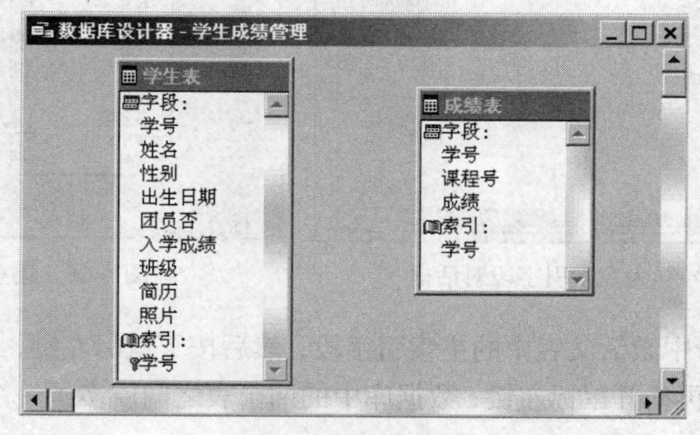

图 4-69　库中两个表建立索引

（3）在图 4-69 所示窗口中激活父表“学生表”中的主索引字段，然后按下鼠标左键，并拖至与其建立关联的子表“成绩表”中的对应字段处，再松开鼠标左键，数据库中的两个表之间就多了一个“连线”，其“一对多”关系就建成了，如图 4-70 所示。

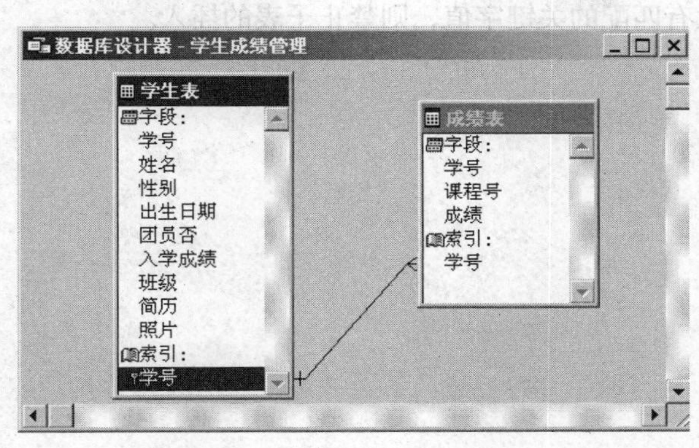

图 4-70　“一对多”的关系

4.7.4　设置参照完整性

参照完整性是指在建立了关系的两个表之间当插入、删除或修改一个表中数据时，通过参照引用相互关联的另一个表中的数据来检查对表的数据操作是否正确。在数据库中的表建立关联关系后，在“参照完整性生成器”对话框可以设置记录的插入、删除或修改规则。如图 4-71 所示，有如下 3 个选项卡供用户选择。

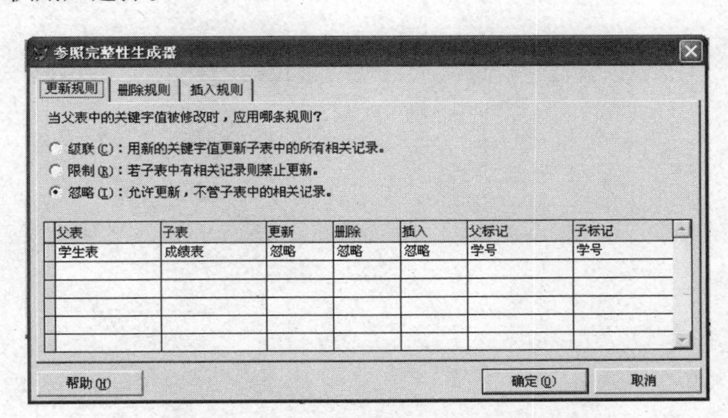

图 4-71　“参照完整性生成器”对话框

（1）选择“更新规则”选项卡，可以利用 3 个选项按钮设置关联表间的更新规则。当修改了父表中的关键字值时，保证修改后父表与子表数据的一致性。3 个选项按钮的功能如下。

级联：用新的关键字值更新子表中的所有相关记录。

限制：若子表中有相关记录，则禁止更新父表中的关键字值。

忽略：允许更新父表，不管子表中是否有相关记录。

（2）选择“删除规则”选项卡，可以利用 3 个选项按钮设置关联表间的删除规则。当删除父表中的记录时，保证删除记录后父表与子表数据的一致性。3 个选项按钮的功能如下。

级联：删除子表中的所有相关记录。

限制：若子表中有相关记录，则禁止删除父表中的关键字值。

忽略：允许删除父表，不管子表中的相关记录。

（3）选择“插入规则”选项卡，可以利用两个选项按钮设置关联表间的插入规则。当在子表中插入一条新记录或更新一条已存在的记录时应用该规则。两个选项按钮的功能如下。

限制：若父表中没有匹配的关键字值，则禁止子表的插入。

忽略：允许插入。

第 5 章 Visual FoxPro 程序设计

Visual FoxPro 程序由一系列命令组成，又称为命令文件或程序文件。运行程序文件就是执行文件的各条命令。一个复杂的应用系统通常包括多个程序，一个程序可以调用另一个程序，这样就把应用程序模块化了。

Visual FoxPro 程序设计包括结构化程序设计和面向对象程序设计。前者是传统的程序设计方法，若仍用这种方法来设计 Visual FoxPro 程序的用户界面，不仅难度很大，而且十分麻烦。后者面向对象，用户界面可利用 Visual FoxPro 提供的辅助工具来设计，应用程序也可自动生成，但是仍需用户编写一些过程代码。就此而言，结构化程序设计仍是面向对象程序设计的基础。

本章介绍结构化程序设计，包括程序的建立与执行、用于编程的各种语句、程序结构以及程序调试等内容。

5.1 Visual FoxPro 程序文件的建立与执行

程序文件是文本文件，可用任意一种编辑软件建立和修改。Visual FoxPro 本身也提供了程序编辑器，可以使用 Visual FoxPro 编辑器编写程序。

5.1.1 程序文件的建立和修改

1. 程序文件的建立

在 Visual FoxPro 中，Visual FoxPro 可以通过多种方法创建程序。

方法一：在项目管理器中建立程序文件。

（1） 在项目管理器中，选中“代码”选项卡中的“程序”按钮。

（2） 单击“新建”命令。

方法二：用菜单建立程序文件。

（1）选择“文件”→“新建”命令。

（2） 在“新建”对话框中选择“程序”单选钮。

（3） 单击“新建文件”按钮

方法三：用命令建立程序文件。

在命令窗口中输入：MODIFY　COMMAND　<文件名>

用以上任一种方法都将打开文本编辑窗口，可以在此窗口中输入所需代码。

程序文件由 Visual FoxPro 命令组成。<文件名>由用户指定，默认的扩展名为.PRG。

在使用命令建立程序文件时，可指明路径，例如 MODIFY COMMAND E:\LX\XSB.PRG。

关闭编辑窗口的主要方法有：按 Ctrl+W 组合键，按 Esc 键，在编辑窗口双击控制菜单按钮或单击“关闭”按钮。

此外还可用文件菜单的“保存”“另存为”“还原”命令来关闭编辑窗口，不再细述。

2. 程序文件的修改

程序保存后可以随时根据需要进行修改，方法如下。

方法一：在项目管理器中修改程序。

若程序包含在项目中，则在项目管理器中选定并单击“修改”命令。

方法二：用菜单修改程序。

选择“文件”→“打开”命令，弹出“打开”对话框。从中浏览并选择要修改的程序文件，单击“打开”按钮即可打开所需程序。

方法三：用命令修改程序。

在“命令”窗口中输入修改程序的命令：MODDY COMMAND [程序名]/[?]

其中［程序名］是需要修改的程序名，使用此参数将直接打开指定文件。如果用参数“?”，则弹出与方法二相同的“打开”对话框，从中浏览并选择要修改的程序文件，单击“打开”按钮打开所需程序。

如果文件已被修改过，使用上述方法关闭编辑窗时都会出现一个信息框，要用户作出回答。例如若按 Esc 键将出现是否放弃修改的信息框，选定“是”按钮表示文件不存盘且退出编辑，选定“否”按钮则不退出编辑。若使用编辑窗口的按钮将出现是否保存更改的信息框，单击“是”按钮，文件存盘且退出编辑，单击“否”按钮表示文件不存盘且退出编辑，单击“取消”按钮则不退出编辑。

5.1.2 程序的运行

一旦建立好程序文件，就可以执行它。运行创建好的程序有 3 种方法。

方法一：在项目文件中运行。

若程序包含在项目中，则在项目管理器中选中需要运行的程序，单击“运行”按钮。

方法二：用菜单运行程序。

选择“程序”→“运行”命令，在弹出的“运行”对话框中选择要运行的程序，单击“运行”按钮。

方法三：用命令运行程序。

在“命令”窗口中输入：DO <程序名>

DO 命令默认运行.PRG 程序，如要运行的是.PRG 程序，DO 命令中的<文件名>只需取文件主名。要运行其他程序，<文件名>中须包括扩展名。顺便指出，Visual FoxPro 程序可以通过编译获得目标程序。目标程序是紧凑的非文本文件，运行速度快，并可起到对源程序加密的作用。

实际上 Visual FoxPro 只运行目标程序。对于新建或已被修改的 Visual FoxPro 程序，执行 DO 命令时 Visual FoxPro 会自动对它编译并产生与主名相同的目标程序，然后执行该目标程序。

当程序执行的时候，文件中包含的命令将依次执行，直到所有的命令被执行完毕，如需要改变这种情况，对程序执行进行控制，可以使用以下命令。

1. 返回命令

命令格式：RETURN

命令功能：结束当前程序的运行，返回到调试它的上级程序继续执行；若无上级程序，则返回到命令窗口。一般在程序末尾安排一条 RETURN 命令，用以表示当前程序的结束。

2. 终止命令

命令格式：CANCEL

命令功能：终止程序的运行，清除程序的使用变量并返回到命令窗口。

3. 退出命令

命令格式：QUIT

命令功能：退出 Visual FoxPro 系统并返回到 Windows。

另外，为了增强程序可读性，对程序中的命令适当地加上注释是一个好习惯。对注释文字，Visual FoxPro 既不检查也不执行。常用的注释命令如下。

1. NOTE 注释命令

命令格式：NOTE <注释>

命令功能：指定注释行。

NOTE 后的文字为注释，多余一行时需要在行末使用分号（;）作为续行符。

2. &&注释命令

命令格式：&&<注释>

命令功能：命令行中“&&”字符后的文字为注释，适用于对一条命令进行注释。

3. *注释命令

命令格式：* <注释>

命令功能：指定注释行。

5.1.3　程序书写规则

1. 命令分行

程序中每条命令都以回车键结尾，一行只能写一条命令。若命令需分行书写，应在一行终了时键入续行符“;”，然后按回车键。

2. 命令注释

程序中可插入注释，以提高程序的可读性。

注释行以符号“*”开头，它是一条非执行命令，仅在程序中显示。命令后也可添加注释，这种注释以符号“&&”开头。

例如

```
*本程序用于修改表的指定记录
SET  DATE  USA                    &&日期格式置为MM-DD-YY
```

5.1.4　键盘输入命令

1. INPUT 命令

命令格式：INPUT　[<提示信息>]　TO　<内存变量>

命令功能：接受用户从键盘输入的数据，并将其赋给内存变量。

说明：

（1）[<提示信息>]指定命令执行时显示的信息。通常是一个字符串，字符串必须用单引号、双引号或方括号括起来。

（2）<内存变量>指定存放输入数据的内存变量或数组元素。如果该内存变量不存在，将自动创建一个内存变量。

（3）使用此命令可为 N、C、D 和 L 等多种类型的变量赋值。数据应按其类型规定的形式输入。例如，字符型数据要用引号括起来，数值型数据可以直接输入。若直接回车或者输入非法的表达式，屏幕会重新显示[<提示信息>]，直到输入一个合法的表达式。

2. ACCEPT 命令

命令格式：ACCEPT [<提示信息>] TO <内存变量>

命令功能：把用户从键盘输入的字符型数据赋值给内存变量。

说明：

（1）[<提示信息>]指定命令执行时显示的内容。通常是一个字符串，字符串必须用单引号、双引号或方括号括起来。

（2）<内存变量>表示存储字符数据的内存变量或数组元素。

（3）输入的数据将作为字符型数据处理，不需要单引号、双引号等定界符。如果使用了定界符，则这些定界符也被作为输入字符的一部分一起存入内存变量。

（4）如果只输入一个回车符，将把一个“空”字符赋给内存变量。

3. WAIT 命令

命令格式：WAIT [<提示信息>] TO <内存变量>

命令功能：把用户从键盘输入的单个字符赋值给内存变量。

说明：

（1）[<提示信息>]指定命令执行时显示的内容。通常是一个字符串，字符串必须用单引号、双引号或方括号括起来。

（2）<内存变量>表示存储单个字符数据的内存变量或数组元素。若不指定内存变量，则屏幕显示“按任意键继续……”。

【例 5-1】 根据“学生表.DBF”，从键盘输入要查找人的姓名，查找并显示其基本情况。

```
CLEAR
SET TALK OFF
USE 学生表
ACCEPT "请输入学生姓名："TO NAME
                              &&或用命令 INPUT "输入学生姓名：" TO NAME
LOCATE FOR 姓名=NAME
WAIT
DISPLAY
USE
SET TALK ON
RETURN
```

程序运行结果：

```
请输入学生姓名：李平
按任意键继续……
记录号  学号      姓名  性别  出生日期  团员否  入学成绩  班级    简历  照片
   1  05011001  李平   女   10/21/85   .T.    502.00  计算机  memo  gen
```

【例 5-2】 根据入学成绩显示学生姓名、班级。

```
SET TALK OFF
USE 学生表
INPUT "请输入学生的入学成绩：" TO CJ
```

```
                                 &&因为成绩字段为数值型数据，所以只能用 input 命令
    WAIT
    LOCATE  FOR 入学成绩=cj
DISPLAY 姓名，班级
USE
SET TALK ON
RETURN
```

程序运行结果：

```
请输入学生的入学成绩：502
按任意键继续……
记录号  姓名   班级
   1    李平   计算机
```

程序中 SET TALK 是一个控制 Visual FoxPro 工作状态的命令，其一般格式为：

```
SET TALK ON |OFF
```

当处于 SET TALK ON（默认状态）时，一些数据处理命令执行后会给出回应信息；当处于 SET TALK OFF 状态时则不回应。通常我们并不希望总是显示这些信息，以免把屏幕搞得很乱，即在需要时采用输出命令把结果显示出来。因此，在程序一开始，用 SET TALK OFF 关闭显示，退出时再恢复默认状态。

5.2 程序的基本结构

与其他高级语言程序相似，Visual FoxPro 程序也有 3 种基本控制结构，即：顺序结构、分支结构和循环结构。

5.2.1 顺序结构

顺序结构是最简单的也是最基本的结构形式，其特点是程序运行时按照语句排列的先后顺序，一条接一条地依次执行。

编写任何程序，最关键的是要搞清楚要解决的问题，设计出解决问题的方法和步骤。顺序结构就是针对每一步骤选择合适的命令，严格按照次序把命令记录下来。通常，一个完整的程序总是包含“输入数据”“处理数据”“输出数据”3 种成分。前面【例 5-1】和【例 5-2】都是顺序结构程序的例子。

下面再举一个顺序结构的例子。

【例 5-3】 显示符合条件的记录。（要求打开数据库中的成绩表，并显示前 3 条记录的内容）

```
SELECT  1
USE 学生成绩管理!成绩表
BROWSE  FIELDS 学号,课程号,成绩  FOR  RECNO()<=3
```

5.2.2 分支结构

计算机具有判别功能。判别是靠程序实现的，Visual FoxPro 能用条件语句或多分支语句构成分支结构，并根据条件成立与否来决定程序执行的流向。条件语句是一个具有两个分支的程序结构，又可分成带 ELSE 与不带 ELSE 两种格式。

1. 简单的条件语句

语句格式：

```
IF<条件>
<语句序列>
ENDIF
```

功能：

<条件>是一个逻辑表达式，进入 IF 后首先判断条件，即计算“逻辑表达式”的值，若其值为真，对 IF 与 ENDIF 之间的语句顺序执行，然后执行 ENDIF 后面的语句；若其值为假，直接执行 ENDIF 后面的语句。

该语句的执行逻辑如图 5-1 所示

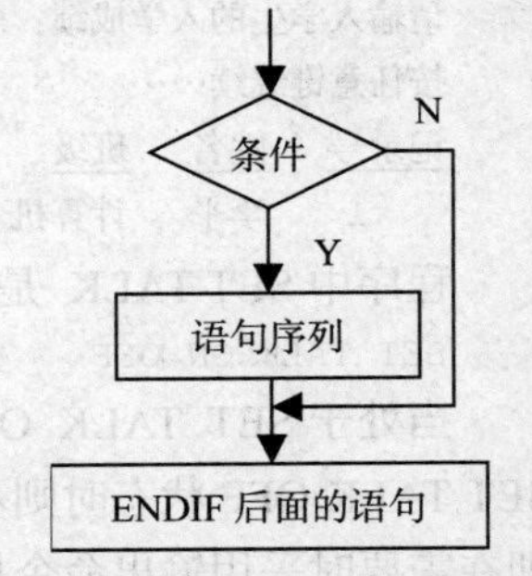

图 5-1　简单条件语句逻辑图

【例 5-4】 将“学生表.DBF”中入学成绩大于 500（含 500）以上学生成绩增加 10%。

```
USE 学生表
LOCATE  FOR 入学成绩>=500
IF FOUND()                           &&若查到,FOUND 函数返回.T.
    DISPLAY  姓名,入学成绩
    REPLACE  入学成绩  WITH 入学成绩*（1+0.1）
    DISPLAY  姓名,入学成绩
ENDIF
USE
RETURN
```

程序运行结果如下：

记录号	姓名	入学成绩
1	李平	502.00

记录号	姓名	入学成绩
1	李平	552.20

2. 带 ELSE 的条件语句

语句格式：

```
IF<条件>
<语句序列 1>
ELSE
<语句序列 2>
ENDIF
```

功能

<条件>是一个逻辑表达式，根据“逻辑表达式”的逻辑值选择执行两个语句序列中的一个。若<逻辑表达式>的值为真，先执行<语句序列 1>，然后再执行 ENDIF 后面的语句；若其值为假，先执行<语句序列 2>，然后再执行 ENDIF 后面的语句。

该语句的执行逻辑如图 5-2 所示。

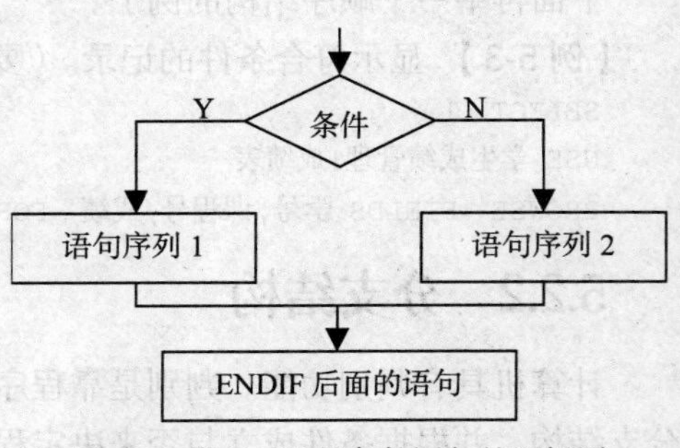

图 5-2　带 ELSE 的条件语句的逻辑图

【例 5-5】 将“学生表.DBF”中入学成绩大于指定分数以上的学生成绩增加 10%,若查不到，程序显示提示信息：“查无记录！”。

```
USE 学生表
INPUT  "请输入学生的入学成绩：" TO  CJ
LOCATE  FOR 入学成绩>=CJ
IF  FOUND()                          &&若查到,FOUND 函数返回.T.
    DISPLAY 姓名,入学成绩
    REPLACE 入学成绩 WITH 入学成绩*（1+0.1）
    DISPLAY 姓名,入学成绩
ELSE
    WAIT "查无记录"
ENDIF
USE
RETURN
```

程序运行结果：

```
请输入学生的入学成绩：600
查无记录
```

3. 多分支选择语句

如果分支过多，使用 IF 语句容易出错，对此 Visual FoxPro 提供了多分支选择语句，最适合解决这类问题。

语句格式：

```
DO CASE
   CASE<条件 1>
        <语句序列 1>
   CASE<条件 2>
        <语句序列 2>
…
   CASE<条件 n>
        <语句序列 n>
  [OTHERWISE
       <语句序列 n+1>]
ENDCASE
```

功能：

条件是一个逻辑表达式，在执行多分支语句时，系统将依次判断逻辑表达式的值是否为真。若某个逻辑表达式值为真，则执行该 CASE 段的语句序列，然后执行 ENDCASE 后面的语句。

在各逻辑表达式值均为假的情况下，若有 OTHERWISE 子句，就执行<语句序列 n+1>，然后结束多分支语句，否则直接结束多分支语句。

该语句的执行逻辑如图 5-3 所示。

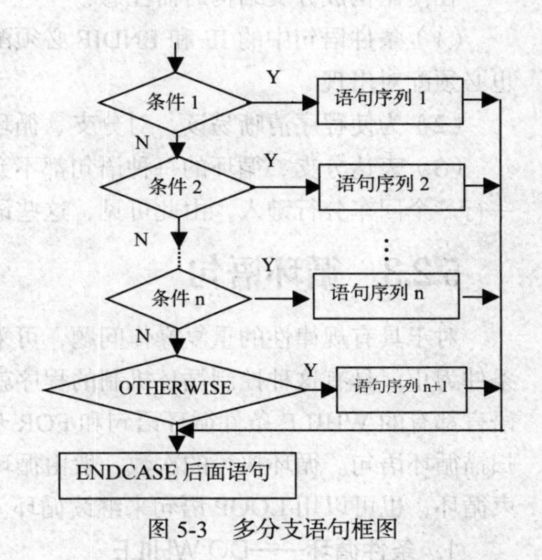

图 5-3　多分支语句框图

【例 5-6】 设计一个简单的菜单，包括对学生记录的追加、修改和删除的功能。

```
SET TALK OFF
CLEAR
USE 学生表
?"1.  增加记录"
```

```
   ?"2.  修改记录"
   ?"3.  删除记录"
   ?"4.  退出"
   WAIT  "请选择菜单项(1,2,3,4) " TO  S
   DO  CASE
     CASE  s="1"
        APPEND
     CASE  s="2"
        BROWSE
     CASE  s="3"
        ACCEPT  "请输入要删除学生姓名:"  TO  NAME
        DELE  FOR  姓名=name
     CASE   s="4"
        CANCEL
   ENDCASE
   RETU
```

【例 5-7】 输入考试成绩，显示成绩等级的程序。(90 分以上为“优秀”；80～89 为“良好”；60～79 为“合格”；60 分以下为“不合格”)

```
SET TALK OFF
INPUT  "输入考试成绩:"   to  x
DO CASE
  CASE  x>=90
      ? "成绩等级：优秀"
  CASE x>=80
      ? "成绩等级：良好"
  CASE x>=60
      ? "成绩等级：合格"
  OTHER
      ? "成绩等级：不合格"
ENDCASE
RETU
```

在使用构成分支结构时需注意：

(1) 条件语句中的 IF 和 ENDIF 必须配对出现；同样，多分支语句中的 CASE 和 ENDCASE 也必须配对出现。

(2) 为使程序清晰易读，对分支、循环等结构应使用缩写格书写方式。

(3) 表达分支、循环的每种语句都不允许在一个命令行中输入完，必须按本书所示语句格式一行一个回车分行键入，由此可见，这些语句不能用于命令窗口中。

5.2.3 循环语句

对于具有规律性的重复操作问题，可采用循环的办法，控制程序多次地执行，直到满足某种条件为止。具有这种控制循环机制的程序就称为循环结构程序。Visual FoxPro 具有一般程序设计语言都有的 WHILE 条件循环语句和 FOR 步长循环语句，此外还有专用于对表进行处理的 SCAN 扫描循环语句。循环执行的次数一般由循环条件决定，但在循环体中可插入跳出语句 EXIT 来结束循环，也可以用 LOOP 语句来继续循环。

1. 条件循环——DO WHILE

语句格式：

```
DO WHILE <条件>
    <语句序列>
    [LOOP]
    [EXIT]
ENDDO
```

功能：

语句执行时，若 DO WHILE 子句的循环条件为“假”，循环就结束，然后执行 ENDDO 子句后面的语句；若为“真”则执行循环体，一旦遇到 ENDDO 就自动返回到 DO WHILE 重新判断循环条件是否成立，如仍为“真”，则又执行一遍循环体；当条件为“假”时，则跳出循环体结束循环，转而执行 ENDDO 后面的命令。

说明：

（1）语句格式中的<条件>称为循环判断条件。

（2）<语句序列>：即 DO WHILE…ENDDO 之间的语句部分称为循环体。

（3）[EXIT]：用来立即退出循环，转去执行 ENDDO 后面的语句。

（4）[LOOP]：能使执行转向循环语句头部继续循环。当遇到 LOOP 时，立即控制到 DO WHILE，再次判断条件是否成立，以决定是否继续循环。该语句的执行逻辑如图 5-4 和图 5-2-5 所示。

在执行循环过程中，每执行一遍循环，一定要修改一次<条件>，否则<条件>永远为“真”时，将会造成“死循环”。

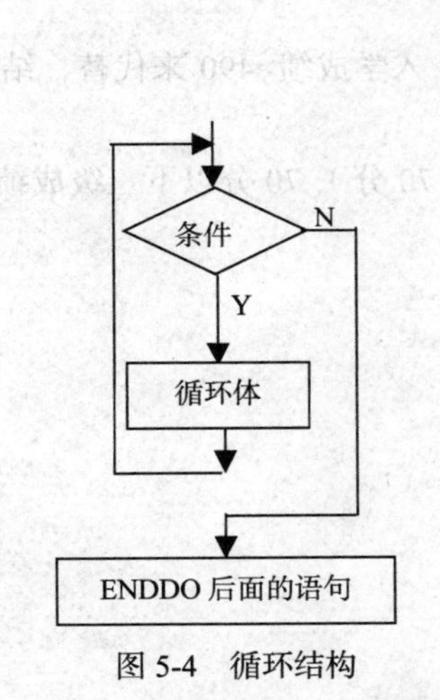

图 5-4　循环结构

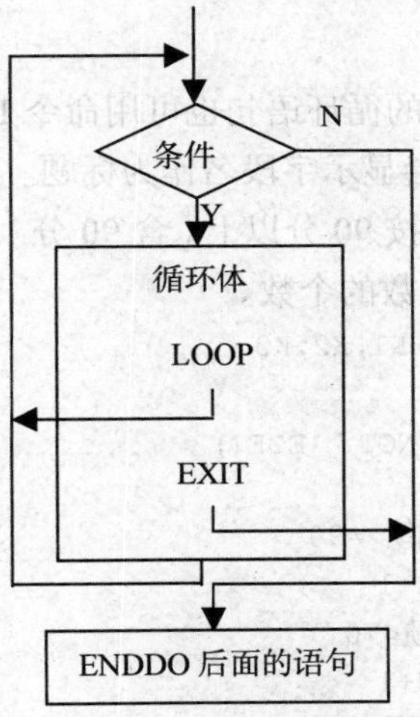

图 5-5　含有 LOOP 或 EXIT 的循环结构

【例 5-8】 根据成绩表中的成绩，确定成绩等级并填入“成绩等级”字段。

```
USE 成绩表
ALTER TABLE 成绩表 ADD 成绩等级 C(6)
DO WHILE  .NOT. EOF()
DO CASE
        CASE   成绩>=90
          REPLACE 成绩等级  WITH "优秀"
        CASE   成绩>=80
          REPLACE 成绩等级  WITH "良好"
        CASE   成绩>=60
          REPLACE 成绩等级  WITH "合格"
```

```
    OTHER
        REPLACE 成绩等级  WITH "不合格"
    ENDCASE
    SKIP
ENDDO
BROWSE
RETU
```

程序运行结果显示如图 5-6 所示。

成绩表

学号	课程号	成绩	成绩等级
0521003	2020	68.00	合格
0521004	2011	79.00	合格
0521004	1011	77.00	合格
0531001	3001	60.00	合格
0531001	3002	90.00	优秀
0531002	3001	82.00	良好
0531002	1011	92.00	优秀
0531003	3001	88.00	良好
0531003	3002	76.00	合格

图 5-6　程序显示结果

【例 5-9】试编一个程序，显示“学生表.DBF”中所有入学成绩超过 490 分的学生名单。

```
USE 学生表
DO WHILE .NOT. EOF()
   IF 入学成绩>=490
   ?姓名
   ENDIF
   SKIP
ENDDO
USE
```

程序运行结果显示如下：

```
李平
林敏
刘欣
朱键华
```

上述程序中的循环语句也可用命令 LIST 姓名 FOR 入学成绩>490 来代替，结果略有区别。使用 LIST 命令会显示字段名作为标题。

【例 5-10】按 90 分以上（含 90 分）、70～90 分（含 70 分）、70 分以下三级成绩分档统计“成绩表.DBF”中人数的个数。

```
STORE 0 TO K1,K2,K3
USE 成绩表
DO WHILE  .NOT.  EOF()
  DO CASE
     CASE 成绩>=90
       k1=k1+1
    CASE 成绩<70
       k3=k3+1
    OTHERWISE
       k2=k2+1
   ENDCASE
   SKIP
ENDDO
?"90 分的人数的个数："+STR(k1)
?"70～90 人数的个数："+STR(k2)
?"70 以下人数的个数："+STR(k3)
USE
```

程序运行结果显示如下：

```
90 分的人数的个数：3
70～90 人数的个数：10
70 以下人数的个数：7
```

【例 5-11】 编程计算 S=1+2+3+…+100，并求 1～100 之间奇数之和。

```
STORE 0 TO i, s, t
DO WHILE  i<100
  i=i+1
  s=s+i                &&累加 i 值
  IF INT(i/2)=i/2      &&I 为偶数时条件值为.T
      LOOP
  ENDIF
  t=t+i                &&累加奇数
ENDDO
? "1+2+3+…+100=",s
?"1～100 奇数和为: ",t
```

程序运行结果显示如下：

```
1+2+3+…+100= 5050
1～100 奇数和为: 2500
```

循环体中的 LOOP 语句往往可以省去，其实本程序从 IF 开始的四行语句可改为：

```
IF NOT int(i/2)=i/2
 t=t+1
ENDIF
```

【例 5-12】 编程求 1+2+3+…+?直到和大于 50 时停止。

```
X=1
S=0
DO  WHILE  .T.
   S=S+X
    IF  S>50
      EXIT
    ENDIF
     X=X+1
   ENDDO
   ? "X=",X, "S=",S
```

程序运行结果显示如下：

```
X=   10  S=   55
```

条件循环常用模式小结：

（1）循环次数已知。在使用循环语句前给循环变量赋初值，在循环体内改变循环变量的值。其基本形式如下：

```
[置初始值]
X=1
DO  WHILE  X<=N
      <执行某一个任务>
      X=X+1
ENDDO
```

（2）在永真循环中。一般用于循环次数不定的情况下，在循环体内根据条件执行 EXIT 命令退出循环。其基本形式如下：

```
DO   WHILE   .T.
   IF  X=结束标志
     EXIT
  ENDIF
    <执行某一个任务>
```

```
ENDDO
```

（3）对表的操作。使用条件循环处理表中符合条件的记录，一般先用 LOCATE 或 FIND 定位到符合条件的记录上，再用 NOT EOF( )或 FOUND( )作为循环条件进行判断，循环体内必须含有指针移动的语句。其基本形式如下：

```
USE  <表文件名>
LOCATE  FOR  <条件>
DO  WHILE  .NOT. EOF()   （或 FOUND()）
       <执行某一个任务>
      CONTINUE
ENDDO
```

2. 步长循环——FOR

语句格式：

```
FOR<内存变量>=<数值表达式 1>TO<数值表达式 2>[STEP<数值表达式 3>]
<语句序列>
[EXIT]
[LOOP]
ENDFOR / NEXT
```

功能：

语句执行时，通过比较循环变量值与终值来决定是否执行<语句序列>。步长为正数时，若循环变量值不大于终值，就执行循环体；步长为负数时，若循环变量值不小于终值，就执行循环体。执行一旦遇到 ENDFOR 或 NEXT，循环体变量值即加上步长，然后返回到 FOR 重新与终值比较。步长的默认值为 1。

说明：

（1）语句格式中的<内存变量>称为循环变量，<数值表达式 1>、<数值表达式 2>、<数值表达式 3>分别称为初值、终值、步长。

（2）[EXIT]用来立即退出循环，转去执行 ENDFOR 后面的语句。

（3）[LOOP]能使执行转向循环语句头部继续循环。当遇到 LOOP 时，立即控制到 FOR，再次判断条件是否成立，以决定是否继续循环。

【例 5-13】 编写程序计算 S=1+2+3+…+100 程序。

```
S=0                      && s 为累计器，初值为 0
FOR i=1 TO 100           && i 为计数器，初值为 1
  S=S+i                  &&累加
NEXT
? "S=",S
```

程序运行结果显示如下：

```
S=5050
```

【例 5-14】 编写程序计算 S=1*2*3*…*20 程序。

```
S=1
FOR  i=1  TO  20
  S=S*i
ENDFOR
? "S=",S
```

程序运行结果：

```
S=2432902008176640000
```

3. 表扫描循环——SCAN

语句格式：

```
SCAN[<范围>][FOR<逻辑表达式 1>][WHILE<逻辑表达式 2>]
  <语句序列>
  [EXIT]
  [LOOP]
ENDSCAN
```

功能：

语句执行时，在指定<范围>中依次寻找满足 FOR 条件或 WHILE 条件的记录，并对找到的记录执行<语句序列>。

说明：

（1）SCAN 循环针对当前表进行循环。如果当前记录满足条件，则 FOUND( )函数为“真”，指针定位到该记录，执行一遍循环体；执行完后指针向前移动一个记录，然后再判断当前记录是否满足条件，如满足则继续执行循环体，否则退出循环。

（2）<范围>子句表示记录范围，默认值为 ALL。

（3）FOR<条件>或 WHILE<条件>用于指定查找记录的条件。前者对指定范围所有满足条件的记录进行处理，后者当遇到第一个不满足条件的记录时就不再向下扫描，退出循环而执行 ENDSCAN 后面的命令。

（4）[EXIT]用来立即退出循环，转去执行 ENDSCAN 后面的语句。

（5）[LOOP]能使执行转向循环语句头部继续循环。

【例 5-15】 根据【例 5-9】的要求，用扫描循环语句编程。

```
USE 学生表
SCAN FOR 入学成绩>=490
  ? 姓名
ENDSCAN
USE
```

程序运行结果显示如下：

```
李平
林敏
刘欣
朱键华
```

4. 多重循环

若一个循环体内又包含其他循环，就构成了多重循环，也称为循环嵌套。较为复杂的问题往往要用多重循环来处理。

【例 5-16】 在“学生表.DBF”中找出所有入学成绩超过指定分数的学生的学号、姓名与入学成绩，并要求在输出行下显示一行虚线。

```
CLEAR
USE 学生表
INPUT "请输入入学成绩：" TO  CG
SCAN                                                    &&外循环
   IF  入学成绩>CG
     ?  学号+ SPACE（3）+姓名+SPACE（3）+STR（入学成绩，5，2）
     ?                                                  &&起换行作用
```

```
      FOR  I=1  TO  30                    &&内循环，显示由 30 个-号构成的虚线
         ?? "-"
      ENDFOR
      ENDIF
   ENDSCAN
   USE
```

程序执行后若输入成绩 490，显示结果如下：

```
05011001   李平    552.2
..............................
05021001   林敏    498.0
..............................
05021002   刘欣    500.00
..............................
05021004   朱健华  496.00
```

设计多重循环程序要分清外循环和内循环，外循环体中必须包含内循环语句，执行外循环体就是将其内循环语句及其他语句执行一遍。

5. 使用循环语句时应注意的几点

（1）DO WHILE 和 ENDDO、FOR 和 ENDFOR、SCAN 和 ENDSCAN 必须配对使用。

（2）<命令行序列>可以是任何 Visual FoxPro 命令或语句，也可以是循环语句，即可以为多重循环。

（3）<循环变量>应是数值型的内存变量或数组元素。

（4）EXIT 和 LOOP 命令嵌入在循环体内，可以改变循环次数，但是不能单独使用。EXIT 的功能是跳出循环，转去执行 ENDDO、ENDFOR、ENDSCAN 后面的第一条命令；LOOP 的功能是转回到循环的开始处，重新对“条件”进行判断，相当于执行了一次 DO WHILE、FOR、SCAN 命令，它可以改变<命令行序列>中部分命令的执行次数。EXIT、LOOP 可以出现在<命令行序列>的任意位置。

6. 程序实例

【例 5-17】 输出 100～300 之间所有能被 7 整除的数。（用 DO WHILE……ENDDO 语句实现）

```
I=100
DO WHILE I<=300
   IF I%7=0
      ?I
   ENDIF
      I=I+1
ENDDO
```

【例 5-18】 从键盘任意输入 3 个数，按从大到小输出。

```
INPUT "X=" TO X
INPUT "Y=" TO Y
INPUT "Z=" TO Z
IF X<Y
   K=X
   X=Y
   Y=K
ENDIF
IF X<Z
   K=X
   X=Z
```

```
    Z=K
  ENDIF
  IF Y<Z
     K=Y
     Y=Z
     Z=K
  ENDIF
  ?X,Y,Z
```

程序运行结果：

```
X=5
Y=2
Z=6
6      5      2
```

【例 5-19】 输出下面图形，（要求使用双重循环语句）

```
*
* *
* * *
* * * *
FOR I=1 TO 4
  FOR J=1 TO I
    ??"*"
  ENDFOR
  ?
  ENDFOR
```

【例 5-20】 通过循环程序计算 1！+2^3+4！+5^6+7！+8^9。

```
s=0
t=1
FOR n=1 to 9
  t=t*n
  IF n%3=1
     s=s+T
    ELSE
     IF n%3=2
      s=s+n**(n+1)
     ENDIF
  ENDIF
ENDFOR
?"s=",s
```

程序运行结果：

S= 134238426.00

【例 5-21】 从键盘输入一个数，求该数的阶乘。

```
INPUT"请输入阶乘数="TO N
STORE 1 TO X , J , I
 DO WHILE .T.
   DO WHILE J<=I
    X=X*J
    J=J+1
  ENDDO
 ?STR(I,2)+"!=",X
 I=I+1
  IF I>N
  EXIT
```

```
  ENDIF
ENDDO
RETURN
```

程序运行结果：

```
请输入阶乘数=5（从键盘输入 5 后按回车键）
         1!=        1
         2!=        2
         3!=        6
         4!=       24
         5!=      120
```

5.3 过程与过程调用以及变量的作用域

一个典型的应用程序通常包含数据的输入、修改、查询、处理和打印报表等若干功能相对独立的程序段，这些程序段在结构化程序设计中称为“模块”。把一个应用程序模块化，不仅便于程序的开发，也利于程序的调试和维护。

5.3.1 过程

当一个应用程序包含许多功能时，结构化程序设计主张采用“自顶向下”的设计方法，即先从整体上对问题逐层分解，按功能把程序划分成一个个功能相对独立而又相对简单的模块单独设计，这样做可以避免产生全局性的错误。

模块实际上是一个可以命名的程序段，能完成一定的功能。一般来说，一个模块可以被其他模块调用，也可以调用其他的模块。设计模块时，要考虑入口和出口，也就是具备什么条件才能调用其他模块，这称为入口；调用过后从哪里获得希望的结果，这称为出口。通常模块可分为控制模块和功能模块，前者起控制作用，后者能实现一定的功能。

5.3.2 过程调用

如果一个程序段在程序中多次使用，那就应该把它独立出来作为一个模块，需要时就拿来使用，而不是每用一次都去重复书写相同的程序段。模块是可以命名的程序文件，扩展名也是.PRG。前面介绍的 DO 命令用于执行文件，实际上也是执行模块程序的命令。

对于具有调用关系的程序文件，习惯上称调用其他程序的程序为主程序，被其他程序调用的程序称为子程序。实际上，主程序和子程序是相对的，在一定情况下，主程序可作为子程序，反之亦然。

组织应用程序有两种方法：第一种方法是把主程序和多个子程序放在一个文件里；第二种方法是把所有子程序放在一个单独的文件中，其中每个子程序作为一个模块完成应用程序的一个过程。因此把这个文件称为过程文件，从这个角度来说，可以把子程序称为过程。

1. 过程的建立

过程的建立和运行与程序文件完全一样，也是用 MODIFY COMMAND 命令建立，用 DO 命令运行，扩展名也是.PRG。

建立格式：

```
PROCEDURE  <过程名>
```

```
[PARAMERTERS <形参表>]
 <过程体>
RETURN [TO MASTER]
```

PROCEDURE 表示过程的开始，RETURN 表示控制的返回。一般来说，一个过程中至少应有一条返回语句 RETURN。不含选择项的 RETURN 语句，默认控制返回到调用该过程的程序中的下一条命令处。若是用户直接运行该过程，则控制返回到命令窗口。带有 TO MASTER 的返回语句一般在过程嵌套中使用，控制返回到最高一级主调程序。

含有 PARAMERTERS<形参表>的过程称为“有参过程”，否则称“无参过程”。形参表中的各个形参需用逗号分开。形参可以是输入参数，也可以是输出参数。当调用一个有参过程时，主调程序将实在参数传递给被调过程的形参；过程执行完后，也可通过输出参数将执行结果传递给主调程序中的某个内存变量。注意，有的形参也可能同时是输入参数和输出参数，即在过程中一开始接受主调程序传来的一个实际值，在过程中又被赋予新值带回到主调程序。

2. 过程文件

过程文件里只包含过程，这些过程可以被其他任何程序调用。打开一个过程文件的同时也打开了它所包含的所有过程，省去了频繁访问磁盘的时间开销。过程文件的建立仍使用 MODIFY COMMAND 命令，扩展名仍然是.PRG。过程文件必须按以下格式书写：

```
PROCEDURE <过程名 1>
 <过程体 1>
RETURN
PROCEDURE <过程名 2>
 <过程体 2>
RETURN
PROCEDURE <过程名 n>
 <过程体 n>
RETURN
```

用以上方法可将 n 个过程组织存储在一个过程文件中。

过程文件中的每个过程通过<过程名>标识，用 PROCEDURE<过程名>语句开头，RETURN 语句结尾。每个过程都是相对独立的，并无逻辑上的必然联系。注意，对“过程文件”起的名字与过程文件中的<过程名>是不同的两个概念，不要混淆。

3. 过程文件的打开与关闭

在程序中若想调用过程文件中的过程时，须先打开过程文件，用过之后要关闭。

命令格式：SET PROCEDURE TO [<过程文件名>]

命令功能：此命令将打开指定的过程文件，并自动关闭原先打开的其他过程文件。任何时候只能打开一个过程文件，如果你设计了多个过程文件，可以采用交替打开的方法来调用过程文件中的过程。

不带过程文件名的 SET PROCEDURE TO 语句，将关闭打开的过程文件，也可以用专门的关闭过程文件的命令：

```
CLOSE PROCEDURE
```

4. 过程的调用

命令格式：DO <过程名> [WITH <实参表>]

命令功能：含有 [WITH <实参表>] 的 DO 命令，被调过程必须是有参过程，向有参过程传递参数。这里的实参应该与被调过程中的形参在数目、次序和类型上一一对应，如果形参是输入参数，则对应的实参可以是常量或表达式，调用时先计算表达式的值，然后替换对应的形参。如果形参是输出参数，则对应的实参必须是已定义的内存变量；如果形参兼有输入/输出的特点，那么该形参对应的实参只能是已赋值的内存变量。

省略 WITH <实参表> 的 DO 命令，被调过程必须是无参过程，此时不存在参数传递问题。

需要指出的是，DO 命令所执行的文件可以是扩展名为.PRG 的文件，也可以是 SQL 查询或扩展名为.MPR 及.SPR 的文件等。在命令窗口中使用 DO 命令可以启动一个 Visual FoxPro 程序，在程序中同样可以用 DO 命令执行一个文件或过程。DO 命令可以嵌套，子过程仍然可以调用它本身的子过程。

【例 5-22】 过程调用的使用。

```
主程序 main.prg
   A1=1
   A2=2
   A3=3
   DO  SUB  WITH  A1+A2,A3
   ?A1+A2+A3
*SUB.PRG
   PARA B1,B2
   B1=B1+B2
   B2=B1+B2
   RETURE
```

在命令窗口执行 DO MAIN.PRG 后，屏幕显示的结果为：

```
12
```

【例 5-23】 编写一个能求半径为 2、4、6、8 和 10 的圆面积和圆周长的程序。

```
*在主程序中调用求圆面积和圆周长过程。
SET TALK OFF
SET  PROCEDURE  TO  round               &&打开 round 过程文件，其中存放求圆面
                                        积和圆周长的过程
l=0                                     &&作为输出参数返回圆周长
a=0                                     &&作为输出参数返回圆面积
FOR i=2 TO 10 STEP 2
DO  area  WITH  i, a                    &&调用 area 过程，获得的圆面积放在变量 a 中
DO circle WITH  i, l                    &&调用 circle 过程，获得的圆周长放在变量 l 中
?"半径", i
?"面积",a
?"圆周长",l
?
ENDFOR
SET  PROCEDURE  TO                      &&关闭过程文件
*过程文件 round.prg
PROCEDURE   area
PARAMETERS  r, t
t=3.1416*r*r
RETURN
PROCEDURE   circle
PARAMETERS r,t
t=2*3.1416*r
RETURN
```

形参中的 t 是输出参数，r 是输入参数，调用时对应的实参都应先定义，而且位置对应关系要一致。

5.3.3 自定义函数

Visual FoxPro 除提供众多的系统函数（亦称标准函数）外，还可以由用户来定义函数。

1. 自定义函数的建立

命令格式：

```
[FUNCTION<函数名>]
[PARAMETERS<参数表>]
<语句序列>
[RETURN<表达式>]
```

说明：

（1）若使用 FUNCTION 语句来指出函数名，表示该函数包含在调用程序中。若缺省该语句，表示此函数是一个独立文件，函数名将在建立文件时确定，其扩展名默认为.PRG，并可使用命令 MODIFY COMMAND <函数名>来建立或编辑该自定义函数。还需注意，自定义函数的函数名不能和 Visual FoxPro 系统函数同名，也不能和内存变量同名。

（2）<语句序列>组成为函数体，用于进行各种处理；简单的函数其函数体也可为空。

（3）RETURN 语句用于返回函数值，其中的<表达式>值就是函数值，若缺省该语句，则返回的函数值为.T.。

（4）自定义函数与系统函数调用方法相同，其方式为：

```
函数名（<参数表>）
```

【例 5-24】 设计一个自定义函数，用来求一元一次方程 AX+B=0 的根。

因为该方程中有 A，B 两个参数，所以函数格式可设计为 ROOT（<数值表达式 1>），（<数值表达式 2>）。其中 ROOT 是建立函数时定义的函数名，<数值表达式 1>表示方程的一次项系数，<数值表达式 2>表示常数项。

下面给出两种解法。

解法一：自定义函数作为一个独立的文件。

自定义的求根函数 ROOT.PRG 如下：

```
* root.prg
PARAMETERS a,b
RETURN IIF(a=0,"无解",-b/a)
```

上述 ROOT 函数中的 IIF 是标准函数，其功能类似于 IF 语句。若 A=0，它的值是字符串“无解”；否则返回-B/A 的值。

现在使用下述命令调用 ROOT 函数来解方程 3X+1=0。

```
? "X: ", ROOT (3, 1)
```

显示结果 X：-0.3333

解法二：自定义函数与其调用语句包含在一个程序中。

```
*root.prg
CLEAR
INPUT "A="TO A
INPUT "B="TO B
```

```
?"X: ",ROOT(A,B)
FUNCTION ROOT
PARAMETERS U,V
RETURN IIF(U=0,"无解", -V/U)
```

程序运行结果：

```
A=   5
B=  6
X=    -1.2000
```

2. 数组参数的传递

在调用自定义函数或过程时，也可将数组作为参数来传递数据。此时发送参数与接收参数都使用数组名，发送参数数组名前加@来标记，而作为接收参数的数组不需事先定义。

【例 5-25】 将【例 5-24】解法二改用数组传递参数时，其程序将如下所示：

```
*root.prg
CLEAR
DIMENSION fs(2)
fs(1)=1
fs(2)=0
@5,10 SAY "一次项系数："GET fs(1)
@7,10 SAY "常 数 项：" GET fs(2)
READ
?"x: ",root(@fs)          &&数组名前加@可传递数组
FUNCTION root
PARAMETERS js             &&作为接收参数的数组不需定义，并且 fs(1)->js(1),fs(2)->js(2)
RETURN IIF(js(1)=0,"无解",-js(2)/js(1)))
```

程序运行结果：

```
一次项系数：         5
常 数 项：           7
x:                 -1.4000
```

上述的@5,10 SAY “一次项系数：” GET fs（1）和@7,10 SAY “常 数 项：” GET fs（2）两条语句使用了定位输出输入命令。

这里简单介绍输出输入命令的使用。

命令基本格式：

```
@<行，列>[SAY<表达式 1>][GET<变量名>][DEFAULT<表达式 2>]
```

功能：在屏幕的指定行列输出 SAY 子句的表达式值，并可修改 GET 子句的变量值。

说明：

（1）<行，列>表示数据在窗口中显示的位置，行自顶向下编号，列自左向右编号，编号均从 0 开始。行与列都是数值表达式，还可使用十进制小数精确定位。

（2）SAY 子句用来输出数据，GET 子句用来输入及编辑数据。若缺省 SAY 子句，GET 变量值从指定位置开始显示；含有 SAY 子句是先显示其表达式值，然后空开一格显示 GET 变量的值。SAY 和 GET 子句数据显示时的背景色不一样，前者以标准显示，后者以增强型显示。

（3）GET 子句中的变量必须具有初值，或用 DEFAULT 子句的<表达式>指定初值。初值一旦指定，该变量的类型在编辑期间就不能改变，字符型变量的宽度与数值型变量的小数位数也无法改变。

（4）GET 子句的变量必须用 READ 命令来激活，也就是说，在若干带有 GET 子句的定位输入/输出命令后，必须遇到 READ 命令才能编辑 GET 变量。当光标移出这些 GET 变量组成的区域

时，READ 命令执行结束。

5.3.4 变量的作用域

在多模块程序中，某模块中的变量是否在其他模块中也可以使用呢？答案是不一定，因为用户定义的变量有一定的作用域。

若以变量的作用域来分类，内存变量可分为公共变量、私有变量和本地变量 3 类。

1. 公共变量

在任何模块中都可使用的变量称为公共变量。公共变量可使用下述命令建立。

命令格式：PUBLIC<内存变量表>

命令功能：将<内存变量表>指定的变量设置为公共变量，并将这些变量初值均赋以.F.。

说明：

（1）若下层模块中建立的内存变量要供上层模块使用，或某模块中建立的内存变量要供并列模块使用，必须将这种变量说明成公共变量。

（2）Visual FoxPro 默认命令窗口中定义的变量都是公共变量，但这样定义的变量不能在程序方式下利用。

（3）程序终止执行时公共变量不会自动清空，RELEASE 命令或 CLEAR ALL 命令都可自动清空公共变量。

2. 私有变量

Visual FoxPro 默认程序中定义的变量是私有变量，私有变量仅在定义它的模块及其下层模块中有效，而在定义它的模块运行结束时自动清除。

私有变量允许与上层模块的变量同名，但此时为分清两者是不同的变量，需要采用暂时屏蔽上级模块变量的方法。下述命令声明的私有变量就能起这样的作用。

命令格式：PRIVATE[<内存变量表>][ALL[LIKE/EXCEPT<通配符>]]

命令功能：声明私有变量并隐藏上级模块的同名变量，直到声明它的程序、过程或自定义函数执行结束后，才恢复使用先前隐藏的变量。

说明：

（1）“声明”与“建立”不一样，前者仅指变量的类型，后者包括类型与值。PUBLIC 命令除声明变量的类型外还赋了初值，故称为建立；而 PRIVATE 并不自动对变量赋值，仅是声明而已。

（2）若应用程序由多个人员同时开发，可能因变量名相同造成失误，如果个人将自己所用的变量用 PRIVATE 命令来声明，就能避免发生混淆。

（3）在程序模块调用时，参数接受命令 PARAMETERS 声明的变量也是私有变量，与 PRIVATE 命令作用相同。

3. 本地变量

本地变量只能在建立它的模块中使用，而且不能在高层或底层模块使用，该模块运行结束时本地变量就自动释放。

命令格式：LOCAL<内存变量表>

命令功能：将<内存变量表>指定的变量设置为本地变量，并将这些变量的初值均赋以.F.。

LOCAL 与 LOCATE 前 4 个字母相同，故不可缩写。

【例 5-26】 内存变量的使用。

主程序 MAIN.PRG 的内存变量。

```
SET  TALK  OFF
A=3
B=4
DO SUB1
C=A+B
?A,B,C,D
DO SUB2
C=A+B
?A,B,C
SET TALK ON
```

子程序：SUB1.PRG

```
PROCEDURE SUB1
PUBLIC D
A=5
D=A-B
RETURN
```

子程序：SUB2.PRG

```
PROCEDURE SUB2
PRIVATE A
A=9
B=7
C=A-B
?A,B,C
RETURN
```

在命令窗口执行 DO MAIN.PRG 后，屏幕显示的结果为：

```
5   4   9   1
9   7   7
5   7   12
```

5.4 程序调试方法

5.4.1 调试的概念

编好的程序难免有错，必须反复地检查改正，直至达到预定设计要求方能投入使用。程序调试的目的就是检查并纠正程序中的错误，以保证程序的可靠运行。调试通常分三步运行：检查程序是否存在错误，确定出错的位置，纠正错误。

测试需要经验，关键在于查出错误，但难以确定错误的位置，这就无法纠正错误，纠正错误要掌握设计技术与技巧。

1. 程序中常见错误

（1）语法错误

系统在执行命令时都要进行语法检查，不符合语法规定就会提示出错信息，例如命令字拼写错、命令格式错、使用了未定义的变量、数据类型不匹配、操作的文件不存在等。

（2）超出系统允许范围的错误

例如文件太大（不能大于 2GB），嵌套层数超过允许范围（DO 命令允许 128 层嵌套循环）等。

（3）逻辑错误

逻辑错误指程序设计的差错，例如计算或逻辑有错。

2. 查错技术

查错技术可分两类：一类是静态检查，例如阅读程序，从而找出程序中的错误；另一类是动态检查，即通过执行程序来考察执行结果是否与设计要求相符。动态检查又有以下方法。

（1）设置断点：若程序执行到某一处能自动暂停运行，该处称为断点。

在调试程序时，用户常用插入暂停语句的方法来设置断点，例如要看程序某处变量 X 的值，只要在该处插入下面两个语句：

```
?"X =",X                    &&显示 X 值
WAIT WINDOW                 &&程序暂停执行
```

程序执行后，调试者根据变量 X 的值来判断引起错误的语句在断点前还是在断点后。除输入某些变量的中间结果外，还可使用 DISP MEMORY，DISP STUTUS 等命令来得到更多的运行信息以帮助寻找错误原因和位置。

（2）单步执行：一次执行一个命令。

（3）跟踪：在程序执行过程中跟踪某些信息的变化，有的系统还能显示执行过的语句的行号。

（4）设置错误陷阱：在程序中设置错误陷阱可以捕捉可能发生的错误，这时若发生错误就会中断程序运行并转去执行预先编制的处理程序，处理完后再返回中断处继续执行原程序。例如 ON ERROR 命令用于设置错误陷阱，函数 ERROR( )和 MESSAGE( )可用于出错处理。

5.4.2 调试器

Visual FoxPro 提供了一个称为“调试器”的程序调制工具，用户可通过调试设置、执行程序和修改程序来完成程序调试。调试设置包括为程序设置断点，设置监视表达式，设置要显示的变量、数组等；执行程序有多种方法，用于观察各种设置的动态执行结果；如果发现错误，允许当场切入程序修改方式。用户可利用调试器的菜单、快捷菜单或工具栏的按钮来进行操作。

1. 打开调试器窗口

打开调试器窗口的方法有两种：

（1）选定 Visual FoxPro“工具”菜单的“调试器”命令。

（2）在命令窗口中输入 DEBUG 命令。

2. 调试器窗口的组成

在“调试器”窗口中可打开 5 个子窗口。调试器窗口打开后，只要在该窗口的窗口菜单中选定跟踪、监视、局部堆栈或输出命令，就可以打开相应的子窗口。

（1）跟踪窗口

在调试器窗口中选定文件的打开命令，就可选定一个程序，被选出的程序将显示在跟踪窗口中，以便调试和观察。

跟踪窗口左端的竖条中可显示某些符号，常见的符号及其意义如下所示。

➔：指向调试中正要执行的代码行。

●：断点。在跟踪窗口中可为程序设置断点。双击某代码行行首，竖条中便显示出一个圆点，表示该圆点被设置为断点。双击圆点则可取消断点。

（2）监视窗口

监视窗口用于设置监视表达式及其当前值。

要设置的表达式可在监视文本框键入，按回车键后表达式便添入文本框下方的列表框中，该列表框将显示当前监视表达式的名字、值与数据类型。

也可将 Visual FoxPro 任意窗口中的文本拖至监视窗口来创建监视表达式；双击监视表达式就可对它进行编辑。

（3）局部窗口

该窗口用于显示程序、过程或方法程序中的所有变量、数组、对象成员。

位置文本框显示用于局部窗口的程序或过程的名字，该文本框下的列表框用于显示变量的名称、值与数据类型。

（4）调用堆栈窗口

该窗口用于显示正在执行的过程、程序和方法程序。若一个程序是另一个程序调用的，则两个程序的名字均显示在调用堆栈窗口中。

（5）调试输出窗口

该窗口用于显示活动程序、过程或方法程序代码的输出。

3. 调试器窗口的调试菜单

调试菜单包含用于程序执行、修改与终止的命令。

现将其中常用的菜单命令解释如下。

（1）运行：开始执行在跟踪窗口中打开的程序。

（2）继续执行：从当前代码行开始执行跟踪窗口中的程序，遇到断点就暂停执行。

（3）取消：终止程序的调试执行，并关闭程序。

（4）定位修改：终止程序的调试，然后在文本编辑窗口打开程序。

（5）跳出：以连续方式而非单步方式继续执行被调用模块程序中的代码，然后在调试程序的调用语句的下一行处中断。

（6）单步：逐行执行代码。如果下一行代码调用了函数、方法程序或者过程，那么该函数、方法程序或过程在后台执行。

（7）单步跟踪：逐行执行代码。

（8）运行到光标处：执行从当前行指示器到光标所在行之间的代码。

（9）调速：打开“调整运行速度”对话框，设置两行代码执行之间的延迟秒速。

（10）设置下一条语句：程序中断时选择该命令，可使光标所在行成为恢复执行后要执行的语句。

第 6 章
表单设计与应用

Visual FoxPro 作为新一代数据库管理系统，除了继续支持结构化程序设计方法之外，一个重要特征是支持面向对象的程序设计方法。Visual FoxPro 采用了面向对象的程序设计方法来设计图形用户界面（GUI），而使用表单是设计图形用户界面的主要途径。本章将介绍面向对象的基本概念和 Visual FoxPro 表单的设计。

6.1 面向对象的基本概念

6.1.1 对象和类

1．对象

（1）对象

对象（Object）是对客观事物属性及行为特征的描述。每个对象都具有描述它的特征的属性，及附属于它的行为。对象把事物的属性和行为封装在一起，是一个动态的概念。对象是面向对象编程的基本元素，是“类”的具体实例。

（2）对象的属性

对象的属性特征标识了对象的物理性质；对象的行为特征描述了对象可执行的行为动作。

对象的每一种属性都是与其他对象加以区别的特性，都具有一定的含义，并赋予一定的值。对象大多数是可见的，也有一些特殊的对象是不可见的。

在 Visual FoxPro 应用程序中，系统窗口和用户自定义的窗口都可以被看成是对象。具有以下属性和行为特征：

- 窗口的标题及窗口的大小；
- 窗口的前景和背景颜色；
- 窗口中所显示信息的内容及格式；
- 窗口中提供了哪些控件；
- 窗口中每个控件在窗口的位置；
- 窗口中每个控件的大小；
- 窗口中的控件应如何操作。

另外，在 Visual FoxPro 应用程序中，命令按钮也可以看成是对象，具有以下属性和行为特征：

- 命令按钮在窗口的位置；

- 命令按钮的标题及命令按钮的大小；
- 按动命令按钮进行什么操作。

2. 类

所谓类（Class），就是一组对象的属性和行为特征的抽象描述。或者说，类是具有共同属性、共同操作性质的对象的集合。在 Visual FoxPro 系统中，类就像是一个模板，对象都是由类生成的，类定义了对象所有的属性、事件和方法，从而决定了对象的属性和它的行为。Visual FoxPro 系统为用户提供一些基类（见表 6-1）。

表 6-1　Visual FoxPro 基类

类名	含义	类名	含义
ActiveDoc	活动文档	Label	标签
CheckBox	复选框	Line	线条
Column	（表格）列	ListBox	列表框
ComboBox	组合框	OleControl	OLE 容器控件
CommandButton	命令按钮	OleBoundControl	OLE 绑定控件
CommandGroup	命令按钮组	OptionButton	选项按钮
Container	容器	OptionGroup	选项按钮组
Control	控件	Page	页
Custom	定制	PageFrame	页框
EditBox	编辑框	ProjectHook	项目挂钩
Form	表单	Separator	分隔符
FormSet	表单集	Shade	形状
Grid	表格	Spinner	微调按钮
Header	（列）标头	TextBox	文本框
HyperLink	超链接	Timer	定时器
Image	图像	ToolBar	工具栏

（1）基类

基类又可以分成容器类和控件类。

容器类（Containers）可以容纳其他对象，并允许访问所包含的对象。如表单，自身是一个对象，它又可以把按钮、编辑框、文本框等放在表单中。

控件类不能容纳其他对象，它没有容器类灵活。如文本框，自身是一个对象，在文本中不可放其他对象。由控件类创造的对象是不能单独使用和修改的，它只能作为容器类中的一个元素，通过由容器类创造的对象修改或使用。

（2）类的特性

类具有继承性、封装性和多态性等特性。

继承性（Inheritance）：指通过继承关系利用已有的类构造新类。

任何一个基类都有它的属性。即使用户没有定义，Visual FoxPro 系统也赋给基类相应的缺省值。在创造对象时，可以利用基类派生出另一个新类。通常把从已有的类派生出的新类称为子类，已有的类称为父类。子类不但具有父类的全部属性和方法，而且还允许用户根据需要修改，对已有的属性和方法进行修改或添加新的属性和方法。

在 Visual FoxPro 系统中允许用户按照已有的类派生出多个子类来。在父类的基础上派生子类，在子类的基础上再派生子类，如此循环，可以在已有的类中派生出多个新类。在每一次的操作中，子类都会从父类中继承父类已有的属性和方法，这就是类的继承性的体现。有了类的继承，用户在编写程序时，可以把具有普遍意义的类通过继承引用到程序中，从而减少代码的编写工作。

封装性（Encapsulation）：是指类的内部信息对用户是隐蔽的。

在类的引用过程中，用户只能看到封装界面上的信息，对象的内部信息（数据结构及操作范围、对象间的相互作用等）则是隐蔽的，只有程序开发者才了解类的内部信息。

6.1.2　属性、事件和方法

在 Visual FoxPro 中通过属性、方法和事件来具体描述一个对象。例如当使用 FORM 控件建立一个表单对象时，各表单对象就具有 FORM 控件所有的属性、事件及可使用的方法，例如“Caption”属性、“Click”事件和“Box”方法。通过修改对象的属性、事件和方法可以对对象进行更深入的控制。

1. 属性

属性（Attribute）是用来描述对象特征的参数。

属性是属于某一个类的，不能独立于类而存在。派生出的新类将继承基类和父类的全部属性。在 Visual FoxPro 系统中，各种对象拥有 70 多个属性。对象的属性可以在设计对象时定义，也可以在对象运行时进行设置。

2. 事件

事件（Event）是每个对象可能用以识别和响应的某些行为和动作。为了使对象在某一事件发生时能够做出用户所需要的反应，就必须为这个事件编写相应的程序代码来实现特定的目标。为了一个对象的某个事件编写代码后，应用程序运行时，一旦这个事件发生，便激活相应代码，并开始执行，如这一事件不发生，则这段代码就不会被执行。没有编写代码的事件，即使事件发生也不会有任何反应。

在 Visual FoxPro 系统中，对象可以响应 50 多种事件。多数情况下，事件是通过用户的操作行为引发的，当事件发生时，将执行包含在事件过程中的全部代码。

3. 方法

方法（Method）是附属于对象的行为和动作，是由 Visual FoxPro 代码组成的。可以执行某一特定动作的特殊的“过程”或“函数”，方法与事件有相似之处，都可以完成不同任务。但在不同程序中，同一个事件必须根据需要编写不同的代码，从而完成不同任务。而方法通常是 Visual FoxPro 系统已经编写好的，无论在哪个程序中，任何时候调用都完成统一任务。当然，如果需要，用户可以自己编写代码替换系统提供的方法代码。

Visual FoxPro 提供一百多个内部方法供不同对象调用。

6.1.3　设计类

类的设计是面向对象编程的重要环节之一。通常在进行应用程序设计时，把大量的属性、方法和事件定义在一个类中，用户可以根据需要，在这个类的基础上派生出一个或多个对象，再在这些对象的基础上设计应用程序。

1. 创建类

方法一：可以用菜单方式创建类。

打开“文件”菜单，选择“新建”选项，在文件类型中选择“类”，然后单击“新建文件”按钮，弹出如图 6-1 所示的对话框。在对话框里创建新类。

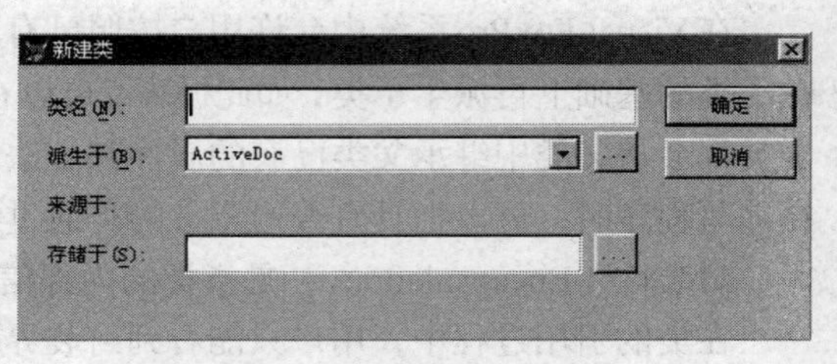

图 6-1　创建新类对话框

方法二：用命令方式创建类。

命令格式：CREATE　CLASS　<类名>

或 CREATE　CLASS <类名> OF <类库名>

2. 类属性的定义

当类创建完成后，新类就已继承了基类或父类的全部属性。同时，系统也允许修改基类、父类原有的属性，或设置类的新属性。

3. 类的方法和事件的定义

当类创建完成后，虽然已继承了基类或父类的全部方法和事件，但多数时候还是需要修改基类、父类原有的方法和事件，或加入新方法。

6.1.4　对象的操作

类是对象的抽象，对象是类的实例。因此，对象的过程代码的设计是最重要的操作之一。我们可以利用程序代码，在类的基础上派生出对象的属性、方法和事件，或进行重新设计。对象的属性、方法和事件决定了对象的操作功能，下面将介绍一些有关对象的基本操作的代码。

1. 由类创建对象

对象是在类的基础上派生出来的，而只有具体的对象才能实现类的事件或方法的操作。可使用函数 CREATEOBJECT()创建对象。

命令格式如下：

```
对象名= CREATEOBJECT(<类名>[,参数1,参数2,…])
```

〈类名〉指定用于创建新对象的类或 OLE 对象。[,参数 1,参数 2,…]用于指定创建对象的参数值。Visual FoxPro 将这些参数传递给类的"Init"事件过程，当创建对象时执行"Init"事件代码进行对象初始化。

2. 设置对象的属性

设置属性的语法如下：

```
对象的父类名.当前对象名.属性名=属性值
```

由于每个对象可以有多个属性，进行设置时写出全部路径非常麻烦，所以 Visual FoxPro 系统还给我们提供了另一个设置对象属性值的语句。

其格式为：

```
WITH〈路径〉
  〈属性〉
ENDWITH
```

3. 调用对象的方法和触发对象的事件

（1）调用对象的方法

调用对象的方法为：

```
父类名.对象名.方法名
```

（2）触发对象的事件

事件与方法不同，只有当事件发生后，对应的事件代码才被执行。

可以通过命令按钮触发事件，或使用鼠标产生单击、双击、移动和拖放等事件，或使用

Keyboard 命令产生 Keypress 事件。

6.2　表单设计器

表单设计器启动后，Visual FoxPro 主窗口上将出现“表单设计器”窗口、“属性”窗口、“表单控件”工具栏、“表单设计器”工具栏以及“表单”菜单。

1. “表单设计器”窗口

“表单设计器”窗口内含正在设计的表单的表单窗口（见图 6-2）。用户可在表单窗口上可视化地添加和修改控件。表单窗口能在“表单设计器”窗口内移动。

2. “属性”窗口

“属性”窗口如图 6-3 所示，包括对象框、属性设置框和属性、方法、事件列表框。对象框显示当前被选定对象的名称。单击对象框右侧的下拉箭头，将打开当前表单及表单中所有对象的名称列表，用户可以从中选择一个需要编辑修改的对象或表单。“属性”窗口中的列表框显示当前被选定对象的所有属性、方法和事件，用户可以从中选择一个。如果选择的是属性项，窗口内将出现属性设置框，用户可以在此对选定的属性进行设置。

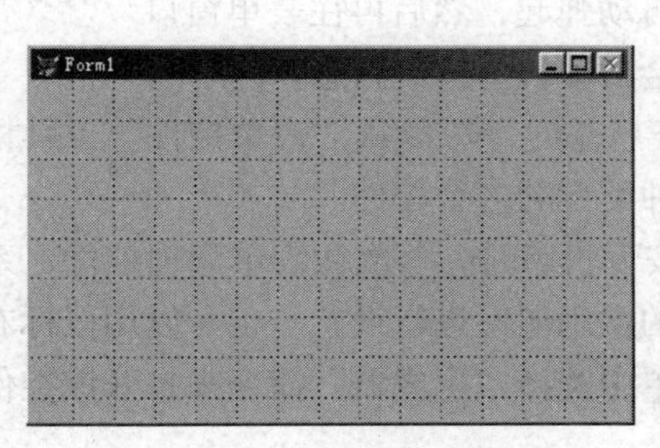

图 6-2　“表单设计器”窗口

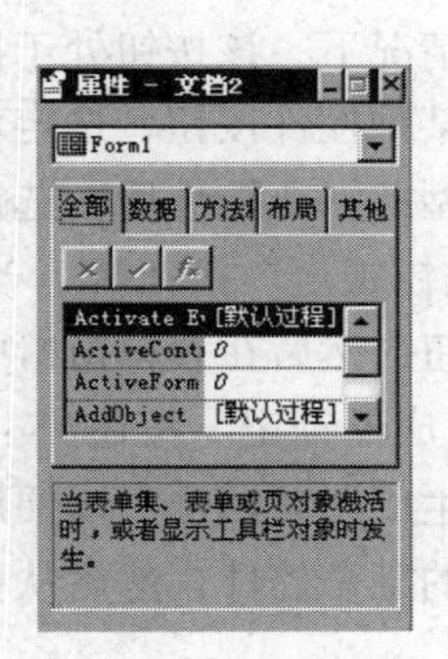

图 6-3　“属性”窗口

对于表单及控件的绝大多数属性，其数据类型通常是固定的，如 Width 属性只能接收数值型数据，Caption 属性只能接收字符型数据。但有些属性的数据类型并不是固定的，如文本框的 Value 属性可以是任意数据类型，复选框的 Value 属性可以是数值型的，也可以是逻辑型的。

一般来说，要为属性设置一个字符型值，可以在设置框中直接输入，不需要加定界符。系统会把定界符作为字符串的一部分。但对那些既可接收数值型数据又可接收字符型数据的属性来说，如果在设置框中直接输入数字 123，系统会把它作为数值型数据对待。要为属性设置数字格式的字符串，可以采用表达式的方式，如“123”。要通过表达式为属性赋值，可以在设置框中先输入等号再输入表达式，或者单击设置框的函数按钮打开表达式生成器，用它来给属性指定一个表达式。表达式在运行初始化时对有些属性的设置需要从系统提供的一组属性值中指定，此时可以单击设置框右端的下拉箭头打开列表框从中选择，或者在属性列表框中双击属性，即可在各属性值之间进行切换。有些属性需要指定文件名，这时可以单击设置框右侧的对话框按钮，打开相应的对话框进行设置。

要把一个属性设置为默认值，可以在属性列表框中右键单击该属性，然后从快捷菜单中选择

“重置为默认值”。要把一个属性设置为空串，可以在选定该属性后依次按 BackSpace 键和 Enter 键，此时在属性列表框中该属性的属性值显示为（无）。

有些属性在设计时是只读的，用户不能修改。这些属性的默认值在列表框中以斜体显示。

也可以同时选择多个对象，这时“属性”窗口显示这些对象共有的属性，用户对属性的设置也将针对所有被选定的对象。

“属性”窗口可以通过单击“表单设计器”工具栏中的“属性窗口”按钮或选择“显示”菜单中的“属性”命令打开和关闭。

3. “表单控件”工具栏

“表单控件”工具栏内含控件按钮，如文本框、命令按钮和标签等，如图 6-4 所示。利用“表单控件”工具栏可以方便地往表单添加控件，先用鼠标单击“表单控件”工具栏中相应的控件按钮，然后将鼠标移至表单窗口的合适位置单击鼠标或拖动鼠标以确定控件大小。

除了控件按钮，“表单控件”工具栏还包含以下 4 个辅助按钮。

（1）“选定对象”按钮：当按钮处于按下状态时，表示不可创建控件，此时可以对已经创建的控件进行编辑，如改变大小、移动位置等，当按钮处于未按下状态时，表示允许创建控件。

在默认情况下，该按钮处于按下状态，此时如果从“表单控件”工具栏中单击选定某种控件按钮，选定对象按钮就会自动弹起，然后再往表单窗口添加这种类型的一个控件后，选定对象按钮又会自动转为按下状态。

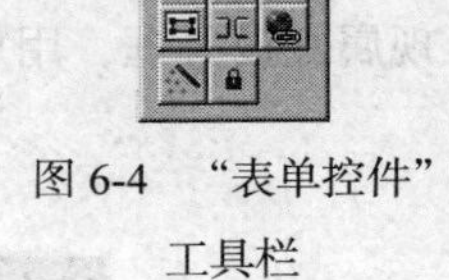

图 6-4 “表单控件”工具栏

（2）“按钮锁定”按钮：当按钮处于按下状态时，可以从“表单控件”工具栏中单击选定某种控件按钮，然后在表单窗口中连续添加这种类型的多个控件。

（3）“生成器锁定”按钮：当按钮处于按下状态时，每次往表单添加控件，系统都会自动打开相应的生成器对话框，以便用户对该控件的常用属性进行设置。也可以用鼠标右键单击表单窗口中已有的某个控件，然后从弹出的快捷菜单中选择“生成器”命令来打开该控件相应的生成器对话框。

（4）“查看类”按钮：在可视化设计表单时，除了可以使用 Visual FoxPro 提供的一些基类，还可以使用保存在类库中的用户自定义类，但应该先将它们添加到“表单控件”工具栏中。将一个类库文件中的类添加到“表单控件”工具栏中的方法是：单击工具栏上的“查看类”按钮，然后在弹出的菜单中选择“添加”命令，调出“打开”对话框，最后在对话框中选定所需的类库文件，并单击“确定”按钮。要使“表单控件”工具栏重新显示 Visual FoxPro 基类，可选择“查看类”按钮弹出的菜单中的“常用”命令。

“表单控件”工具栏可以通过单击“表单设计器”工具栏中的“表单控件工具栏”按钮或通过“显示”菜单中的“工具栏”命令打开和关闭。

4. “表单设计器”工具栏

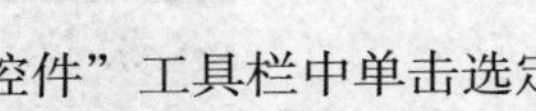

“表单设计器”工具栏内含“设置 Tab 键次序”、“数据环境”、“属性窗口”、“代码窗口”、“表单控件工具栏”、“调色板工具栏”、“布局工具栏”、“表单生成器”和“自动格式”等按钮，如图 6-5 所示。“表单设计器”工具栏可以通过“显示”菜单中的“工具栏”命令打开和关闭。

图 6-5 “表单设计器”工具栏

5. 表单菜单

表单菜单中的命令主要用于创建、编辑表单或表单集，如为表单增加新的属性或方法等。

6.3　创建与管理表单

创建表单可以利用表单设计器（或者表单向导）来创建表单文件，并通过运行表单文件来生成表单对象。

6.3.1　创建表单

创建表单一般有两种途径：使用表单向导创建，或使用表单设计器创建、设计新的表单或修改已有的表单。

1. 使用表单向导创建表单

Visual FoxPro 提供了两种表单向导来帮助用户创建表单。表单向导适合于创建基于一个表的表单；“一对多表单向导”适合于创建基于两个具有一对多关系的表的表单。调用表单向导的方法是：在“项目管理器”窗口中选择“文档”选项卡，选择其中的“表单”图标，然后单击“新建”按钮，系统弹出“新建表单”对话框，单击“表单向导”图标按钮，打开“向导选取”对话框，选择要使用的向导，然后单击“确定”按钮。

不管调用哪种表单向导，系统都会打开相应的对话框，一步一步地向用户询问一些简单的问题，并根据用户的回答自动创建表单。创建的表单将包含一些控件用以显示表中记录和字段中的数据，表单还会包含一组按钮。用户通过这组按钮，可以实现对表中数据的浏览、查找、添加、编辑、删除以及打印等操作。

【例 6-1】 利用表单向导创建一个以建立“学生表”记录录入和修改的表单，名为“输入和修改学籍记录”。

操作步骤如下：

第一步：使用“文件”菜单的“新建”命令，打开“新建”对话框，在对话框中选择想要建立的文件类型“表单”，然后单击“向导”按钮，打开“向导选取”对话框，如图 6-6 所示。

第二步：选择使用的向导。在向导选取对话框中有两种选择，其中“表单向导”用于由单个表创建表单；“一对多表单向导”用于由两个建立关系的表单，从而以父表为主，同时编辑两个表中的记录。本题选择“表单向导”，然后单击“确定”按钮进入表单向导。

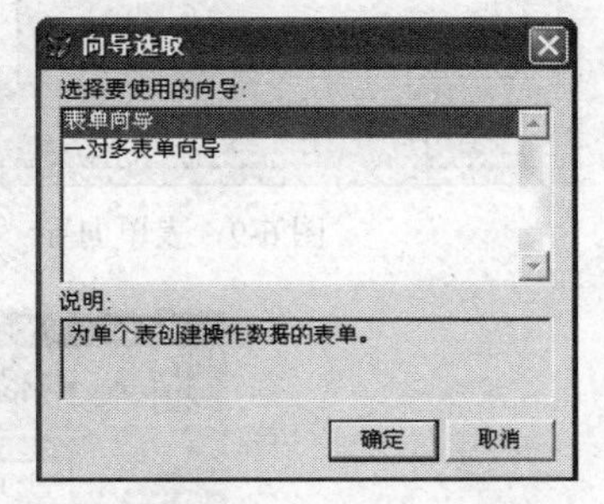

图 6-6　“向导选取”对话框

第三步：字段选择。在表单向导“步骤 1”（见图 6-7）中，可以选择在表单上显示哪些字段。该题选择“学生成绩管理”数据库中“学生表”的全部字段。然后单击“下一步”按钮。

第四步：选择表单样式。在表单向导“步骤 2”（见图 6-8）中可以选择表单样式和表单中按钮的类型。该题选择“浮雕式”样式和“文本按钮”按钮类型。然后单击“下一步”按钮。

第五步：确定排序次序。在表单向导的“步骤 3”（见图 6-9）中用于选择在表单中是否按顺序显示记录。方法是从“可用的字段或索引标识”中选择字段“学号”，单击“添加”按钮，将它添加到“选定字段”框中。然后单击“下一步”按钮。

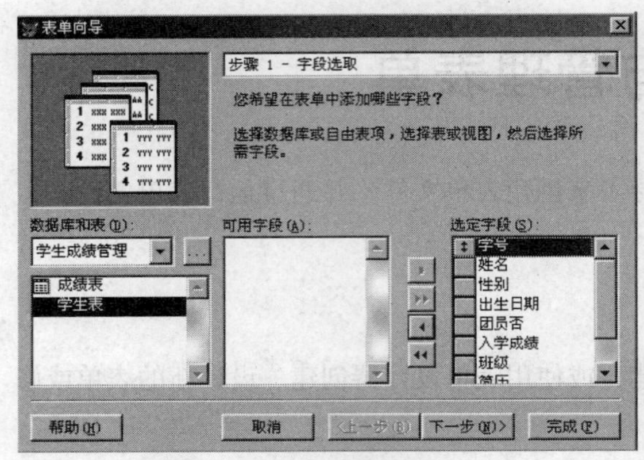

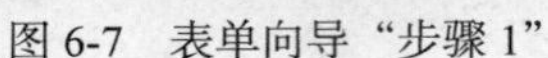

图 6-7 表单向导“步骤 1”

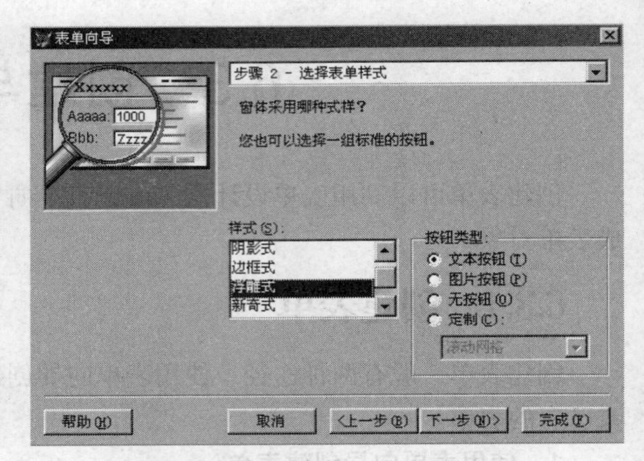

图 6-8 表单向导“步骤 2”

第六步：完成。在表单向导的“步骤 4”（见图 6-10）中，在“请输入表单标题”框中输入“输入和修改学籍记录”，然后单击“预览”按钮，预览表单的运行结果。如果对结果不满意，可以单击“上一步”按钮退回上面的步骤进行修改。如果对结果满意，就可以选择一种保存方式，该题选择“保存并运行表单”单选按钮，然后单击“完成”按钮，在随后出现的“另存为”对话框中保存该表单，命名为“输入和修改学籍记录.scx”，接着开始运行表单，表单运行结果如图 6-11 所示。

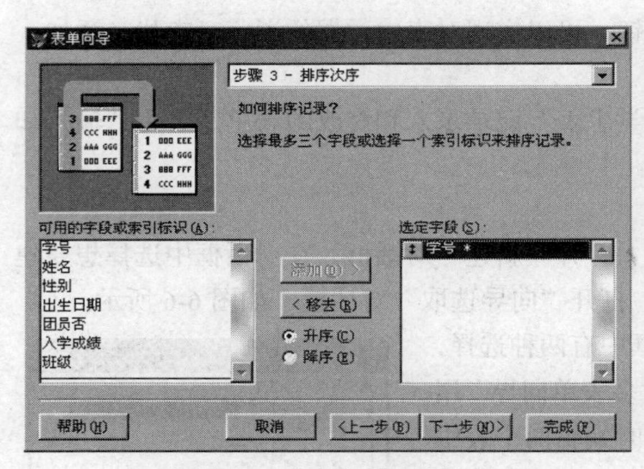

图 6-9 表单向导“步骤 3”

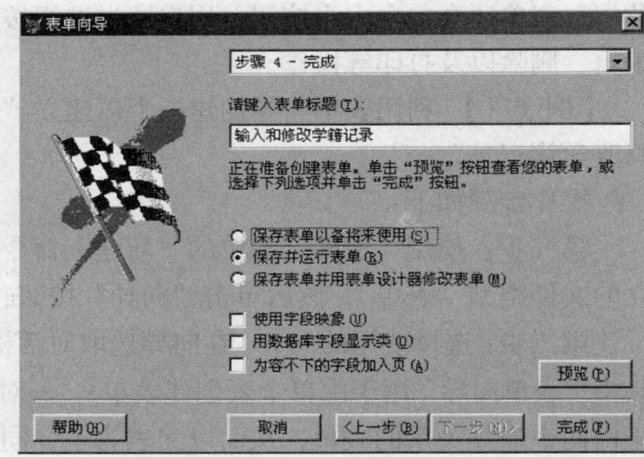

图 6-10 表单向导“步骤 4”

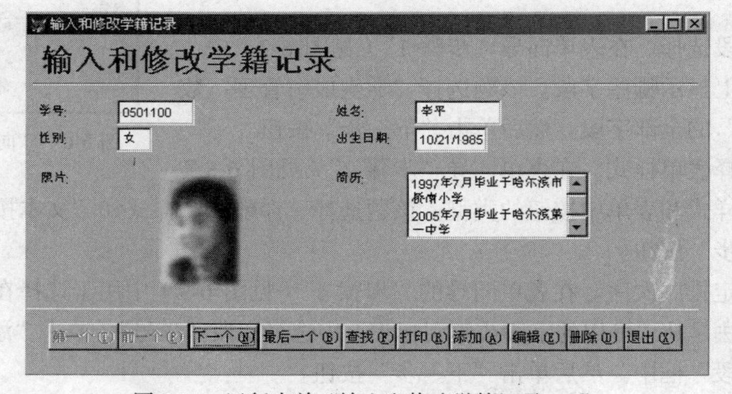

图 6-11 运行表单“输入和修改学籍记录.scx”

2. 使用表单设计器创建表单

可以使用下面 3 种方法中的任何一种调用表单设计器。

方法一：在项目管理器环境下调用。

（1）在“项目管理器”窗口中选择“文档”选项卡，然后选择其中的“表单”图标。

（2）单击“新建”按钮，系统弹出“新建表单”对话框。

（3）单击“新建表单”图标按钮。

方法二：菜单方式调用。

（1）单击“文件”菜单中的“新建”命令，打开“新建”对话框。

（2）选择“表单”文件类型，然后单击“新建文件”按钮。

方法三：命令方式调用。

在命令窗口输入 CREATE FORM <表单文件名> 命令。

不管采用上面哪种方法，系统都将打开“表单设计器”窗口，如图 6-12 所示。在表单设计器环境下，用户可以交互式、可视化地设计完全个性化的表单。

在表单设计器环境下，也可以调用表单生成器，方便、快速地产生表单。

调用表单生成器有 3 种方法：

- 可以通过选择“表单”菜单中的“快速表单”命令。
- 单击“表单设计器”工具栏中的“表单生成器”按钮。
- 右键单击表单窗口，然后在弹出的快捷菜单中选择“生成器”命令。

采用上面任意一种方法后，系统都将打开“表单生成器”对话框，如图 6-13 所示。

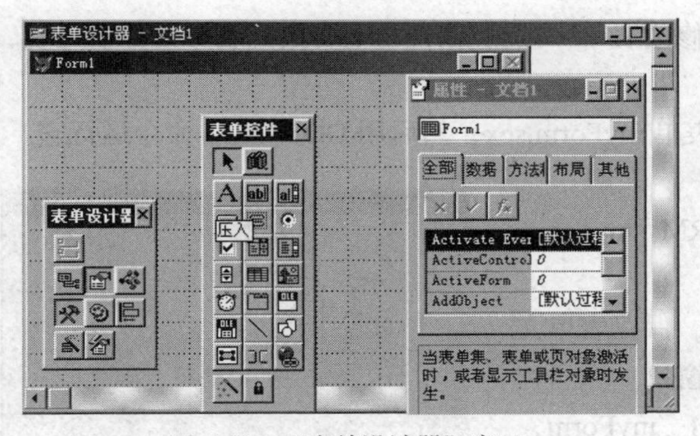

图 6-12 “表单设计器”窗口

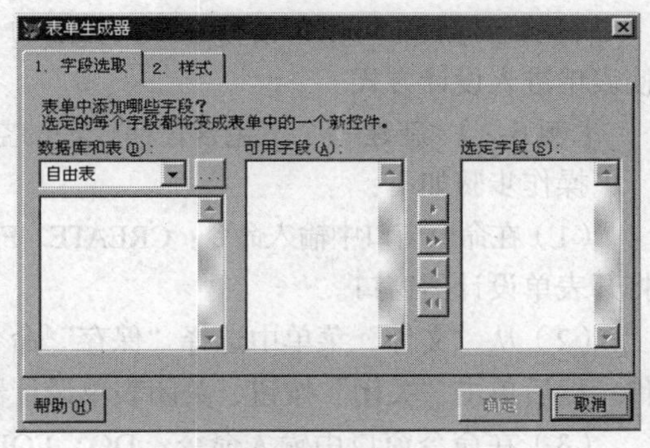

图 6-13 “表单生成器”对话框

在对话框中，用户可以从某个表或视图中选择若干字段，这些字段将以控件形式被添加到表单上。要寻找某个表或数据库，可以单击“数据库和表”下拉列表框右侧的“…”按钮，调出“打开”对话框，然后从中选定需要的文件。在“样式”选项卡中可以为添加的字段控件选择它们在表单上的显示样式。

利用表单生成器生成的表单一般不能满足特定应用的需要，还需要开发者在表单设计器中作进一步的编辑、修改和设计。

表单设计好后，可以将它保存。设计的表单将被保存在一个表单文件和一个表单备注文件里。表单文件的扩展名是.scx，表单备注文件的扩展名是.sct。

3. 修改已有的表单

对于一个已创建的表单，可以使用表单设计器进行编辑修改。

如果要修改项目中的表单，在项目编辑状态下打开要修改的表单文件，进入表单设计器环境进行修改即可。

如果要修改的表单不属于某个项目，可以单击“文件”菜单中的“打开”命令，然后在“打开”对话框中选择需要修改的表单文件，进入表单设计器环境进行修改即可。

或在命令窗口输入命令 MODIFY FORM <表单文件名>。进入表单设计器环境进行修改即可。

在命令窗口输入命令 MODIFY FORM <表单文件名>时，如果命令中指定的表单文件不存在，系统将启动表单设计器创建一个新表单。

---

4. 运行表单

采用以下方法可以运行已创建好的表单文件：

（1）在项目管理器窗口中选择要运行的表单，然后单击窗口里的“运行”按钮。

（2）在表单设计器环境下选择“表单”菜单中的“执行表单”命令，或单击标准工具栏上的“运行”按钮!。

（3）选择“程序”菜单中的“运行”命令，打开“运行”对话框，然后在对话框中指定要运行的表单文件并单击“运行”按钮。

（4）在命令窗口输入命令：

```
DO FORM <表单文件名>
```

表单运行后，可以单击标准工具栏上的“修改表单”按钮，马上切换到表单设计器环境，使表单进入设计方式。

【例 6-2】 新建一个不包含任何控件的空表单 myForm.scx，然后用 DO FORM 命令运行它。

操作步骤如下：

（1）在命令窗口中输入命令：CREATE FORM myForm，打开表单设计器窗口。

（2）从“文件”菜单中选择“保存”命令，保存表单文件，然后单击“关闭”按钮，关闭表单设计器窗口。

（3）在命令窗口中输入命令：DO FORM myForm，此时，表单显示在屏幕上，如图 6-14 所示。

图 6-14 新建的空表单

6.3.2 表单属性、事件和方法

Visual FoxPro 为表单对象定义了多种属性、方法和事件。通过设置表单的属性可以确定表单本身的特征。另外，往往需要通过设置表单的属性、方法和事件，为表单中的控件提供变量定义和初始数据。

1. 常用的表单属性

表单属性大约有 100 个，但绝大多数很少用到。表 6-2 列出常用的一些表单属性，这些属性规定了表单的外观和行为。

表 6-2　　常用表单属性

属性	描述	默认值
AlwaysOnTop	指定表单是否总是位于其他打开窗口之上	.F.
AutoCenter	指定表单初始化时是否自动在 Visual FoxPro 主窗口内居中显示	.F.
BackColor	指明表单窗口的颜色	255,255,255
BorderStyle	指定表单边框的风格	3
Caption	指明显示于表单标题栏上的文字	Form1
Closable	指定是否可以通过单击“关闭”按钮或双击控制菜单框来关闭表单	1
DataSession	指定表单里的表是在缺省的全局能访问的工作区打开	1
MaxButton	确定表单是否有最大化按钮	.T.
MinButton	确定表单是否有最小化按钮	.T.
Movable	确定表单是否能够移动	.T.
Scrollbars	指定表单滚动条的类型：0（无）、1（水平）、2（垂直）、3（既水平又垂直）	0
WindowState	指明表单的状态：0（正常）、1（最小化）、2（最大化）	0
WindowType	指定表单是模式表单还是非模式表单	0

2. 常用事件

表 6-3 给出了 Visual FoxPro 常用的事件集的分类列表。

表 6-3　　Visual FoxPro 常用的事件集

类别	事件	何时事件被激发
鼠标事件	Click	使用鼠标（主按钮）或键盘单击控件
	Dbclick	使用鼠标（主按钮）双击控件
	MouseDown	按下鼠标左键时发生
	MouseUp	释放鼠标左键时发生
	MouseMove	鼠标指针在对象上移动时发生
	DragDrop	用鼠标将某个控件拖放到另一个控件上并释放鼠标按钮时发生
	DragOver	控件拖过目标对象时发生
	DropDown	单击组合框的下箭头后，列表部分即将下拉时发生
	Scrolled	表格控件中，水平或垂直的滚动条中的滚动块被移动时发生
	DownClick	单击控件向下箭头时发生
	UpClick	单击控件向上箭头时发生
	RightClick	单击鼠标右键时发生
键盘事件	Keypress	按下并释放键盘上的某键时发生具有焦点的对象接收该事件
改变控件内容事件	InteractiveChange	使用键盘或鼠标改变控件的值时发生
	ProgrammaticChange	在代码中更改一个控件的值时发生
控件焦点事件	Gotfocus	控件接收到焦点时发生
	Lostfocus	控件失去焦点时发生
	When	控件接收到焦点之前发生
	Valid	控件失去焦点之前发生

续表

类别	事件	何时事件被激发
表单事件	Load	创建表单或表单集时发生
	Unload	在表单或表单集释放时发生
	Activate	单击表单、表单集、页对象或显示工具栏时发生
	Deactivate	当容器因为所包含的对象没有焦点而不再处于活动状态时发生
	Paint	当表单或工具栏重画时发生
	Resize	调整对象大小时发生
数据环境事件	AfterCloseTable	数据环境中的表或视图关闭之后发生
	BeforeOpenTable	与表单集表单或报表的数据环境相关联的表或视图打开之前发生
其他事件	Timer	当经过 Interval 属性中指定的毫秒数时发生
	Init	创建对象时发生
	Destory	释放对象时发生
	Error	当某方法出错时发生

3. 常用方法

（1）Release 方法

将表单从内存中释放（清除）。比如表单有一个命令按钮，如果希望单击该命令按钮时关闭表单,就可以将该命令按钮的 Click 事件代码设置为 ThisForm.Release。

（2）Refresh 方法

重新绘制表单或控件，并刷新它的所有值。当表单被刷新时，表单上的所有控件也都被刷新。当页框被刷新时，只有活动页被刷新。

（3）Show 方法

用于显示表单。该方法将表单的 Visible 属性设置为.T.，并使表单成为活动对象。

（4）Hide 方法

用于隐藏表单。该方法将表单的 Visible 属性设置为.F.。

（5）SetFocus 方法

让控件获得焦点，使其成为活动对象。如果一个控件的 Enabled 属性值或 Visible 属性值为.F.，将不能获得焦点。

4. 编辑方法或事件代码

在表单设计器环境下要编辑方法或事件的代码，可以按下列步骤进行：

（1）首先打开代码窗口。打开代码窗口有 3 种方法：

- 选择“显示”菜单中的“代码”命令，打开代码编辑窗口。
- 单击“表单设计器”工具栏中的“代码”按钮，打开代码编辑窗口。
- 用鼠标左键双击需要编写代码的对象，打开代码编辑窗口。

代码编辑窗口如图 6-15 所示。

（2）从“对象”框中选择方法或事件所属的对象（表单或表单中的控件）。

（3）从“过程”框中指定需要编辑的方法或事件。

（4）在编辑区输入或修改方法或事件的代码。

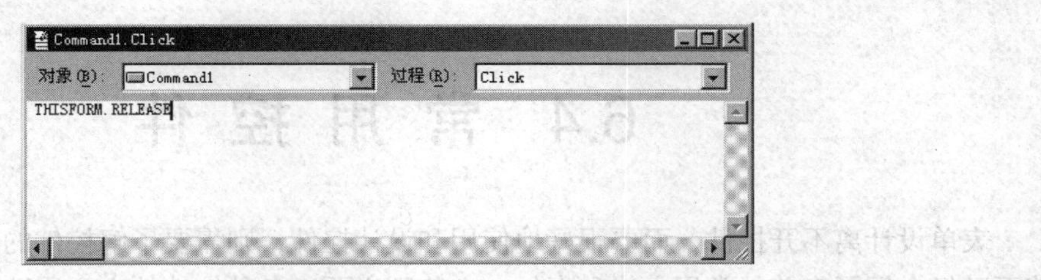

图 6-15 代码编辑窗口

5. 数据环境

为数据库应用系统创建的表单都拥有自己的数据环境，数据环境和表单保存在一起。将数据表添加到表单的数据环境中，再运行该表单时，Visual FoxPro 将自动打开数据环境中的表或视图，并在关闭该表单时自动关闭它们。在表单中创建可以和数据绑定的对象时，就可以在该对象“属性”窗口的“ControlSource”属性列表中找到“数据环境”中打开的所有表和视图的全部字段。

可以利用“数据环境设计器”设置和修改表单的数据环境。打开“数据环境设计器”的方法有三种：

- 在表单设计器环境下，单击表单设计器工具栏上的“数据环境”按钮，即可打开“数据环境设计器”窗口（见图 6-16）；
- 选择“显示”菜单中的“数据环境”命令，也可打开“数据环境设计器”窗口；
- 在表单中单击鼠标右键，从快捷菜单中选择“数据环境”命令，进入“数据环境设计器”窗口。

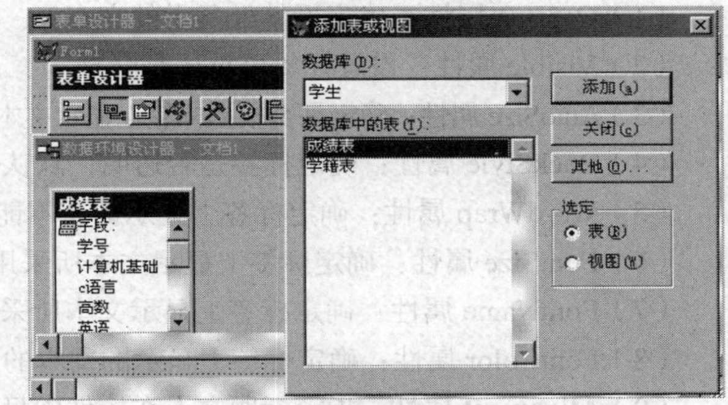

图 6-16 “数据环境设计器”窗口

在打开“数据环境设计器”窗口时，Visual FoxPro 显示“数据环境”菜单，如图 6-17 所示。使用“数据环境”菜单可以添加、移去和浏览数据表。

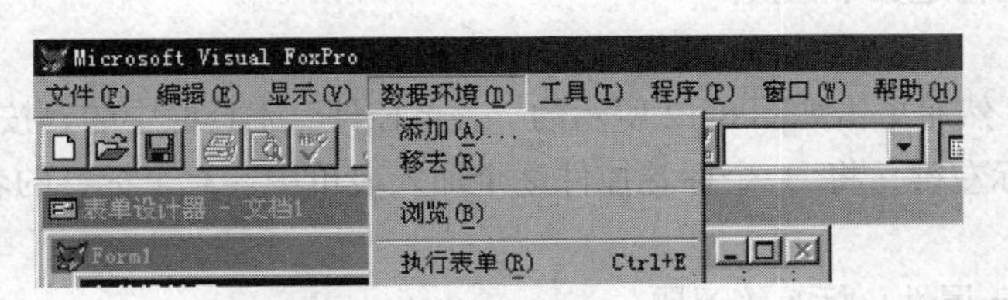

图 6-17 “数据环境”菜单

单击“添加”菜单项，弹出“添加表或视图”对话框（见图 6-16），用于将表或视图添加到数据环境中，或在“数据环境设计器”窗口中单击鼠标右键，在弹出的快捷菜单中，选择“添加”命令，同样会弹出“添加表或视图”对话框。

选中数据表，单击“移去”菜单命令，或在“数据环境设计器”窗口中单击鼠标右键，在弹出的快捷菜单中单击“移去”命令，可以将数据表移出数据环境。

单击“浏览”菜单命令，或在“数据环境设计器”窗口中单击鼠标右键，在弹出的快捷菜单中选择“浏览”命令，弹出“浏览”窗口，可以看到数据环境中的全部表和表间关系。

6.4 常 用 控 件

表单设计离不开控件，而要很好地使用和设计控件，则需要了解控件的属性、方法和事件。前面已经介绍了表单的常用方法和事件。本节则主要以各种控件的主要属性为线索，分别介绍常用表单控件属性和事件的使用和设计。

6.4.1 标签

标签（Label）是用以显示文本的图形控件，被显示的文本在 Caption 属性中指定，称为标题文本。标签的标题文本不能在屏幕上直接编辑修改，但可以在代码中通过重新设置 Caption 属性间接修改。标签标题文本最多可包含的字符数目是 256。

标签具有自己的一套属性、方法和事件，能够响应绝大多数鼠标事件。

常用的标签属性及其作用如下。

（1）Caption 属性：确定标签处显示的文本。

（2）Visible 属性：设置标签可见还是隐藏。

（3）AutoSize 属性：确定是否根据标签上显示文本的长度，自动调整标签大小，默认值为假（.F.）。

（4）BackStyle 属性：确定标签是否透明，默认值为 1，即不透明。

（5）WordWrap 属性：确定标签上显示的文本能否换行，默认值为.F.。

（6）FontSize 属性：确定标签上显示文本所采用的字号。

（7）FontName 属性：确定标签上显示文本所采用的字体。

（8）FontColor 属性：确定标签上显示的文本的颜色。

（9）Alignment 属性：指定标题文本在控件中显示的对齐方式。设置值为 0，左对齐；设置值为 1，右对齐；设置值为 2，中央对齐。

【例 6-3】 创建如图 6-18 所示的表单。表单中有 3 个标签。当用鼠标单击任何一个标签时，都使其他两个标签的标题文本互换。

操作步骤如下：

（1）创建表单，然后单击如图 6-12 所示的“表单控件”工具栏中的A按钮，在表单的合适位置上拖动或单击鼠标左键，将 3 个标签控件逐个加入表单中。3 个标签的名称分别是 Label1、Label2、Label3。

Form1 的 caption 属性：标签练习题。

（2）分别为 3 个标签控件设置属性。

Label1：Caption 属性：欢迎，FontSize 属性：22 号，FontName 属性：宋体。

Label2：Caption 属性：谢谢，FontSize 属性：22 号，FontName 属性：楷体。

Label3：Caption 属性：再见，FontSize 属性：22 号，FontName 属性：隶书。

（3）分别为 3 个标签控件设置 Click 事件代码。

① 标签 Label1 的 Click 事件代码为：

```
t=thisform.label2.caption
thisform.label2.caption=thisform.label3.caption
thisform.label3.caption= t
```

② 标签 Label2 的 Click 事件代码为：

```
t=thisform.label1.caption
thisform.label1.caption=thisform.label3.caption
thisform.label3.caption= t
```

③ 标签 Label3 的 Click 事件代码为：

```
t=thisform.label1.caption
thisform.label1.caption=thisform.label2.caption
thisform.label2.caption= t
```

运行结果如图 6-18 所示。

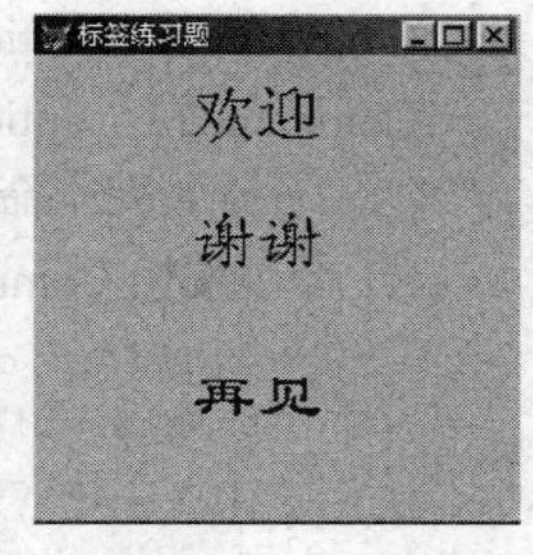

图 6-18　示例表单

6.4.2　命令按钮控件

命令按钮控件（Command）用于创建单个命令按钮，命令按钮用来启动某个事件代码，完成特定功能。如关闭表单、移动记录指针、打印报表等。

常用的命令按钮属性及其作用如下。

（1）Caption 属性：用于设置按钮的标题。在设置命令按钮对象的“Caption”属性时，输入“\<”和一个组合键字符可指定其组合键。在表单上同时按 Alt 键和快捷字符可以完成单击此按钮的功能。例如，将 Command1 按钮的“Caption”属性设置为“退出（\<Q）”，在运行表单时，即可以通过“Alt+Q”组合键完成单击此按钮的作用。该属性适用于绝大多数控件。

（2）Enabled 属性：指定表单或控件能否响应由用户引发的事件。默认值为.T.，即对象是有效的，能被选择，能响应用户引发的事件。

Enabled 属性使得用户（程序）可以根据应用的当前状态随时决定一个对象是有效的还是无效的，也可以限制一个对象的使用，如用一个无效的编辑框（Enabled=.F.）来显示只读信息。该属性在设计和运行时可用，适用于绝大多数控件。

如果一个容器对象的 Enabled 属性值为.F.，那么它里面的所有对象也都不会响应用户引发的事件，而不管这些对象的 Enabled 属性值如何。

（3）Visible 属性：指定对象是可见还是隐藏。在表单设计器中，默认值为.T.，即对象是可见的。在程序代码中，默认值为.F.，即对象是隐藏的。但一个对象即使是隐藏的，在代码中仍可以访问它。

该属性在设计和运行时可用，适用于绝大多数控件。

（4）Piction 属性：定义图形化按钮的面版图型。

【例 6-4】 创建如图 6-19 所示的表单。在表单下部设置两个命令按钮，其中一个用于退出表单的运行；另一个控制信息显示：当该按钮上标注“显示”字样时，单击则显示信息行“欢迎使用 VFP6.0”，同时该按钮的标题改为“不显示”，再单击“不显示”按钮，则表单取消刚才的信息且该按钮的标题又改为“显示”。

操作步骤如下：

（1）创建表单，然后在表单中添加一个标签按钮（Label1）、两个命令按钮（Command1、Command2），它们可以从“表单控件”工具栏窗口中获得。

（2）分别为表单、一个标签控件、两个命令按钮设置属性。

Form1 的 Caption 属性：命令按钮控件练习题。

Label1：Caption 属性：欢迎使用 VFP6.0，FontSize 属性：22 号，FontName 属性：隶书。

Command1：Caption 属性：不显示（\<A），FontSize 属性：9 号，FontName 属性：宋体。

Command2：Caption 属性：退出（\<Q），FontSize 属性：9 号，FontName 属性：宋体。

（3）分别为两个命令按钮（Command1、Command2）控件设置 Click 事件代码。

① 命令按钮 Command1 的 Click 事件代码为：

```
if thisform.command1.caption="不显示"
   thisform.label1.caption=" "
   thisform.command1.caption="显示"
else
   thisform.label1.caption="欢迎使用 VFP6.0"
   thisform.command1.caption="不显示"
endif
```

② 命令按钮 Command2 的 Click 事件代码为：

```
thisform.release
```

表单运行结果如图 6-19 所示。

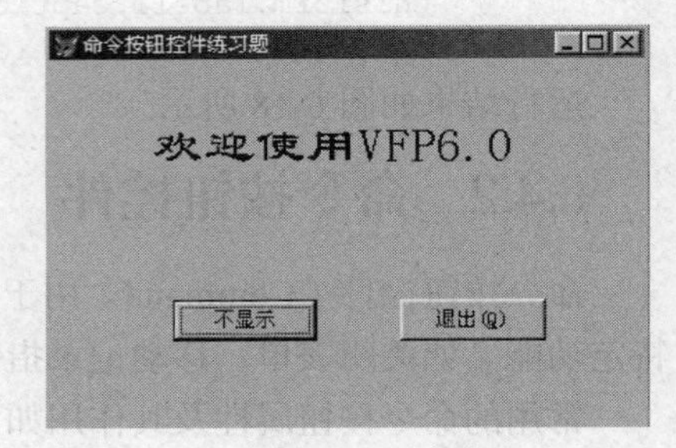

图 6-19 示例表单

6.4.3 命令按钮组控件

命令按钮组控件（CommandGroup）是包含一组命令按钮的容器控件，用户可以单个或作为一组来操作其中的按钮。

在表单设计器中，为了选择命令组中的某个按钮，以便为其单独设置属性、方法或事件，可采用以下两种方法：一是从属性窗口的对象下拉式组合框中选择所需的命令按钮；二是用鼠标右键单击命令组，然后从弹出的快捷菜单中选择“编辑”命令，这样命令组就进入了编辑状态，用户可以通过鼠标单击来选择某个具体的命令按钮。这种编辑操作方法对其他如选项组控件、表格控件同样适用。

（1）ButtonCount 属性：指定命令组中命令按钮的数目。在表单中创建一个命令组时，ButtonCount 属性的默认值是 2，即包含两个命令按钮。可以通过改变 ButtonCount 属性的值来重新设置命令组中包含的命令按钮数目。例如，要想使一个命令组包含 4 个按钮，可将 ButtonCount 属性值设置为 4。

设置命令按钮组的最简便的方法是使用命令按钮组生成器，如图 6-20 所示。其中有两个选项卡：①“按钮”选项卡用于输入按钮的个数以及各个按钮的标题；②“布局”选项卡用于选择按钮排列的格局。

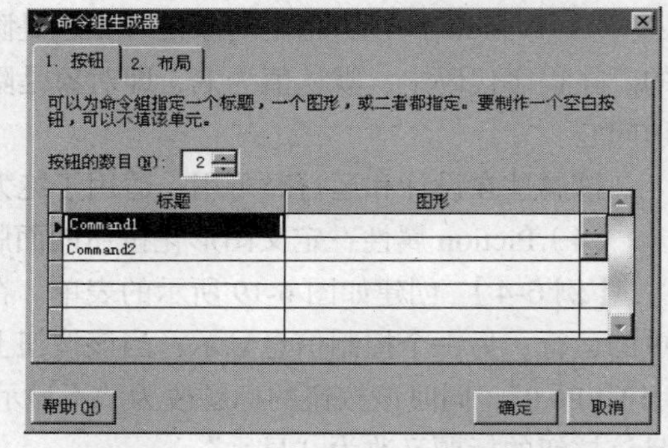

图 6-20 “命令组生成器”对话框

（2）Buttons 属性：用于存取命令组中各按钮的数组。该属性数组在创建命令组时建立，用户可以利用该数组为命令组中的命令按钮设置属性或调用其方法。例如，下面这行代码可以放在与命令组 myCommandG 处于同一表单中的某个对象的方法或事件代码中，将命令组中的第 2 个按钮设置成隐藏的：

```
Thisform.myCommandG.Buttons(2).Visible=.F.
```

属性数组下标的取值范围应该在 1～ButtonCount 属性值之间。

（3）Value 属性：指定命令组当前的状态。该属性的类型可以是数值型的（这是默认的情况），也可以是字符型的。若为数值型值 n，则表示命令组中第 n 个命令按钮被选中；若为字符型值 c，则表示命令组中 Caption 属性值为 c 的命令按钮被选中。

如果命令组内的某个按钮有自己的 Click 事件代码，那么一旦单击该按钮，就会优先执行为它单独设置的代码，而不会执行命令组的 Click 事件代码。

6.4.4　文本框控件

文本框控件(Text)也是最常用的控件，使用文本框能够进行多种类型数据的输入和输出。

文本框的主要应用是对表中非备注字段中的数据进行显示和编辑，这需要将文本框的 ControlSource 属性设置成表的某个字段。运行表单时，文本框显示当前记录的 ControlSource 属性所指定的字段的数据，并将用户修改后的数据保存到字段中，同时将改变文本框的 Value 属性值。

可以控制向文本框中输入数据的格式。如果是字符型数据，可用 InputMask 属性设置对输入字符的限制。例如，将 InputMask 属性设置为 999，999.99 可限制用户在输入时只能向这个格式中“9”的位置填充数字，构成输入字符串。如果是逻辑型数据，把 InputMask 属性设置为“Y”，文本框中只能接受用户键入的“Y”或“N”，而不接受输入“T”或“F”。对于日期数据，可用 Century 属性设置年份的前两个数字是否显示。

常用的文本框属性和事件如下。

（1）ControlSource 属性：利用该属性为文本框指定一个字段或内存变量。运行时，文本框首先显示该变量的内容。而用户对文本框的编辑结果也会最终保存到该变量中。

（2）Value 属性：返回文本框的当前内容。对文本框 Value 属性的设置决定了运行表单时在文本框中显示的数据的值和类型。文本框中的数据可以是数值、字符、日期或逻辑型的。如果设计表单时未设置 Value 属性值，则运行表单时默认输入的是字符型数据。表单上文本框控件的长度限制了输入文本框中的字符型数据或数值型数据的长度及大小。在文本框中输入的字符型数据或数值型数据的最大长度和大小还受相应数据类型的限制。运行表单时，当文本框获得焦点时用户就可修改数据，当移走焦点或按下 Enter 键就结束数据的输入，对文本框数据的修改将改变 Value 属性值。该属性的默认值是空串，如果 ControlSource 属性指定了字段或内存变量，则该属性将与 Controlsource 属性指定的变量具有相同的数据和类型。

（3）PasswordChar 属性：利用该属性可在文本框中接收用户密码，可以把它设置为“*”或其他的一般字符。这样，在运行表单时，文本框的 Value 和 Text 属性可以接受用户真正输入的信息，而在屏幕上显示的却是 PasswordChar 所指定的字符。这在设计登录口令框时经常用到。

（4）Readonly 属性：该属性为.T.时，文本框显示为灰色，表明不可编辑其中的数据。

（5）InPutMask 属性：指定在一个文本框中如何输入和显示数据。

（6）Valid 事件：若要检查用户输入文本框的值，可以编写 Valid 事件代码，利用代码来检查数据。

【例 6-5】 创建如图 6-21 所示的表单，利用文本框输入圆的半径，再单击“计算”按钮输出圆的面积和周长。

操作步骤如下：

（1）创建表单，然后在表单中添加 3 个标签控件（Label1、Label2、Label3）、两个命令按钮控件（Command1、Command2）、3 个文本框控件(Text1、Text2、Text3)，它们可以从“表单控件”工具栏窗口中获得。

（2）分别为表单、3 个标签控件、两个命令按钮控件、3 个文本框控件设置属性。

Form1 的 Caption 属性：计算圆周长和面积。

Label1：Caption 属性：输入圆的半径:，FontSize 属性：14 号，FontName 属性：宋体。

Label2：Caption 属性：输出圆的周长:，FontSize 属性：14 号，FontName 属性：宋体。

Label3：Caption 属性：输出圆的面积:，FontSize 属性：14 号，FontName 属性：宋体。

Command1：Caption 属性：计算（\<A），FontSize 属性：9 号，FontName 属性：宋体、加粗。

Command2：Caption 属性：退出（\<Q），FontSize 属性：9 号，FontName 属性：宋体、加粗。

Text1、Text2、Text3：Value 属性：0。

（3）分别为两个命令按钮（Command1、Command2）控件设置 Click 事件代码。

① 命令按钮 Command1 的 Click 事件代码为：

```
thisform.text2.value=thisform.text1.value*2*3.14
thisform.text3.value=thisform.text1.value**2*3.14
```

② 命令按钮 Command2 的 Click 事件代码为：

```
thisform.release
```

表单运行结果如图 6-21 所示。

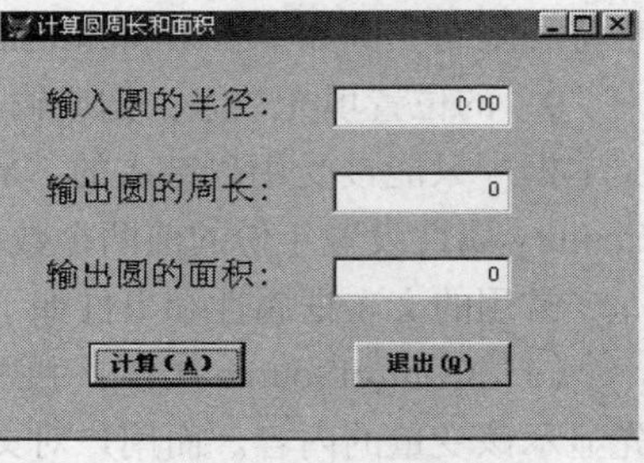

图 6-21　示例表单

【例 6-6】 创建一个如图 6-22 所示的检验口令的表单。如果输入正确的口令“ch-101”，就会显示“口令正确”，否则显示“口令错误”。

操作步骤如下：

（1）创建表单，然后在表单中添加两个标签控件（Label1、Label2）、两个命令按钮控件（Command1、Command2）、一个文本框控件(Text1)，它们可以从“表单控件”工具栏窗口中获得。

（2）分别为表单、两个标签控件、两个命令按钮控件、一个文本框控件设置属性。

Form1 的 Caption 属性：检验口令。

Label1：Caption 属性：请输入口令:，FontSize 属性：14 号，FontName 属性：宋体。

Label2：Caption 属性设为空，FontSize 属性：14 号，FontName 属性：宋体。

Command1：Caption 属性：确定（\<A），FontSize 属性：9 号，FontName 属性：宋体。

Command2：Caption 属性：退出（\<Q），FontSize 属性：9 号，FontName 属性：宋体。

Text1：PasswordChar 属性：“*”。

（3）分别为两个命令按钮（Command1、Command2）控件设置 Click 事件代码。

① 命令按钮 Command1 的 Click 事件代码为：

```
IF thisform.text1.value="CH-101"
  thisform.Label2.caption="口令正确!"
else
  thisform.Label2.caption="口令错误!"
endif
```

② 命令按钮 Command2 的 Click 事件代码为：

```
thisform.release
```

表单运行结果如图 6-22 所示。

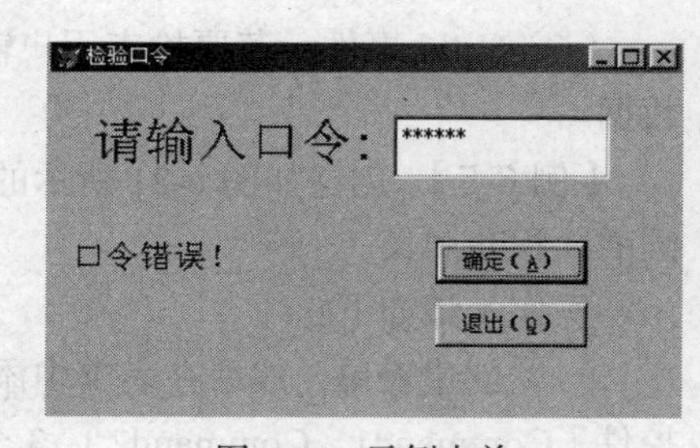

图 6-22　示例表单

【例 6-7】 创建一个如图 6-23 所示的浏览和输入记录的表单，用命令按钮组控制记录的指针。

操作步骤如下：

（1）创建表单，然后在表单中添加 3 个标签控件（Label1、Label2、Label3）、一个命令按钮组控件（CommandGroup1）、3 个文本框控件(Text1、Text2、Text3)，它们可以从“表单控件”工具栏窗口中获得。

（2）为表单设计数据环境。打开数据环境设计器，向数据环境中添加“学生表”。

（3）分别为表单、3 个标签控件、一个命令按钮组控件、一个文本框控件设置属性。

Form1 的 Caption 属性：浏览和输入记录；

Label1：Caption 属性：学号，FontSize 属性：14 号，FontName 属性：宋体。

Label2：Caption 属性：姓名，FontSize 属性：14 号，FontName 属性：宋体。

Label3：Caption 属性：入学成绩，FontSize 属性：14 号，FontName 属性：宋体。

CommandGroup1：

Command1：Caption 属性：首记录，FontSize 属性：9 号，FontName 属性：宋体。

Command2：Caption 属性：上一记录，FontSize 属性：9 号，FontName 属性：宋体。

Command3：Caption 属性：下一记录，FontSize 属性：9 号，FontName 属性：宋体。

Command4：Caption 属性：末记录，FontSize 属性：9 号，FontName 属性：宋体。

Command5：Caption 属性：添加，FontSize 属性：9 号，FontName 属性：宋体。

Command6：Caption 属性：删除，FontSize 属性：9 号，FontName 属性：宋体。

Command7：Caption 属性：退出，FontSize 属性：9 号，FontName 属性：宋体。

Text1：Controlsource 属性：学生表.学号。

Text2：Controlsource 属性：学生表.姓名。

Text3：Controlsource 属性：学生表.入学成绩。

（4）分别为命令按钮组（CommandGroup1）控件设置 Click 事件代码。

① 命令按钮组中 Command1 的 Click 事件代码为：

```
go top
thisform.refresh
```

② 命令按钮组中 Command2 的 Click 事件代码为：

```
skip -1
thisform.refresh
```

③ 命令按钮组中 Command3 的 Click 事件代码为：

```
skip
thisform.refresh
```

④ 命令按钮组中 Command4 的 Click 事件代码为：

```
go bottom
thisform.refresh
```

⑤ 命令按钮组中 Command5 的 Click 事件代码为：

```
append
```

⑥ 命令按钮组中Command6的Click事件代码为：

```
delete
```

⑦ 命令按钮组中 Command7 的 Click 事件代码为：

```
thisform.release
```

表单运行结果如图 6-23 所示。

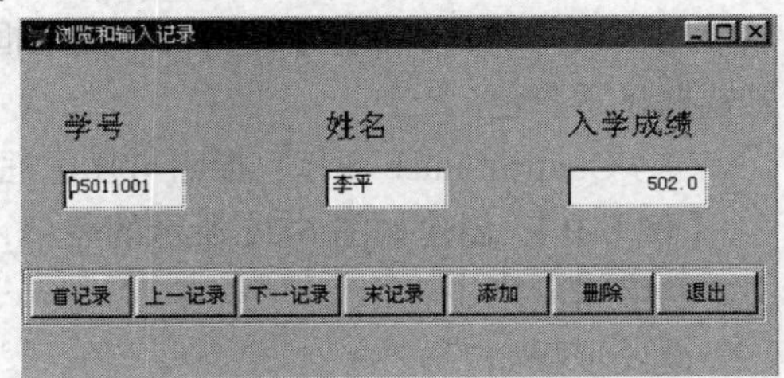

图 6-23　示例表单

6.4.5　编辑框控件

编辑框控件（Edit）实际上是一个完整的字处理器，利用它能够选择、剪切、粘贴以及复制正文；可以实现自动换行，能够有自己的垂直滚动条，可以用箭头键在正文里面移动光标。

编辑框只能输入、编辑字符型数据，包括字符型内存变量、数组元素和字段里的内容。

前面介绍有关文本框的有关属性（不包括 PassWordChar、InputMask 属性）对编辑框同样适用。

除了上述以外，编辑框常用属性还有以下几个。

（1）ControlSource 属性：用于指定编辑框的数据来源，在编辑框中的输入或修改的结果将存放在指定的数据源中。

（2）Readonly 属性：设置用户能否修改编辑框的文本。值为.T.时，不能编辑编辑框中的内容；值为.F.时，允许编辑编辑框的内容，系统默认值为.F.。

（3）ScrollBars 属性：指定编辑框是否具有滚动条。当属性值为 0 时，编辑框没有滚动条，当属性值为 2（默认值）时，编辑框包含垂直滚动条。

【例 6-8】修改【例 6-7】的表单，能够通过编辑框浏览和修改每位同学的备注内容，如图 6-24 所示。

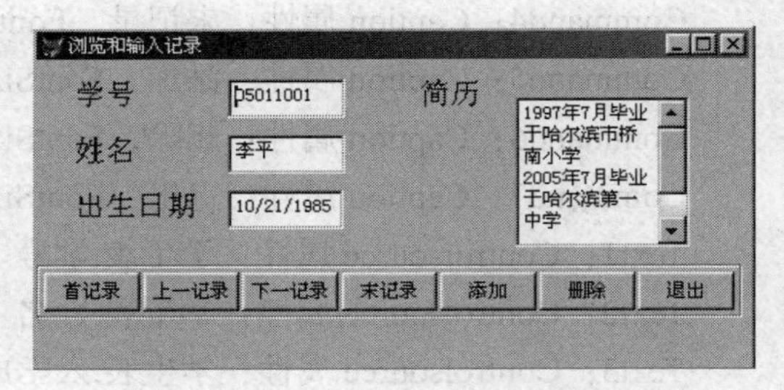

图 6-24　示例表单

操作步骤如下：

在例 6-7 的表单基础上重新安排各控件的位置，如图 6-24 所示。再添加一个标签控件（Label4）、一个编辑框控件(Edit1)，设置好它们的位置。Label4 的 Caption 属性为简历。Edit1 的 controlsource 属性为学生表.简历。命令按钮组（CommandGroup1）控件设置 Click 事件代码不变。

表单运行结果如图 6-24 所示。

6.4.6　复选框控件

复选框控件(Check)用于创建一个复选框，每个复选框都有两个状态，如.T.或.F.。当处于.T.状态时，即选中此复选框，则在复选框前面的方框中显示一个“√”；否则，复选框内为空白。

（1）Caption 属性：用来指定显示在复选框旁边的文字。

（2）Value 属性：用来指明复选框的当前状态，Value 属性的设置有 3 种情况：

① 0 或.F.，复选框呈清除（也称为未选中）状态。

② 1 或.T.，复选框呈选中状态。

③ 2 或.Null.，复选框呈灰色状态。当复选框获得焦点时，只要用户按“Ctrl+0”组合键，就在复选框中输入.NULL.，使复选框显示灰色。

（3）ControlSouce 属性：指明与复选框建立联系的数据源。

【例 6-9】 创建如图 6-25 所示的表单，利用复选框来控制文本的字体风格。

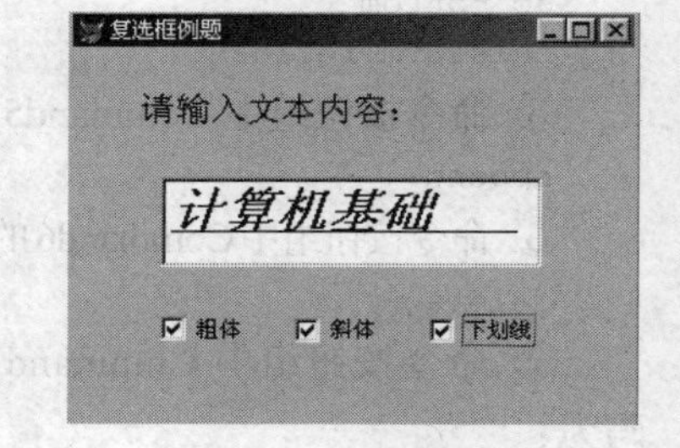

图 6-25　复选框示例

设计步骤如下：

（1）建立表单，添加一个标签控件（Label1）、一个文本控件（text1）及 3 个复选框控件（Check1、

Check2、Check3）。

（2）分别设计各控件的属性。

（3）编写事件代码。

表单的 Activate 事件代码为：

```
thisform.text1.setfocus
```

Check1 的 Click 事件代码为：

```
Thisform.text1.fontbold=this.value
```

Check2 的 Click 事件代码为：

```
Thisform.text1.fontitalic=this.value
```

Check3 的 Click 事件代码为：

```
Thisform.text1.fontunderline=this.value
```

6.4.7　选项组控件

选项组控件（OptionGroup）又称为选项按钮组，是包含选项按钮的一种容器，一个选项组中往往包含若干个选项按钮，但用户只能从中选择一个按钮，当用户选择某个选项按钮时，该按钮即成为被选中状态，而选项组中的其他选项按钮不管原来是什么状态，都变为未选中状态。被选中的选项按钮中会显示一个圆点。

常用的属性如下。

（1）ButtonCount 属性：指定选项组中选项按钮的数目。在表单中创建一个选项组时，ButtonCount 属性的默认值是 2。可以通过改变 ButtonCount 属性的值来重新设置选项组中包含的选项按钮数目。

（2）Value 属性：用于指定选项组中哪个选项按钮被选中。该属性值的类型可以是数值型的，也可以是字符型的。

（3）ControlSource 属性：指明与选项组建立联系的数据源。作为选项组数据源的字段变量或内存变量，其类型可以是数值型或字符型。比如，变量值为数值型 2，则选项组中第 2 个按钮被选中；若变量值为字符型“Option2”，则 Caption 属性值为“Option2”的按钮被选中。用户对选项组的操作结果会自动存储到数据源变量以及 Value 属性中。

设置选项按钮组的最简便的方法是使用选项按钮组生成器，如图 6-26 所示。其中有 3 个选项卡：（1）“按钮”选项卡用于输入按钮的个数以及各个按钮的标题；（2）“布局”选项卡用于选择按钮排列的格局；（3）“值”选项卡用于设置选项组的 ControlSource 属性。

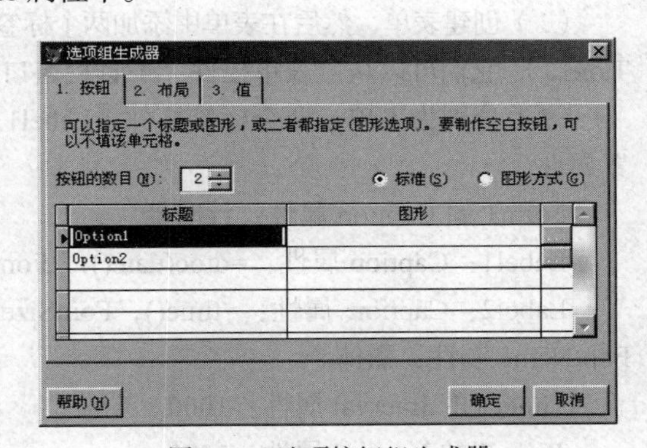

图 6-26　选项按钮组生成器

【例 6-10】 创建如图 6-27 所示的表单：在上面有一个选项按钮组和一个命令按钮（用于退出表单的运行），选项按钮组的标题分别为“学生管理系统”和“教师管理系统”，当选择“学生管理系统”时，表单的标题为“学生管理系统”；当选择“教师管理系统”时，表单标题为“教师管理系统”。

操作步骤如下：

（1）创建表单，然后在表单中添加一个选项按钮组控件（OptionGroup1）、一个命令按钮控件

(Command1)，它们可以从“表单控件”工具栏窗口中获得。

(2)分别为表单、一个选项按钮组控件(OptionGroup1)、一个命令按钮控件设置属性。

Form1 的 Caption 属性：学生管理系统；

Command1：Caption 属性：退出(\<Q)，FontSize 属性：9 号，FontName 属性：宋体；

OptionGroup1：用生成器设置 OptionGroup1 的属性。

(3)编写 OptionGroup1 的 Click 事件代码：

```
IF THISFORM.OPTIONGROUP1.VALUE=1
   THISFORM.CAPTION="学生管理系统"
ELSE
   THISFORM.CAPTION="教师管理系统"
ENDIF
```

表单运行结果如图 6-27 所示。

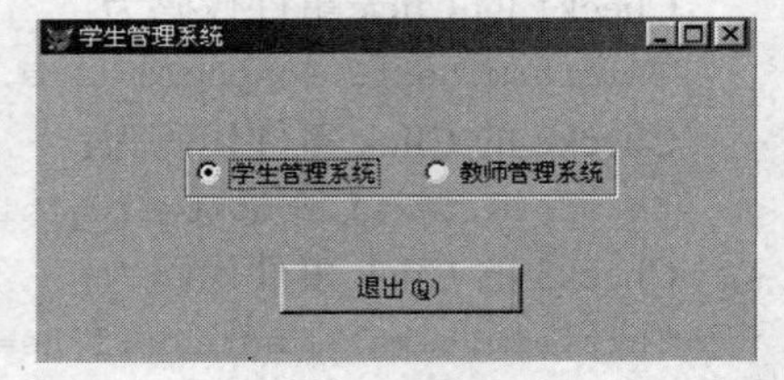

图 6-27　示例表单

6.4.8　计时器控件

计时器控件(Timer)可以进行计时，可以按某个时间间隔周期性地执行指定的操作。

计时器控件的主要属性和事件如下。

(1)Timer 事件：即计时器事件，是在时间间隔到时触发的事件。应该编写该事件的代码，指定完成某个操作。

(2)Interval 属性：用于指定一个时间间隔，即一个计时器事件和下一个计时器事件之间的毫秒数。如果计时器有效，将以近似相等的时间间隔触发计时器事件。

(3)Enabled 属性：若将该属性设置为.T.，计时器就能在表单开始运行时启动计时工作；如果设置 Enabled 属性为.F.，就会挂起计时器的运行，这种情况下，可以使用表单上别的控件的某个事件(如命令按钮的 Click 事件)启动计时器的工作。

计时器控件的一个特点是：在设计时，计时器在表单中是可见的，便于设计者查看和设置计时器属性和编写事件代码；在运行时，计时器不可见。计时器控件在表单上的位置和大小都无关紧要。

【例 6-11】 创建一个计时器，如图 6-28 所示。

操作步骤如下：

(1)创建表单，然后在表单中添加两个标签控件(Label1、Label2)、两个计时器控件(Timer1、Timer2)，它们可以从“表单控件”工具栏窗口中获得。

(2)分别为表单、两个标签控件(Label1、Label2)、两个计时器控件(Timer1、Timer2)设置属性。

Form1 的 Caption 属性：计时器。

Label1：Caption 属性：=dtoc(date())，FontSize 属性：26 号，FontName 属性：黑体。

Label2：Caption 属性：=time()，FontSize 属性：26 号，FontName 属性：黑体。

Timer1 的 Interval 属性：1000。

Timer2 的 Interval 属性：1000。

(3)编写事件代码

Timer1 的 timer 事件代码：thisform.label1.caption=dtoc(date())

Timer2 的 timer 事件代码：thisform.label2.caption=time()

表单运行结果如图 6-28 所示。

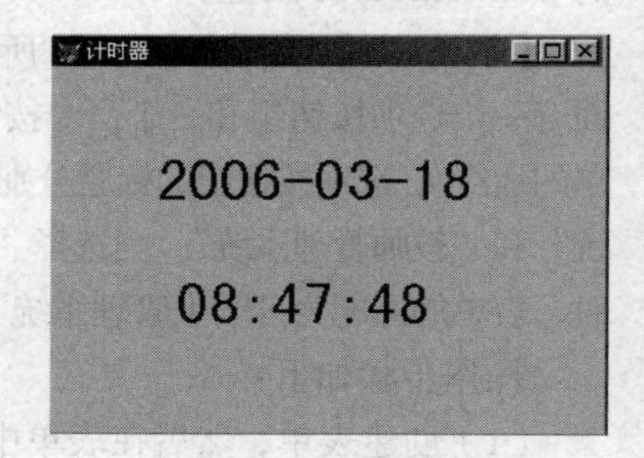

图 6-28　计时器示例

6.4.9　线条、形状和图像控件

形状（Shape）和线条（Line）用于在表单上添加线条、方框、圆或椭圆形状。常用的线条和形状属性如下。

（1）BackColor 属性：确定对象的边框颜色。

（2）BorderStyle 属性：确定对象的边框样式。

（3）BorderWidth 属性：确定对象的边框宽度。

（4）Fillstyle 属性：确定形状对象的填充样式。

（5）FillColor 属性：确定形状对象的填充颜色。

（6）Curvature：确定形状对象的 4 个角的变曲程度，属性值范围是 0（直角）到 99（圆）。

（7）LineSlant：该属性的有效值为斜杠(/)和反斜杠（\）。用于决定当线条既不水平又不垂直时线条倾斜的方向。

（8）SpecialEffect 属性：确定形状是平面的还是三维的。当 Curvature 属性设置为 0 时才有效。

图像（Image）控件用于在表单上显示图像。该控件用在表单中添加作为标志或起装饰作用的图片（.bmp 文件）。

常用属性如下。

（1）Picture 属性：提供在控件上要显示的图片（.bmp 或.ico 文件）。

（2）BorderStyle 属性：决定图像是否具有可见的边框。

（3）Backstyle 属性：决定图像的背景是否透明。

（4）Stretch 属性：如果 Stretch 设置为 0——剪裁，则超出图像控件范围的那一部分图像将不显示；如果 Stretch 设置为 1——等比填充，图像控件将保留图片的原有比例，并在图像控件中显示最大可能显示的图片；如果 Stretch 设置为 2——变比填充，则调整图片到正好与图像控件的高度和宽度相匹配。

【例 6-12】 修改【例 6-7】的表单，能够显示每位同学的照片，如图 6-29 所示。

操作步骤如下：

（1）在例 6-7 的表单基础上重新安排各控件的位置，如图 6-29 所示。再添加一个标签控件（Label4）、一个图像控件(Image1)，设置好它们的位置。Label4 的 Caption 属性为照片。Image1 的 Stretch 属性设置为 2（等比填充）。

（2）重新编写命令按钮组（CommandGroup1）控件 Click 事件代码。

① 命令按钮组中 Command1 的 Click 事件代码为：

```
go top
xh=alltrim(学号)
thisform.image1.piction="c:\zp\&xh..bmp"
thisform.refresh
```

② 命令按钮组中 Command2 的 Click 事件代码为：

```
skip -1
xh=alltrim(学号)
thisform.image1.piction="c:\zp\&xh..bmp"
thisform.refresh
```

③ 命令按钮组中 Command3 的 Click 事件代码为：

```
skip
xh=alltrim(学号)
```

```
thisform.image1.piction="c:\zp\&xh..bmp"
thisform.refresh
```

④ 命令按钮组中 Command4 的 Click 事件代码为：

```
go bottom
thisform.refresh
```

⑤ 命令按钮组中 Command5 的 Click 事件代码为：

```
append
xh=alltrim(学号)
thisform.image1.piction="c:\zp\&xh..bmp"
```

⑥ 命令按钮组中 Command6 的 Click 事件代码为：

```
delete
```

⑦ 命令按钮组中 Command7 的 Click 事件代码为：

```
thisform.release
```

表单运行结果如图 6-29 所示。

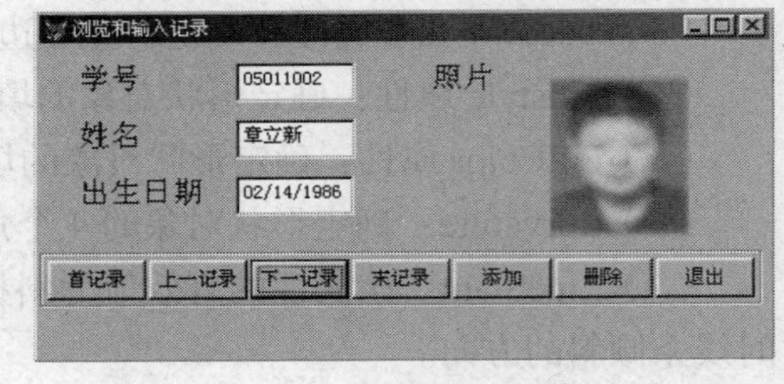

图 6-29　图像控件示例

6.4.10　微调控件

微调控件(Spinner)常用在给定数值范围以及数值间距的情况下，让用户从数值范围内通过上调或下调操作，选择一个值或直接在微调框中输入值。直接在微调框中输入的值应是一个数值。数值范围和数值间距都可以是整数或小数。

常用的微调属性和事件如下。

（1）keyboardHighValue 属性：指定用户能输入微调框中的最高值。

（2）keyboardLowValue 属性：指定用户能输入微调框中的最低值。

（3）SpinnerHighValue 属性：指定当用户单击向上按钮时微调控件显示的最高值。

（4）SpinnerLowValue 属性：指定当用户单击向下按钮时微调控件显示的最低值。

（5）Increment 属性：用户每次单击向上或向下按钮时增加或减少的值（数值间距）。

（6）Value 属性：返回用户输入的值。

（7）UpClick 事件：用户单击向上按钮时响应的事件。

（8）DownClick 事件：用户单击向下按钮时响应的事件。

【例 6-13】 创建如图 6-30 所示的表单，通过微调控件控制图形形状。

操作步骤如下：

（1）创建表单，然后在表单中添加一个形状控件（Shape1）、一个微调控件（Spinner1），它们可以从“表单控件”工具栏窗口中获得。

（2）分别为表单、一个微调控件（Spinner1）设置属性。

Spinner1 的 SpinnerHighValue 属性：99。

Spinner1 的 SpinnerLowValue 属性：0。

（3）为微调控件（Spinner1）编写事件代码。

Spinner1 的 UpClick 事件代码：

```
thisform.shape1.curvature=thisform.spinner1.value+1
```

Spinner1 的 DownClick 事件代码：

```
thisform.shape1.curvature=thisform.spinner1.value-1
```

表单运行结果如图 6-31 所示。

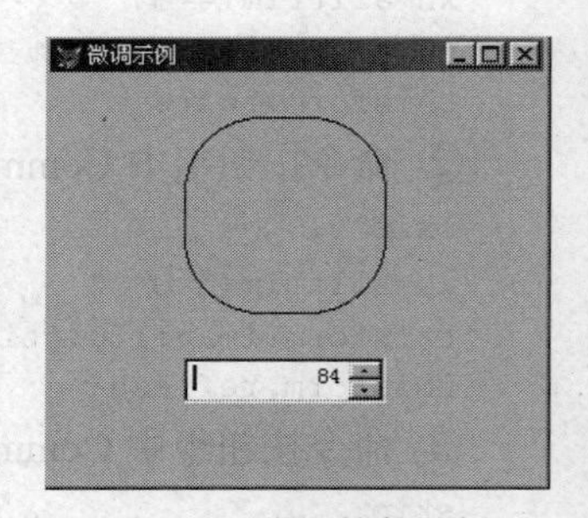

图 6-30　微调控件示例

6.4.11　页框控件

页框控件(PageFrame)是可以包含多个页面（Page）的容器对象。每个页面也是容器，其中又可包含多个控件。应用页框时，一个页框中的各个页面应包含不同的内容，可以达到在表单上某一个区域中切换多种不同的界面内容的目的。在页框的上部通常显示用于切换页面的选项卡。

常用的页框属性如下。

（1）Tabs 属性：确定页面选项卡是否可见。

（2）TabStyle 属性：确定选项卡是否是相同大小且与页框的宽度相同。

（3）TabStretch 属性：决定选项卡是单行还是多行显示。

（4）PageCount 属性：决定页面中包含的页面数，有效值是 0～99。

（5）Caption 属性：用于指定页面的标题，即在选项卡上显示的文本。

（6）FontName 和 FontSize 属性：设定页面标题的字体和字号。

【例 6-14】 创建如图 6-31 所示的表单。

操作步骤如下：

（1）创建表单，然后在表单中添加一个页框控件（PageFrame1），再在页框控件上添加两个形状控件（Shape1、Shape2）和 3 个线条控件（Line1、Line2、Line3）（3 个线条构成三角形），它们可以从“表单控件”工具栏窗口中获得，位置如图 6-31 所示。

（2）分别为表单、一个页框控件（PageFrame1）、3 个形状控件（Shape1、Shape2、Shape3）、3 个线条控件（Line1、Line2、Line3）设置属性。

PageFrame1 的 PageCount 属性：3，PageFrame1 中的 Page1 的 Caption 属性为圆形；Page2 的 Caption 属性为三角形；Page3 的 Caption 属性为长方形。

Shape1 的 curvature 属性为 99，Shape2 的 curvature 属性为 0。

Line2 的 LineSlant 属性为“\”，其他用默认值。

表单运行结果如图 6-32 所示。

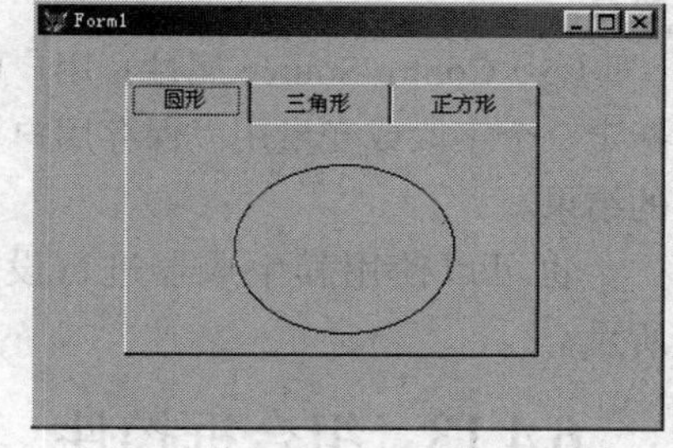

图 6-31　页框控件示例

6.4.12　列表框控件

列表框（List）提供一组条目（数据项），用户可以从中选择一个或多个条目。一般情况下，列表框显示其中的若干条目，用户可以通过滚动条浏览其他条目。

常用的属性如下。

（1）RowSource 属性：指定列表框的条目数据源。

（2）RowSourceType 属性：指明列表框中条目数据源的类型。

RowSourceType 属性的取值范围及含义见表 6-4。

表 6-4　　RowSourceType 属性的设置值

属性值	说明
0	无（默认值）。在程序运行时，通过 AddItem 方法添加列表框条目，通过 RemoveItem 方法移去列表框条目
1	值。通过 RowSource 属性手动指定具有的列表框条目。如：RowSource=“北京，上海，重庆，武汉”

续表

属性值	说明
2	别名。将表中的字段值作为列表框的条目。ColumnCount 属性指定要取得字段数目，也就是列表框的列数。指定的字段总是表中最前面的若干字段。如 ColumnCount 属性 0 或 1，则列表将显示表中第一字段的值
3	SQL 语句，将 SQL SELECT 语句的执行结果作为列表框条目的数据源
4	查询(.qpr)。将（.qpr）文件执行结果作为列表框条目的数据源
5	数组。将数组中的内容作为列表框中条目的来源。数组要先定义并赋值
6	字段。将表中的一个或几个字段作为列表框条目的数据源
7	文件。将某个驱动器和目录下的文件名作为列表框的条目。在运行时，用户可以选择不同的驱动器和目录。可以利用文件名框架指定一部分文件，如要在列表中包含多个表的字段，应该将 RowSource 值设为 3
8	结构。将表中的字段名作为列表框的条目，由 RowSource 属性指定表。若 RowSource 属性值为空，则列表框显示当前表中字段名清单
9	弹出式菜单。将弹出式菜单作为列表框条目的数据源

（3）ColumnCount 属性：用于确定列表框的列数。若要形成多列列表，应该设置该属性值为列表的列数。

（4）ListCount 属性：指明列表框中数据条目的数目。

（5）ControlSource 属性：用户可以通过该属性指定一个字段或变量用以保存用户从列表框中选择的结果。

也可以使用其生成器进行设置，如图 6-32 所示。

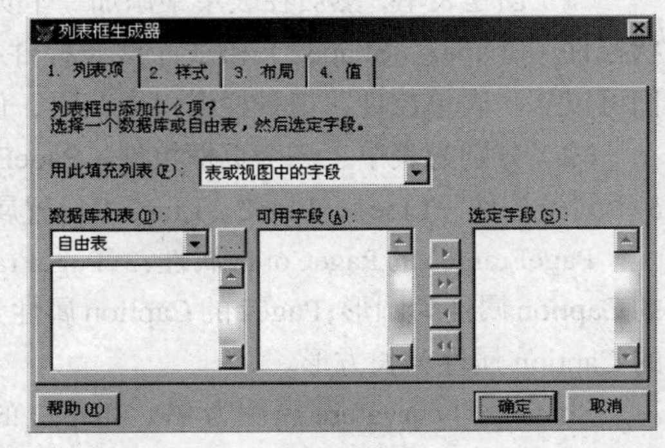

图 6-32　列表框生成器

6.4.13　组合框控件

组合框（Combo）兼有列表框和文本框的功能。有两种形式的组合框，即下拉组合框和下拉列表框，通过更改组合框的 Style 属性来选择两者形式之一。

下拉列表框与前面介绍的列表框相似，都能形成可滚动的数据项列表，并且设置方法也相同。两者不同之处在于，在列表框中任何时候都能看到多行数据项，而在下拉列表中只能看到一行。

下拉组合框形成的也是下拉列表，但是运行表单时允许在这种下拉列表中扩充新的数据项，即运行表单时，用户不仅可以单击下拉组合框上的向下按钮来查看数据项的列表和进行选择，还可直接在向下按钮左边的框中输入一个新项。

常用的属性如下。

（1）ControlSource 属性：指定用户保存选择或输入值的表字段或变量。

（2）Columnlines 属性：指定在下拉列表框中是否显示分隔线，默认值为.T.，在下拉列表框中显示分隔线；如果为.F.，则不显示分隔线。

（3）RowSourceType 属性：指定组合框中数据源类型。

（4）RowSource 属性：指定组合框中数据源的来源。

【例 6-15】创建如图 6-33 所示的表单，根据组合框的选项来查询学生表中入学成绩大于 480 分的同学，如果找到符合条件的学生记录，则右侧文本框中显示“该同学获得奖学金”，否则显示“该同学没有获得奖学金”。

操作步骤如下：

（1）创建表单，在表单中添加一个组合框控件（Combo1）、一个标签控件、一个命令按钮控件和一个文本框控件，它们可以从“表单控件”工具栏窗口中获得，位置如图 6-34 所示。把学生表.dbf 添加到数据环境设计器中。

（2）分别为表单（Form1）、组合框控件（Combo1）、标签控件（Label1）、命令按钮控件（Command1）设置属性。

Combo1 的 RowSource 属性：学生表.姓名，RowSourceType 属性为 6。

Label1 的 Caption 属性：请选择查询学生的姓名：，字号：10。

Command1 的 Caption 属性：查询（\<C）。

（3）为命令按钮控件（Command1）编写 Click 事件代码。

```
if 学生表.入学成绩>=480
   thisform.text1.value="该同学获得奖学金"
else
   thisform.text1.value="该同学没有获得奖学金"
endif
thisform.refresh
```

表单运行结果如图 6-33 所示。

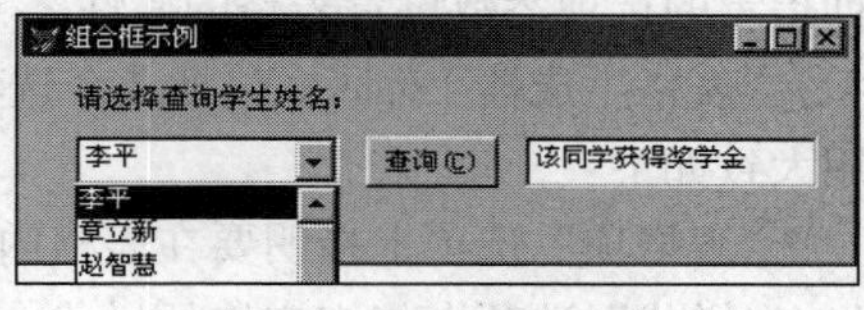

图 6-33　组合框控件示例

6.4.14　表格控件

表格控件（Grid）用在表单上添加表格对象。表格是容器对象，包含多个列，每个表格列也是容器，包含表头和控件。运行表单时，表格的显示形式与表的“浏览”窗口类似，可以显示和编辑行和列中的数据。表格及其中的每个对象都拥有自己的一组属性、事件和方法程序，通过设置它们可以使得表格灵活多样。

表格常用于显示和编辑表或视图中的数据，这需要把表或视图指定为表格的 RecordSource 属性（即表格的数据源属性）。如果没有指定表格的 RecordSource 属性，但在当前工作区中有一个打开的表，那么执行表单时将在表格中显示这个表的所有字段。设置表格的 RecordSourceType（数据源类型）属性可以指定表格中显示数据源的类型：表、别名、查询或用户根据提示选定的表。

设计时常用的表格属性如下。

（1）ColumnCount 属性：设置表格的列数。如果 ColumnCount 属性设置为 1（默认值），则在运行表单时，表格的列数与 RecordSource 属性所指定的表中字段数目相同。

（2）AllowAddNew 属性：是否允许在 RecordSource 属性所指定的表中追加新记录，如果将 AllowAddNew 属性设置为真，当用户选中了表中最后一条记录，并且按下 < ↓ > 键时，就向表中添加新记录。

表格的每个列中默认包含的控件是标头（Header）和文本框。标头的 Caption 属性决定列的标题。文本框能在运行表单时显示表格的 RecordSource 属性所指定的表中某个字段的数据。除在表格列中用文本框显示字段数据外，还可以在列中嵌入别的控件。

常用的表格列属性如下。

（1）ControlSource 属性：指明在列中要显示的数据，一般是表中的一个字段。

（2）Sparse 属性：若将 Sparse 属性设置为.T.，则运行表单时，列中被选中的单元格的数据才显示为控件，列中的其他单元格的数据仍以文本形式显示。

（3）CurrentControl 属性：指定列中哪一个控件是活动的，默认值为“Text1”。

常用的列标头属性如下。

（1）Caption 属性：指定标头的标题文本，显示在列顶部。

（2）Alignment 属性：指定标题文本在对象中显示对齐方式。

表格设计也可以调用表格生成器来进行，如图 6-34 所示。通过表格生成器能够交互式地快速设置表格的有关属性，创建所需要的表格。

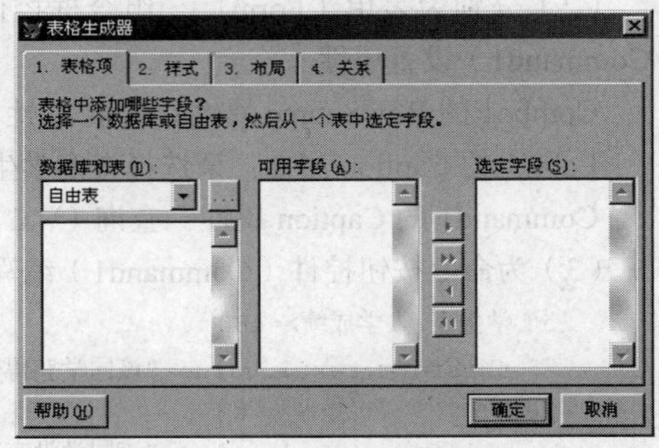

图 6-34　表格生成器

使用生成器生成表格的步骤是：先通过“表单控件”工具栏在表单上放置一个表格，接着用鼠标右键单击表格并在弹出的快捷菜单中选择“生成器”命令，打开“表格生成器”对话框，然后在对话框内设置有关选项参数，当设置完后单击“确定”按钮关闭对话框返回时，系统就会根据指定的选项参数设置表格的属性。

“表格生成器”对话框包括 4 个选项卡，其作用大致如下：

“表格项”选项卡指明要在表格内显示的字段。

“样式”选项卡指定表格的样式，如标准型、专业型、账务型等。

“布局”选项卡指明各列的标题和控件类型，调整各列列宽。

“关系”选项卡设置一个一对多关系，指明父表中的关键字段与子表中的相关索引。

【例 6-16】 设计一个操作数据表的表单，使之具有按记录浏览、编辑的功能。

设计步骤如下：

（1）选择“新建”表单，进入表单设计器。打开“数据环境设计器”窗口，在“数据环境”窗口中单击鼠标右键，在快捷菜单中选择“添加”，添加表单所需要的数据表，如学生表。

（2）建立应用程序用户界面。

增加一个标签控件（Label1）、一个命令按钮组控件（CommandGroup1，ButtonCount 属性设置为 4）和一个表格控件（Grid1）。打开数据环境设计器，把学生表中的字段“学号”“姓名”“班级”“照片”依次用鼠标拖曳到表单中，排好位置。

表格控件（Grid1）的设计如下：

① 用鼠标右键单击表格控件（Grid1），在弹出的快捷菜单中选择“生成器”，打开“表格生成器”。在“数据库和表”选项中选择学生表。

② 选择“可用字段”中的“学号”“姓名”“班级”“照片”，单击“添加”按钮，将其添加到“选定字段”中。

③ 单击“布局”选项卡，在“布局”页中调整各列的宽度。

④ 然后单击“确定”按钮，关闭表格生成器窗口。

（3）设置各控件属性：

```
Label1 的 Caption="学生基本情况表"
Command1 的 Caption=第一个
Command2 的 Caption=上一个
```

```
Command3 的 Caption=下一个
Command4 的 Caption=末一个
```

（4）编写 CommandGroup1 的 Click 事件程序代码：

```
n=this.value
do case
 case n=1
   go top
 case n=2
   skip -1
  if bof()
   go top
  endif
 case n=3
  skip
  if eof()
   go bottom
  endif
  case n=4
   go bottom
 endcase
 thisform.refresh
  thisform.grid1.setfocus
```

表单运行结果如图 6-35 所示。

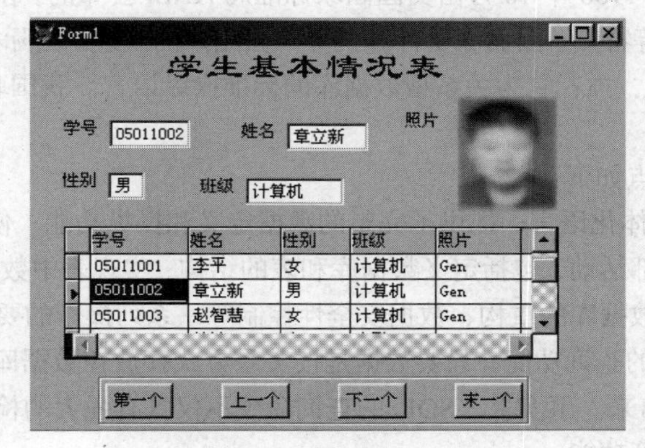

图 6-35　表单运行结果

第 7 章 结构化查询语言 SQL

结构化查询语言（Structured Query Language，SQL）是关系型数据库的操纵语言，并已成为业界的标准。目前，几乎所有的关系型数据库管理系统都支持 SQL 语言，Visual FoxPro 自然也不例外。本章将从数据定义、数据修改和数据查询 3 个方面介绍 Visual FoxPro 支持的 SQL 语言。

7.1 SQL 语言概述

最早的 SQL 标准是 1986 年 10 月由美国国家标准局 ANSI 公布的，由于它具有功能丰富、语言简洁、使用方便灵活等特点，因而深受计算机界广大用户的欢迎。国际标准化组织 ISO 于 1989 年将 SQL 定为国际标准，推荐它为关系型数据库的标准操纵语言。我国政府也在 1990 年颁布了相应的 SQL 国家标准。

SQL 语言的主要优点如下：

SQL 语言是一种一体化语言，提供了完整的数据定义和操纵功能。使用 SQL 语言可以实现数据库生命周期中的全部活动，包括定义数据库和表的结构，实现表中数据的录入、修改、删除、查询与维护，以及实现数据库的重构、数据安全性控制等一系列操作的要求。

SQL 语言具有完备的查询功能。只要数据是按关系方式存放在数据库中的，就能够构造适当的 SQL 命令将其检索出来。事实上，SQL 的查询命令不仅具有强大的检索功能，而且在检索的同时还提供了统计与计算功能。

SQL 语言非常简洁，易学易用。虽然它的功能强大，但只有为数不多的几条命令。此外它的语法也相当简单，接近自然语言，用户可以很快地掌握它。

SQL 语言是一种高度非过程化的语言。和其他数据库操纵语言不同的是，SQL 语言只需要用户说明想要做什么操作，而不必说明怎样去做，用户不必了解数据的存储格式、存取路径以及 SQL 命令的内部执行过程，就可以方便地对关系型数据库进行各种操作。

SQL 语言的执行方式多样，既能以交互命令方式直接使用，也能嵌入各种高级语言中使用。尽管使用方式可以不同，但其语法结构是一致的。目前，几乎所有的数据库管理系统或数据库应用开发工具都已将 SQL 语言融入自身的语言之中。

SQL 语言不仅能对数据表进行各种操作，还可对视图进行操作。视图是由数据库中满足一定约束条件的数据组成的，可以作为某个应用的专用数据集合。当对视图进行操作时，将由系统转换为对基本数据表的操作，这样既方便了用户的使用，同时也提高了数据的独立性，有利于数据的安全与保密。

目前，SQL 语言仍在发展之中，各软件厂商提供的 SQL 语言并不完全符合国际标准，在具体实现方面也存在着一些差异。Visual FoxPro 是 PC 上使用的数据库管理系统，相比之下，其支持的 SQL 语言功能仍有一定的局限性。

7.2 SQL 的定义功能

SQL 语言的定义功能包括数据库定义、表定义、视图定义、存储过程定义和规则定义等。本节中涉及 Visual FoxPro 所支持的表定义和视图定义，主要介绍 SQL 语言对表结构的创建与修改功能。

7.2.1 建立表结构

除了我们前面介绍的利用“表设计器”创建数据表之外，用户还可以通过 SQL 语言的 CREATE TABLE 命令来建立表的结构。

格式：

```
CREATE TABLE |DBF <表名 1> [NAME <长表名>][FREE]
(<字段名 1><字段类型>[(字段宽度[,小数位数])][NULL|NOT NULL]
[CHECK <逻辑表达式 1>[ERROR<文本信息 1>]]
[DEFAULT <表达式 1>]
[PRIMARY KEY|UNIQUE]
[REFERENCES <表名 2> [TAG <标识名 1>]]
[NOCPTRANS]
[,<字段名 2>…]
[,PRIMARY KEY <表达式 2> TAG <标识名 2>]
[,UNIQUE <表达式 3> TAG <标识名 3>]
[,FOREIGN KEY <表达式 4> TAG <标识名 4>[NODUP]
REFERENCES <表名 3> [TAG <标识名 5>]]
[,CHECK <逻辑表达式 2>[ERROR <文本信息 2>]])
|FROM ARRAY <数组名>
```

CREATE TABLE 与 CREATE DBF 等价，都是创建数据表文件。

FREE 短语用在数据库打开的情况下，指明创建自由表。默认在数据库未打开时创建的表是自由表，在数据库打开时创建的是数据库表。

CHECK<逻辑表达式 1>短语用来为字段值指定约束条件；ERROR<文本信息 1>短语用来指定不满足约束条件时显示的出错提示信息。

DEFAULT<表达式 1>短语用来指定字段的默认值。

PRIMARY KEY 短语指定当前字段为主索引关键字；UNIQUE 短语指定当前字段为候选索引关键字（注意不是唯一索引）。

FOREIGN KEY 短语和 REFERENCES 短语用来描述表之间的关系。

NOCPTRANS 短语用来禁止转换为其他代码页，仅用于字符型或备注型字段。

PRIMARY KEY <表达式 2> TAG <标识名 2>短语用来创建一个以<表达式 2>为索引关键字的主索引，<标识名 2>为其索引标识。

UNIQUE<表达式 3>TAG<标识名 3>短语用来创建一个以<表达式 3>为索引关键的候选索引，<标识名 3>为其索引标识名。

FOREIGN KEY <表达式 4>TAG <标识名 4>[NODUP] REFERENCES <表名 3> [TAG<标识名 5>]短语用来建立一个以<表达式 4>为索引关键字的外（非主）索引，<标识名 4>为其索引标识，并与父表建立关系。<表名 3>为父表的表名，<标识名 5>为父表的索引标识，省略<标识名 5>时将以父表的主索引关键字建立关系。

FROM ARRAY <数组名>短语说明用指定的数组内容创建表文件。

除 FREE 短语之外，以上各短语只有在创建数据库表时才能使用。

下面举例说明本命令的应用。

【例 7-1】 创建一个名为学生表的自由表，含有学号、姓名、性别、出生日期 4 个字段。定义此表的 SQL 命令如下：

```
CREATE TABLE 学生表 FREE (学号 C(8),姓名 C(8),性别 C(2),出生日期 D)
```

【例 7-2】 创建一个数据库名为学生数据库，在此数据库中创建一个课程表，创建学生数据库的命令是：

```
CREATE DATABASE 学生数据库
```

创建课程表的 SQL 命令如下：

```
CREATE TABLE 课程表 (课程号 C(10) PRIMARY KEY，课程名 C(20)，学分 N(10，0))
```

在创建数据表的同时将课程号设为主索引。

【例 7-3】 在此数据库中创建一个成绩表，含有学号、课程号、成绩 3 个字段。

创建成绩表的 SQL 命令如下：

```
CREATE TABLE 成绩表 (学号 C(8),课程号 C(10),;
成绩 N(6, 2) CHECK 成绩>=0 AND 成绩<=100 ERROR"成绩范围应在 0～100 之间",;
FOREIGN KEY 课程号 TAG 课程号 REFERENCES 课程表)
```

上面创建成绩表的命令中，设定了成绩字段的值有效范围为 0～100 之间，否则会出现错误提示，另外还以课程号字段为关键字建立一个外索引，并与课程表的主索引关键字建立关系。若执行 MODIFY STRUCTURE 命令，会弹出如图 7-1 所示的"表设计器"对话框。若再执行 MODIFY DATABASE 学生数据库命令，则会弹出如图 7-2 所示的"数据库设计器"窗口。

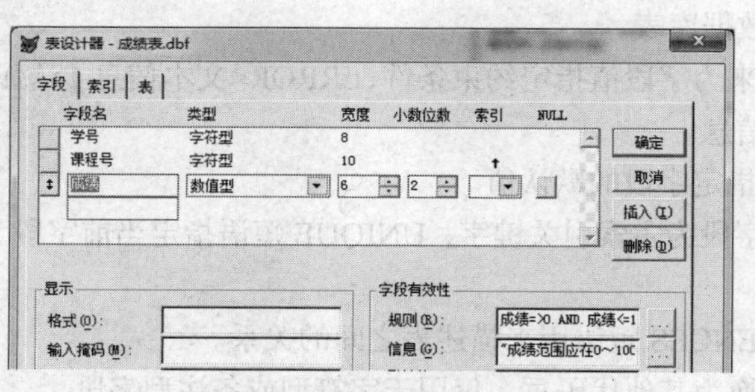

图 7-1 创建的成绩表结构

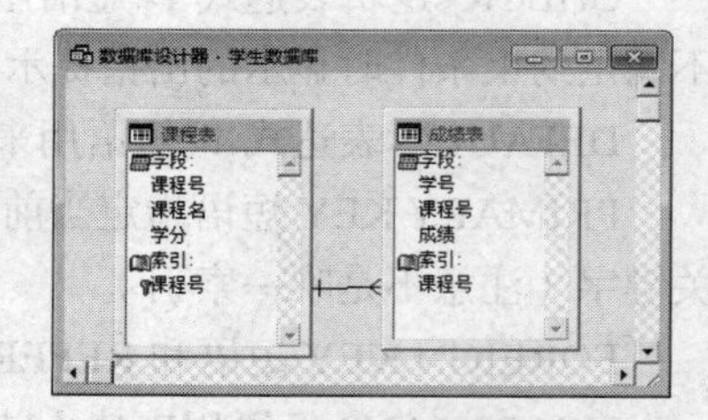

图 7-2 课程表与成绩表的关系

7.2.2 修改表结构

Visual FoxPro 修改表结构的 SQL 命令为 ALTER TABLE，该命令有 3 种格式。

1. 命令格式 1

格式：

```
ALTER TABLE <表名 1> ADD |ALTER [COLUMN]
<字段名 1><字段类型>[(字段宽度[,小数位数])]
[NULL][NOT NULL]
[CHECK <逻辑表达式 1>[ERROR <文本信息 1>]]
[DEFAULT <表达式 1>]
[PRIMARY KEY|UNIQUE]
[REFERENCES <表名 2>[TAG <标识名 1>]]
```

功能：

为指定的表增加指定的字段，或者修改指定的字段。

ADD [COLUMN]<字段名 1><字段类型>[(字段宽度[,小数位数])]短语用来增加字段，并指定新增加字段的名称、类型等信息。

ALTER [COLUMN]<字段名 1><字段类型>[(字段宽度[,小数位数])]短语用来修改字段，并指定修改后的字段名称、类型等信息。

在此命令中使用 CHECK、PRIMARY KEY、UNIQUE 等短语时，应注意原有的表数据是否违反了约束条件，是否满足主关键字值的唯一性要求等。

执行此命令之前，不必事先打开有关的数据表。

【例 7-4】 在学生表中增加一个"家庭住址"字段，并将"姓名"字段的宽度改为 10。其 SQL 命令如下：

```
ALTER TABLE 学生表 ADD 家庭住址 C(20)
ALTER TABLE 学生表 ALTER 姓名 C(10)
```

2. 命令格式 2

格式：

```
ALTER TABLE <表名 1> ALTER [COLUMN]<字段名 2>
[NULL][NOT NULL]
[SET DEFAULT <表达式 2>]
[SET CHECK <逻辑表达式 2> [ERROR <文本信息 2>]]
[DROP DEFAULT]
[DROP CHECK]
```

功能：

设置或删除指定表中指定字段的默认值和（或）约束条件。

SET DEFAULT <表达式 2>短语用来设置默认值；SET CHECK <逻辑表达式 2>[ERROR <文本信息 2>]短语用来设置约束条件。

DROP DEFAULT 短语用来删除默认值；DROP CHECK 短语用来删除约束条件。

此命令只能应用于数据库表。

【例 7-5】 在成绩表中，删除“成绩”字段的约束条件。

```
ALTER TABLE 成绩表 ALTER 成绩 DROP CHECK
```

3. 命令格式 3

格式：

```
ALTER TALBE <表名 1> [DROP [COLUMN<字段名 3>]
[SET CHECK <逻辑表达式 3>[ERROR <文本信息 3>]]
[DROP CHECK]
[ADD PRIMARY KEY <表达式 3> TAG <标识名 2>]
[DROP PRIMARY KEY]
[ADD UNIQUE <表达式 7>[TAG <标识名 3>]]
[DROP UNIQUE TAG <标识名 7>
[ADD FOREIGN KEY <表达式 5>TAG <标识名 5>]]
REFERENCES <表名 2> [TAG <标识名 6>[SAVE]]]
[RENAME COLUMN <字段名 7> TO <字段名 5>]
```

功能：

删除指定表中的指定字段，设置或删除指定表中指定字段的约束条件，增加或删除主索引、候选索引、外索引，以及对字段名重新命名等。

对于自由表而言，只能使用 DROP [COLUMN]短语删除指定的字段，以及用 RENAME COLUMN 短语对字段重新命名，其他短语只能应用于数据库表。

ADD PRIMARY KEY <表达式 3> TAG <标识名 2>短语用来为该表建立主索引；DROP PRIMARY KEY 短语用来删除该表的主索引。

ADD UNIQUE <表达式 7>[TAG <标识名 3>]短语用来为该表建立候选索引；DROP UNIQUE TAG <标识名 7>短语用来删除指定的候选索引。注意：这里的 UNIQUE 不是唯一索引的意思。

ADD FOREIGN KEY <表达式 5> TAG <标识名 5> REFERENCES <表名 2> [TAG <标识名 6>]短语用来为该表建立外（非主）索引，并与事实上的父表建立关系。

【例 7-6】 在学生表中将出生日期改为出生年月。

```
ALTER TABLE 学生表 RENAME COLUMN 出生日期 TO 出生年月
```

7.2.3 建立视图

Visual FoxPro 的视图是从数据表中派生出来的虚拟表。视图不独立存在，它依赖于一个或多个数据表，或者依赖其他视图。创建视图的 SQL 命令格式如下。

格式：

```
CREATE VIEW <视图名> [(字段名 1[,字段名 2]…)]
AS <SELECT 语句>
```

AS 短语中的 SELCET 语句可以是任意的 SELECT 查询语句。当未指定所创建视图字段名时，则视图的字段名与 SELECT 查询语句中指定的字段同名。

创建的视图定义将被保存在数据库中，因而需事先打开数据库。

【例 7-7】 在学生数据库中，创建一个名为“PASS”的视图，由成绩中大于 80 分的学生记录构成。

```
OPEN DATABASE 学生数据库
CREATE VIEW PASS AS SELECT * FROM 成绩表 WHERE 成绩>80
```

```
USE PASS
BROWSE
CLOSE DATABASE
```

SELECT 短语中的“*”表示所有字段。有关 SELECT 命令的格式和功能我们将在本章的第 4 节详细介绍。

创建完成的视图可以和数据表一样地用 USE 命令打开，用 LIST 或 BROWSE 命令浏览。

【例 7-8】 依赖多个数据表创建视图。例如在学生数据库中，创建一个名为 COURSESCORE 的视图，由成绩表中的“学号”和“成绩”以及课程表中的“课程名”组成。

```
OPEN DATABASE 学生数据库
CREATE VIEW COURSESCORE AS;
SELECT 成绩表.学号,课程表.课程名, 成绩表.成绩;
FROM 课程表, 成绩表 WHERE 课程表.课程号=成绩表.课程号
```

此时，若在命令窗口执行“MODIFY DATABASE”命令，可在打开的“数据库设计器”窗口内看到所创建的视图，如图 7-3 所示。

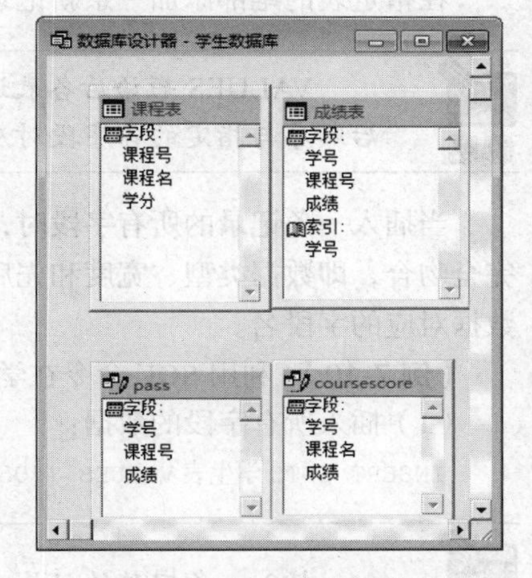

图 7-3　数据库中新创建的视图

若要删除所创建的视图，可使用下述 SQL 命令。

格式：

```
DROP VIEW <视图名>
```

例如：要删除名为 PASS 的视图，可执行下述命令。

```
DROP VIEW PASS
```

7.2.4　删除表

删除数据表的 SQL 命令格式如下。

格式：

```
DROP TABLE <表名>
```

本命令是直接从磁盘上删除指定的表。如果删除的是数据库表，应注意在打开相应数据库的情况下进行删除，否则本命令仅删除了表本身，而该表在数据库中的登记信息并没有被删除，从而造成以后对该数据库操作的失败。

【例 7-9】 删除学生数据库中的成绩表。

```
OPEN DATABASE 学生数据库
DROP TABLE 成绩表
```

7.3　SQL 数据修改功能

SQL 语言的数据修改功能主要包括对表中记录的增加、删除和更新功能，对应的 SQL 命令分别为 INSERT-SQL、DELETE-SQL 和 UPDATE-SQL 命令。

7.3.1 插入数据

Visual FoxPro 支持两种格式用于插入数据的 SQL 命令。第一种格式是标准格式，第二种格式是 VFP 的特殊格式。

1. 命令格式 1

格式：

```
INSERT INTO 表名[(<字段名 1>[,<字段名 2>,…])]
VALUES (<表达式 1>[,表达式 2>,…])
```

功能：

在指定表的尾部添加一条新记录，并将指定的值赋给对应的字段。

VALUES 短语后各表达式的值即为插入记录的具体值。各表达式的类型、宽度和先后顺序与指定的各字段对应。

当插入一条记录的所有字段时，表名后的各字段名可以省略，但插入的数据必须与表的结构完全吻合，即数据类型、宽度和先后顺序必须一致。若只插入某些字段的数据，则必须列出插入数据对应的字段名。

【例 7-10】 利用 SQL 命令在学生表中插入新记录。

（1）插入所有字段的数据：

```
INSERT INTO 学生表 VALUES ("05011004","张虹","女",{^1986/11/22})
```

插入一条完整的记录时不需要给出字段的名字。

（2）插入部分字段的数据：

```
INSERT INTO 学生表（学号，姓名） VALUES("05021004","辛国年")
```

插入一条不完整的记录时需要指明相应的字段。

2. 命令格式 2

格式：

```
INSERT INTO <表名> FROM ARRAY <数组名>|FROM MEMVAR
```

功能：

由指定数组或内存变量的值在指定表的尾部添加一条新记录。

FROM ARRAY<数组名>表示从指定的数组中插入记录值。

FROM MEMVAR 表示根据同名的内存变量来插入记录值，如果同名的变量不存在，那么相应的字段为默认值或空。

【例 7-11】 先创建一个一维数组，并赋以有关的值。再利用 SQL 命令将此数组的值作为新记录插入学生表中。

```
DIMENSION A(4)
A(1)="05031004"
A(2)="赵小慧"
A(3)="女"
A(4)={^1985/01/10}
INSERT INTO STUDENT FROM ARRAY A
```

【例 7-12】 先创建 3 个和表字段同名的内存变量，再利用 SQL 命令将内存变量的值作为新记录插入 STUDENT 表中。

```
学号="05031005"
姓名="林琳"
性别="女"
INSERT INTO STUDENT FROM MEMVAR
```

7.3.2　更新数据

更新表中数据也就是修改表中的记录数据。实现该功能的 SQL 命令格式如下。

格式：

```
UPDATE <表名>
SET <字段名 1>=<表达式 1>[,<字段名 2>=<表达式 2>…]
[WHERE <条件>]
```

功能：

对于所指定的表中符合条件的记录，用指定的表达式值来更新所指定的字段值。

一般使用 WHERE 子句指定条件，以更新满足条件的一些记录的字段值，并且一次可以更新多个字段；如果不使用 WHERE 子句，则更新全部记录。

【例 7-13】 使用 SQL 命令，对成绩表中数据进行修改。

（1）将每个学生的成绩增加 5 分。

```
UPDATE 成绩表 SET 成绩=成绩+5
```

（2）将课程号为“1011”的成绩减 10 分。

```
UPDATE 成绩表 SET 成绩=成绩-10  WHERE 课程号="1011"
```

7.3.3　删除数据

删除表中的记录数据的 SQL 命令格式如下。

格式：

```
DELETE FROM <表名> [WHERE <条件>]
```

功能：

对指定表中符合条件的记录进行逻辑删除。

这里的 FROM 指定从哪个表中删除数据，WHERE 指定被删除的记录所满足的条件，如果不使用 WHERE 子句，则删除该表中的全部记录。

该命令只是对要删除的记录做上删除标记。在此之后，可用 PACK 命令将这些记录真正删除，若用 RECALL 命令可以去掉删除标记。

【例 7-14】 使用 SQL 命令，将学生表中的女同学记录进行逻辑删除，然后再物理删除。

```
DELETE FROM 学生表 WHERE 性别="女"
PACK
```

7.4 SQL 的数据查询的功能

7.4.1 查询命令 SELECT

数据库操作中最常用的操作是查询，因而 SQL 的核心是查询。SQL 的查询命令也称作 SELECT 命令。它的基本形式是由 SELECT～FROM～WHERE 查询块组成。多个查询块可以嵌套执行。

格式：

```
SELECT [ALL/DISTINCT][TOP <数值表达式>[PERCENT]]
<检索项>[AS <列名>][,<检索项> AS <列名>…]
FROM [<数据库名>!]<表名>[AS][逻辑别名]
[[INTO <目的地>]
|[TO FILE <文件名> [ADDITIVE]|TO PRINTER[PROMPT]|TO SCREEN]]
[WHERE <联接条件> [AND <联接条件>…]
[AND|OR <筛选条件> [AND|OR <筛选条件>…]]]
[GROUP BY <列名>[,<列名>…]]
[HAVING <筛选条件>]
[UNION [ALL] SELECT 语句]
[ORDER BY 排序项[ASC|DESC][,排序项[ASC|DESC]…]]
```

功能：

根据指定的条件从一个或多个表中检索并输出数据。

从 SELECT 的命令格式上来看似乎非常复杂，实际上只要理解了命令中的各个短语的含义，SELECT 还是很容易掌握的。

SELECT 短语指明要在查询结果中输出的内容。其中 ALL 用来指定输出查询结果的所有行，DISTINCT 用来指定消除输出结果中的重行，TOP<数值表达式>[PERCENT]用来指定输出的行数或行数百分比，如果不写默认为 ALL。

FROM 说明要查询的数据来自哪个或哪些表，可以对单个表或多个表进行查询。

WHERE 短语用来指定查询的筛选条件，如果是多表查询，则还可以在此短语中指定表之间的联接条件。

GROUP BY 短语用于对查询结果进行分组，HAVING 短语必须跟随 GROUP BY 使用，它用来限定分组必须满足的条件。

ORDER BY 短语用来对查询的结果进行排序。其中 ASC 表示升序，DESC 表示降序，默认为升序。

INTO <目的地>短语指明查询结果的输出目的地。例如：INTO ARRAY 表示输出到数组，INTO

CURSOR 表示输出到临时表。INTO DBF 或 INTO TABLE 表示输出到数据表，默认输出到名为“查询”的“浏览”窗口。

TO FILE <文件名>短语指定将结果输出到指定的文件；TO PRINTER 短语指定将结果输出到打印机；TO SCREEN 短语指定将结果输出到屏幕。

事实上，SELECT-SQL 命令可以实现对表的选择、投影和连接 3 种关系操作，SELECT 短语对应投影操作；WHERE 对应选择操作；而 FROM 短语和 WHERE 短语配合则对应于连接操作。因而用 SELECT-SQL 命令可以实现对数据表的任何查询要求。下面将结合实例对 SQL 查询的实际应用分别进行介绍。SQL 的查询可以分为简单查询、嵌套查询、连接查询、统计计算查询和分组查询。

为了方便说明问题，在讨论各种查询操作时，举例都将以学生表和成绩表展开。图 7-4 和图 7-5 分别列出了这两个表的具体记录内容，以便读者对照和验证后面各个例子的查询结果。

学生表

学号	姓名	性别	出生日期	团员否	入学成绩	班级	简历	照片
05011001	李平	女	10/21/85	T	502.00	计算机	Memo	gen
05011002	章立新	男	02/14/86	T	489.50	计算机	memo	gen
05011003	赵智慧	女	05/07/85	T	467.00	计算机	memo	gen
05021001	林敏	女	08/01/85	T	498.00	金融	memo	gen
05021002	刘欣	男	11/05/84	F	500.00	金融	memo	gen
05021003	于晶	女	03/04/85	T	488.00	金融	memo	gen
05021004	朱健华	男	10/20/86	T	496.00	金融	memo	gen
05031001	李国华	男	11/21/85	T	482.00	会计	memo	gen
05031002	陈炳章	男	06/01/83	T	466.00	会计	memo	gen
05031003	崔新荣	女	02/11/85	T	478.00	会计	memo	gen

图 7-4　学生表中的各条记录

成绩表

学号	课程号	成绩
05011001	1011	86.00
05011001	1021	65.00
05011002	1011	78.00
05011002	1031	85.00
05011003	1021	67.00
05011003	1031	83.00
05021001	1011	90.00
05021001	2011	68.00
05021002	2011	76.00
05021002	2020	69.00
05021003	1011	64.00
05021003	2020	68.00
05021004	2011	79.00
05021004	1011	77.00
05031001	3001	60.00
05031001	3002	90.00
05031002	3001	82.00
05031002	1011	92.00
05031003	3001	88.00
05031003	3002	76.00

图 7-5　成绩表中的各条记录

7.4.2　简单查询

以下几个例子比较简单，都是从单个表中检索满足条件的数据。

【例 7-15】 使用 SQL 命令检索出学生表中所有男同学的记录，并将结果存入表 BOY 当中。

```
SELECT * FROM 学生表 WHERE 性别="男"  INTO TABLE BOY
```

SELECT 后的“*”表示选择所有的字段。执行以上命令即在检索完成后自动创建一个名为 BOY 的数据表文件，并在当前工作区打开。此时若执行“BROWSE”命令，即可浏览该表的内容（见图 7-6）。

Boy

学号	姓名	性别	出生日期	团员否	入学成绩	班级	简历	照片
05011002	章立新	男	02/14/86	T	489.50	计算机	memo	gen
05021002	刘欣	男	11/05/84	F	500.00	金融	memo	gen
05021004	朱健华	男	10/20/86	T	496.00	金融	memo	gen
05031001	李国华	男	11/21/85	T	482.00	会计	memo	gen
05031002	陈炳章	男	06/01/83	T	466.00	会计	memo	gen

图 7-6　BOY 表的记录内容

【例 7-16】 使用 SQL 命令，检索学生表中所有女团员的姓名、出生日期与入学成绩。命令如下，检索结果如图 7-7 所示。

```
SELECT 姓名,出生日期,入学成绩 FROM 学生表 WHERE 性别="女"AND 团员否
```

【例 7-17】 使用 SQL 命令，检索成绩表中不同的课程。检索结果如图 7-8 所示。

```
SELECT DISTINCT 课程号 FROM 成绩表
```

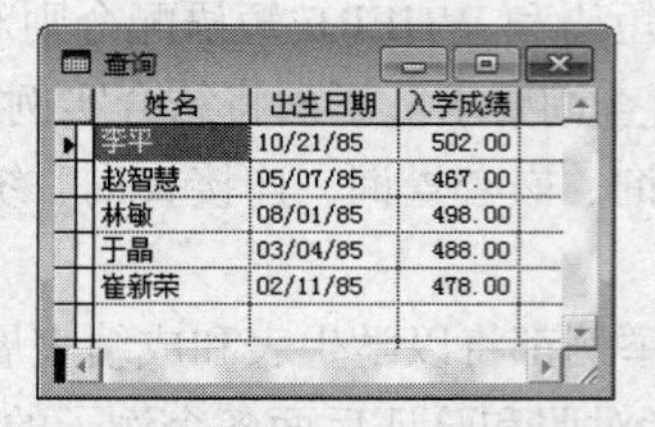

姓名	出生日期	入学成绩
李平	10/21/85	502.00
赵智慧	05/07/85	467.00
林敏	08/01/85	498.00
于晶	03/04/85	488.00
崔新荣	02/11/85	478.00

图 7-7 【例 7-16】的查询结果

课程号
1011
1021
1031
2011
2020
3001

图 7-8 【例 7-17】的查询结果

【例 7-18】 使用 SQL 命令，检索成绩表中成绩在 70～90 分之间的记录，并按成绩由高到低列出来。检索结果如图 7-9 所示。

```
SELECT * FROM 成绩表 WHERE 成绩>=70 AND 成绩<=90 ORDER BY 成绩 DESC
```

其中的“WHERE 成绩>=70 AND 成绩<=90”也可以写成“WHERE 成绩 BETWEEN 70 AND 90”。

【例 7-19】 使用 SQL 命令，检索学生表中入学成绩前三名的同学。查询结果如图 7-10 所示。

```
SELECT * TOP 3 FROM 学生表 ORDER BY 入学成绩 DESC
```

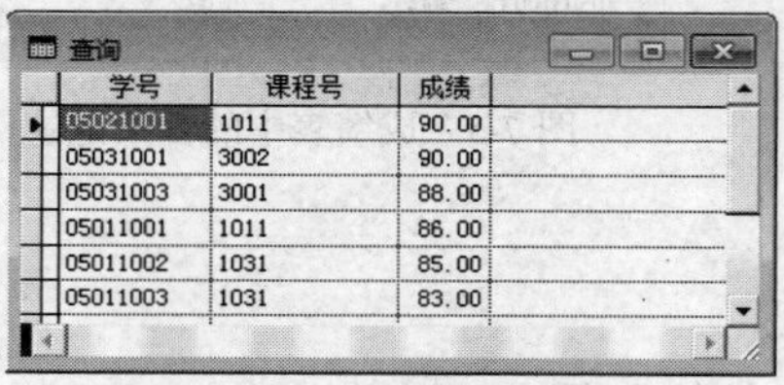

学号	课程号	成绩
05021001	1011	90.00
05031001	3002	90.00
05031003	3001	88.00
05011001	1011	86.00
05011002	1031	85.00
05011003	1031	83.00

图 7-9 【例 7-18】的查询结果

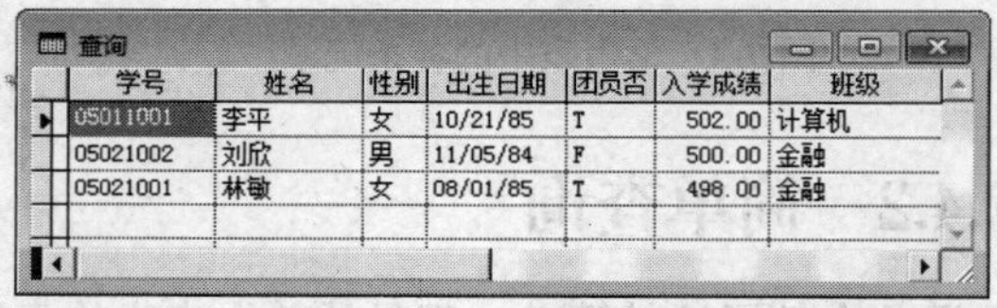

学号	姓名	性别	出生日期	团员否	入学成绩	班级
05011001	李平	女	10/21/85	T	502.00	计算机
05021002	刘欣	男	11/05/84	F	500.00	金融
05021001	林敏	女	08/01/85	T	498.00	金融

图 7-10 【例 7-19】的查询结果

7.4.3 嵌套查询

Visual FoxPro 支持进行嵌套查询，嵌套查询也是基于多个关系的查询，但是这类查询所要求的结果出自一个关系，但相关的条件却涉及多个关系，也就是说允许在一个 SELECT 查询命令的 WHERE 短语中包含另一个 SELECT 查询命令。

【例 7-20】 使用 SQL 命令，列出成绩表中成绩在 85 分以上的学生姓名、性别及出生日期。

```
SELECT 姓名,性别,出生日期 FROM 学生表;
WHERE 学号 IN (SELECT DISTINCT 学号 FROM 成绩表 WHERE 成绩>85)
```

上述命令是在内层查询语句从成绩表中查询到的学号的基础上，再在学生表中检索与这些学号对应的记录。其中用到了 IN 运算符，是“包含在……之中”的意思。该例子的查询结果如图 7-11 所示。

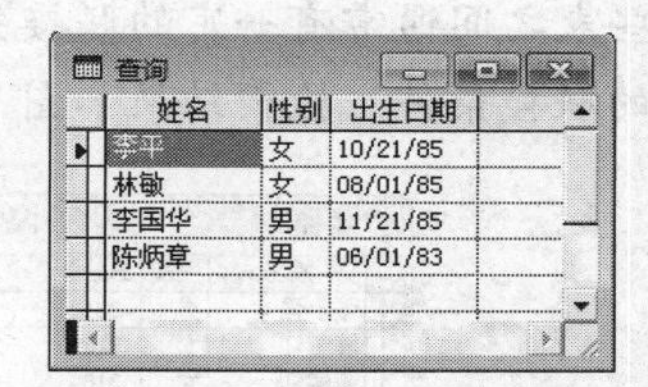

查询

姓名	性别	出生日期
李平	女	10/21/85
林敏	女	08/01/85
李国华	男	11/21/85
陈炳章	男	06/01/83

图 7-11　【例 7-20】的查询结果

【例 7-21】 使用 SQL 命令，列出各科成绩在 80 分以上的女生记录。

```
SELECT * FROM 学生表;
WHERE 性别="女"AND 学号 NOT IN;
(SELECT DISTINCT 学号 FROM 成绩表 WHERE 成绩<80)
```

上述命令同样是嵌套查询，其中用到了 NOT IN 运算符，是“不包含在……之中”的意思。检索结果如图 7-12 所示。

查询

学号	姓名	性别	出生日期	团员否	入学成绩	班级
05011001	李平	女	10/21/85	T	502.00	计算机
05011003	赵智慧	女	05/07/85	T	467.00	计算机
05021001	林敏	女	08/01/85	T	498.00	金融
05021003	于晶	女	03/04/85	T	488.00	金融
05031003	崔新荣	女	02/11/85	T	478.00	会计

图 7-12　【例 7-21】的检索结果

7.4.4　联接查询

联接是关系的基本操作之一，联接查询是一种基于多种关系的查询。也就是说查询的结果来源于多个表中的数据。为了便于说明，引入两个数据表：XSDA 和 XSCJ。表的内容如图 7-13 和图 7-14 所示。

Xsda

学号	姓名	性别	出生日期	团员否	奖学金	家庭住址	简历	照片
061101	张小强	男	07/21/70	T	200.00	上海市徐汇区	memo	gen
061201	赵峰	男	11/05/72	F	75.00	北京市海淀区	memo	gen
061102	陈建红	女	09/27/70	T	250.00	上海市浦东	memo	gen
061103	罗浩	男	09/09/71	T	50.00	黑龙江哈尔滨	memo	gen
061202	陈玉红	女	08/03/71	T	0.00	北京市	memo	gen
061104	朱伟	男	04/04/70	F	25.00	南京	memo	gen
061203	于霞	女	01/05/72	T	25.00	黑龙江大庆市	memo	gen
061204	王平	女	09/09/70	F	150.00	上海市	memo	gen
061105	陈红	女	09/14/75	T	75.00	安徽	memo	gen

图 7-13　数据表 XSDA 中的各条记录

Xscj

学号	姓名	解剖	计算机	护理学	高等数学	平均分	总分
061101	张小强	77	88	99	67	83	331
061201	赵峰	67	86	54	76	71	283
061102	陈建红	88	78	95	55	79	316
061103	罗浩	77	56	76	81	73	290
061202	陈玉红	86	82	87	67	81	322
061104	朱伟	90	67	67	82	77	306
061203	于霞	45	87	67	78	69	277
061204	王平	78	94	56	64	73	292
061105	陈红	56	79	53	90	70	278

图 7-14　数据表 XSCJ 中的各条记录

【例 7-22】 检索出所有选修了“大学计算机基础”同学的姓名、性别和成绩。

```
SELECT XSDA.姓名,性别,总分 FROM XSCJ,XSDA;
WHERE XSDA.学号=XSCJ.学号 AND 总分>300;
ORDER BY 总分 DESC
```

该例子中要检索的数据分别来自 XSDA 和 XSCJ，因而必须采用多表查询形式。对于多个表中共有的字段名，必须在其前面加上表名作为前缀，以示区别。当在 FROM 短语中有多个表时，这些表之间通常有一定的联接关系，该命令中的“XSDA.学号=XSCJ.学号”就是这两个表的联接条件。检索结果如图 7-15 所示。

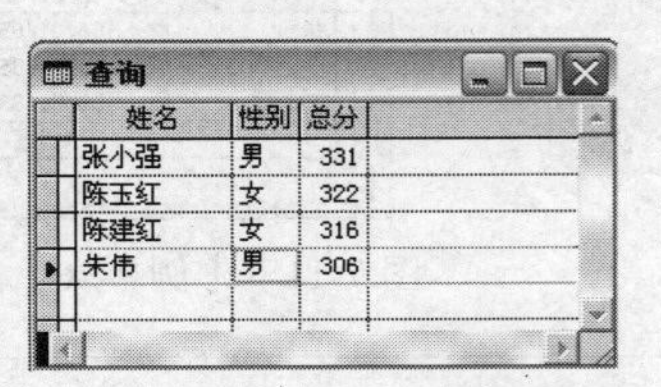

姓名	性别	总分
张小强	男	331
陈玉红	女	322
陈建红	女	316
朱伟	男	306

图 7-15 【例 7-22】的检索结果

【例 7-23】 检索出高等数学成绩在 85 分以下并且 72 年出生的记录，列出其姓名、性别、出生日期以及高数成绩。查询结果如图 7-16 所示。

```
SELECT XSDA.姓名,性别,出生日期,高等数学 FROM XSDA,XSCJ;
WHERE XSDA.学号=XSCJ.学号 AND YEAR(出生日期)=1972  AND
高等数学<85
```

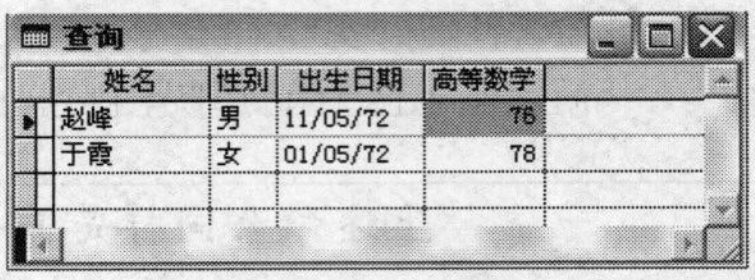

姓名	性别	出生日期	高等数学
赵峰	男	11/05/72	76
于薇	女	01/05/72	78

图 7-16 【例 7-23】的检索结果

7.4.5 简单的计算查询

SQL 语言是完备的，也就是说，只要数据是按关系方式存入数据库的，就能构造合适的 SQL 命令把它检索出来。事实上，SQL 不仅具有一般的检索能力，而且还有计算方式的检索。比如，检索学生的平均成绩，检索某个班级学生的最高成绩值等。用于计算检索的函数有：

COUNT	求查询结果数据的行（记录）数
SUM	计算指定数值列的总和
AVG	计算指定数值列的平均值
MAX	求指定（数值、字符、日期）列的最大值
MIN	求指定（数值、字符、日期）列的最小值

【例 7-24】 统计学生表中入学成绩的最高分。其命令如下：

```
SELECT MAX(入学成绩) AS 入学成绩最高分 FROM 学生表
```

说明

上述命令也可以写成如下形式对统计结果清楚地加以说明，其输出结果如图 7-17 所示。

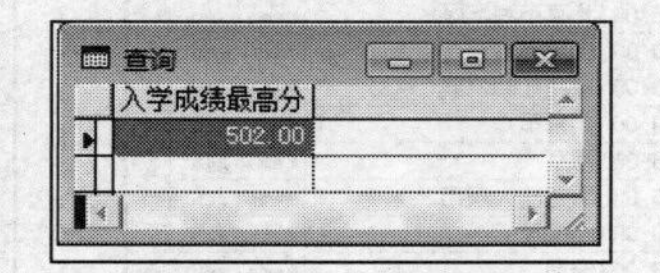

入学成绩最高分
502.00

图 7-17 【例 7-24】的检索结果

【例 7-25】 统计学生表中年龄最小的男同学的出生日期，以及男同学的平均年龄。

```
SELECT MAX(出生日期) AS 最小同学生日,AVG(YEAR(DATE())-YEAR(出生日期));
AS 男生平均年龄 FROM 学生表
```

说明

由于表中没有年龄字段，所以无法直接使用命令，但是我们可以通过出生日期字段计算出年龄，方法就是用 YEAR(DATE())-YEAR(出生日期)，因为日期型数据排列大小的顺序是按照年月日数值的大小进行的，所以出生日期越大，年龄就越小，该例子中使用了 MAX(出生日期)表示年龄最小。查询结果如图 7-18 所示。

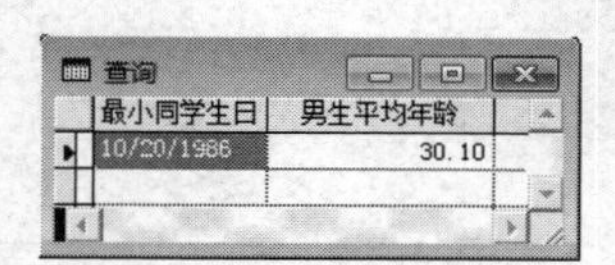

最小同学生日	男生平均年龄
10/20/1986	30.10

图 7-18　【例 7-25】的检索结果

【例 7-26】 查询学生中团员的人数。

```
SELECT COUNT(*) AS 团员人数 FROM 学生表  WHERE 团员否
```

COUNT(*)是 COUNT()函数的特殊形式，是指统计满足条件的所有行数，该命令的输出结果如图 7-19 所示。

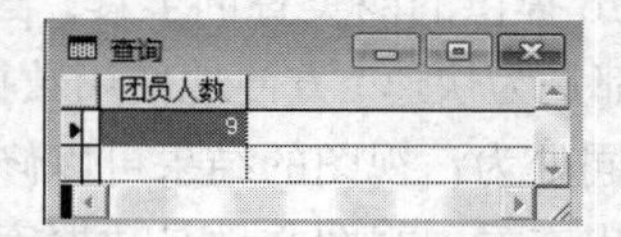

团员人数
9

图 7-19　【例 7-26】的检索结果

7.4.6　分组查询

分组查询是将查询得到的数据按照某个字段的值划分成多个组后输出，这是通过 SELECT 命令中的 GROUP BY 短语实现的。在实际应用中分组查询经常与计算函数一起使用。

【例 7-27】 根据学生表中的数据，统计出男女生的人数。命令如下，统计结果如图 7-20 所示。

```
SELECT 性别,COUNT(*) AS 人数 FROM 学生表 GROUP BY 性别
```

【例 7-28】 根据学生表中的数据，分别统计各班入学成绩的最高分、最低分及平均分。命令如下，查询结果如图 7-21 所示。

```
SELECT 班级,MAX(入学成绩)AS 最高分,MIN(入学成绩) AS 最低分, AVG(入学成绩) AS 平均分;
FROM 学生表 GROUP BY 班级
```

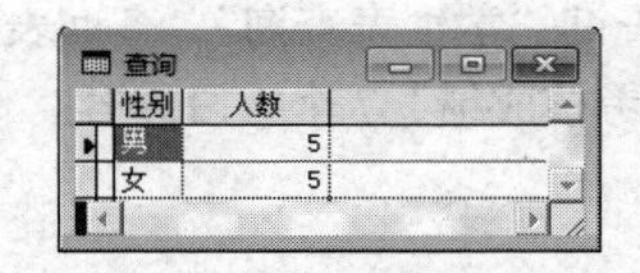

性别	人数
男	5
女	5

图 7-20　【例 7-27】的检索结果

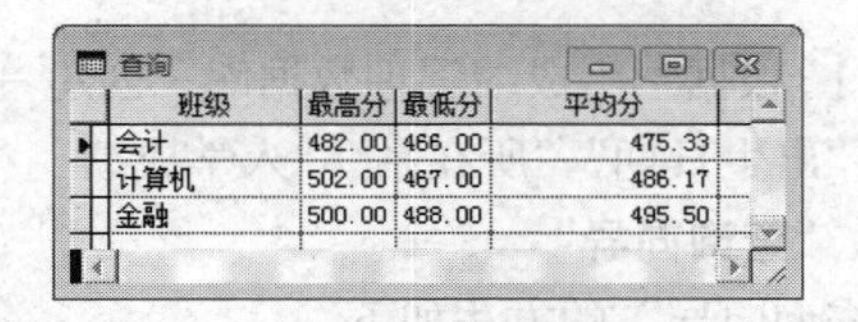

班级	最高分	最低分	平均分
会计	482.00	466.00	475.33
计算机	502.00	467.00	486.17
金融	500.00	488.00	495.50

图 7-21　【例 7-28】的检索结果

【例 7-29】 根据 XSDA 和 XSCJ 中的数据，分别统计男女生各科成绩的第一名。命令如下，查询结果如图 7-22 所示。

```
SELECT 性别, MAX (解剖),MAX(护理学),MAX(计算机),MAX(高等数学);
FROM XSDA,XSCJ WHERE XSDA.学号=XSCJ.学号 GROUP BY 性别
```

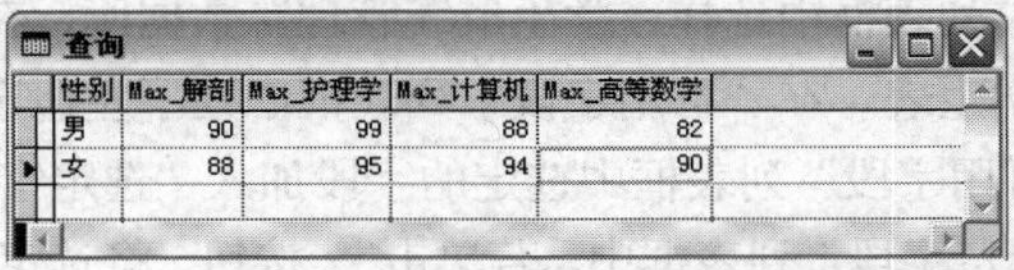

性别	Max_解剖	Max_护理学	Max_计算机	Max_高等数学
男	90	99	88	82
女	88	95	94	90

图 7-22　【例 7-29】的检索结果

第 8 章 查询与视图

查询与视图是 Visual FoxPro 提供的两类查询工具，虽然用途有差异，但创建查询与创建视图的步骤非常相似。查询和视图都是为快速、方便地使用数据库中的数据而提供的一种方法或手段。

查询与视图在功能上的不同处为：视图的结果可以修改，并可以将修改后的结果回存到原数据表中，而查询的结果只供输出查看；视图文件是数据库的一部分，保存在数据库中，而查询文件是一个独立的数据文件，不属于任何数据库。

视图与表相类似的地方是：可以用来更新其中的信息，并将更新结果永久保存在磁盘上。

8.1 查　询

查询是 Visual FoxPro 为方便检索数据提供的一种工具或方法。查询是从指定的表或视图中提取满足条件的记录，然后按照设置的输出类型定向输出查询结果，如浏览、报表、表、标签、数组等，这样就可以使用户在应用程序的其他地方使用查询结果。查询是以扩展名“.QPR”的文件形式保存在磁盘上的，其主体是 SQL SELECT 语句。在打开数据库文件的同时查询文件也被打开。

8.1.1 用“查询向导”创建查询

【例 8-1】 根据学生成绩管理数据库，创建一个单表查询“学生表查询”，查询表中包含“学号”“姓名”“出生日期”“所在系”“入学成绩”“班级”“考核成绩”7 个字段内容。

1. 进入“查询向导”

进入“查询向导”的方法如下：

选择“文件”→“新建”命令或者单击工具栏中的“新建”按钮，进入“新建”对话框，选择“查询”单选按钮，单击“向导”按钮，进入“向导选取”对话框，如图 8-1 所示。

选择“查询向导”，单击“确定”按钮，进入查询向导“步骤 1-字段选取”对话框，如图 8-2 所示。单击“数据库和表”右侧的按钮，从打开的对话框中选择一个数据库或表，如：“学生成绩管理”数据库。

2. 选择查询结果中需要的字段

在“数据库和表”下拉列表框中选择“学生成绩管理”数据库，在列表框中显示出对应选中数据库的数据库表，如：学生表。在“可用字段”列表框中列了左边选中的“学生表”中所含的字段。单击▸按钮，将“可用字段”列表框中选定的字段加入“选定字段”列表框中。若单击▸▸按钮，将全部字段加入“选定字段”列表框中。若单击◂按钮，将选定的字段退回到“可用字段”列表框中。若单击◂◂按钮，将退回到“可用字段”列表框中。

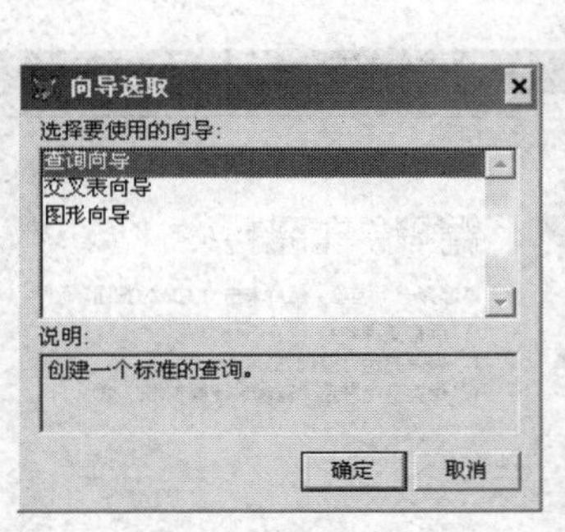

图 8-1 向导选取

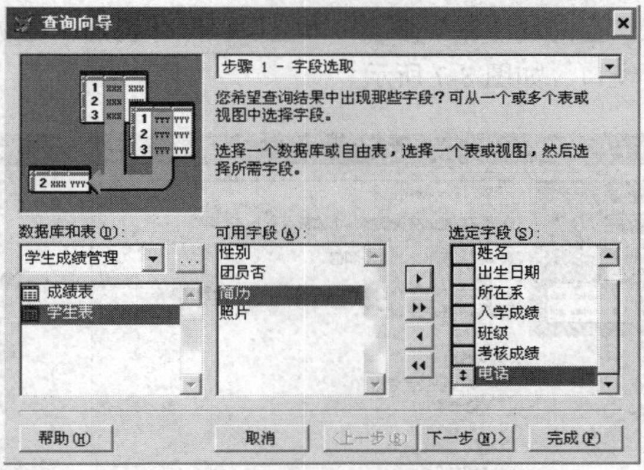

图 8-2 查询向导

单击“下一步”按钮进入查询向导“步骤 3-筛选记录”，如图 8-3 所示。

3. 设置查询条件

在“步骤 3-筛选记录”对话框中，按查询要求建立条件表达式，筛选符合表达式的记录。单击“预览”按钮能够浏览符合条件的记录。设置完成后，单击“下一步”按钮，进入查询向导“步骤 4-排序记录”对话框，如图 8-4 所示。

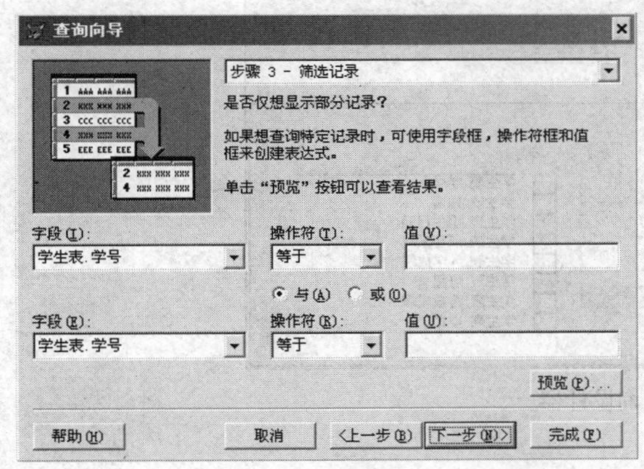

图 8-3 筛选记录

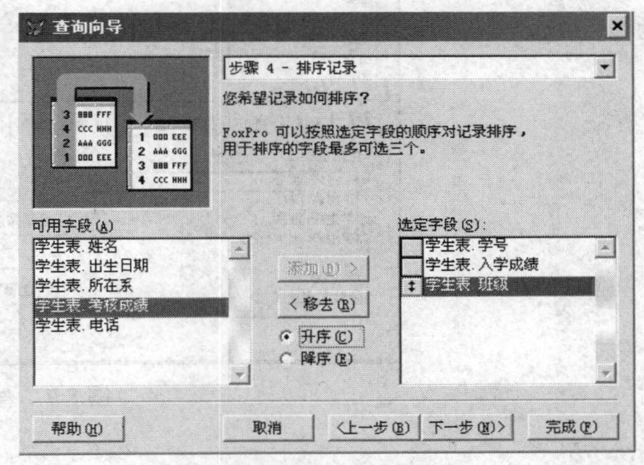

图 8-4 排序记录

4. 设置排序字段

在“步骤 4-排序记录”对话框中可以设置查询的排序依据，各选项说明：“可用字段”列表框列出可以排序的字段；“选定字段”列表框确定在查询中作为排序依据的字段。用于排序的字段最多可选 3 个。选择排序后，单击“下一步”按钮进入查询向导“步骤 4a-限制记录”对话框，如图 8-5 所示。此时，可以通过“预览”按钮浏览数据库记录。

5. 设置记录输出范围

在“步骤 4a-限制记录”对话框中可以限制记录的输出范围。先选定“所占记录百分比”以及“所有记录”选项，设置完成后，单击“下一步”按钮，进入查询向导“步骤 5-完成”，如图 8-6 所示。

6. 保存查询

在“步骤 5-完成”对话框中，有 3 种选择供用户确定向导完成后进行的操作。选择“保存查询并在‘查询设计器’修改”单选项，保存查询，建立查询文件（学生表查询），并进入“查询设计器”窗口，如图 8-7 所示。

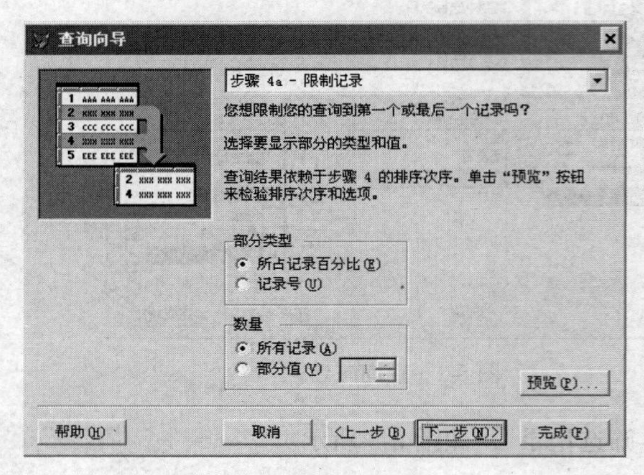

图 8-5　限制记录

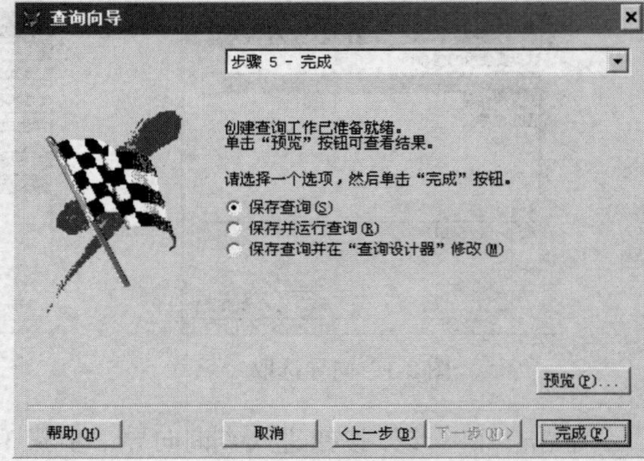

图 8-6　完成

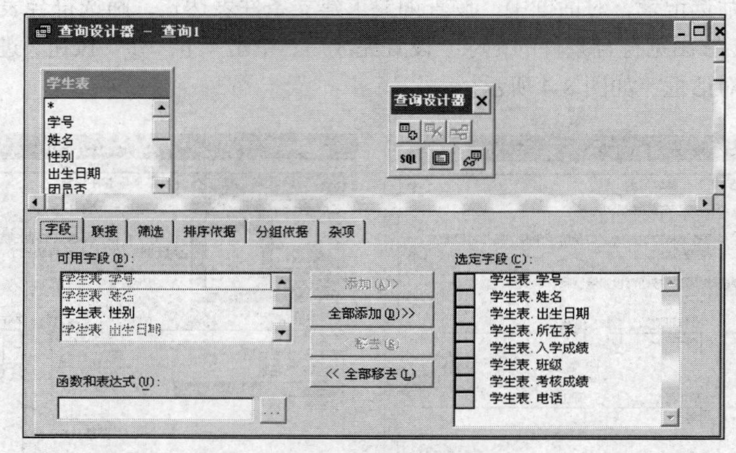

图 8-7　查询设计器

8.1.2　使用“查询设计器”创建查询

查询设计器可以方便灵活地生成各种查询。

1. 进入“查询设计器”

（1）菜单方式

选择“文件”菜单中的“新建”命令，打开“新建”对话框，然后选择“查询”单选按钮并单击“新建文件”图标按钮，打开查询设计器建立查询。

（2）命令方式

用 CREATE QUERY 命令打开查询设计器建立查询，命令格式为：

```
CREATE QUERY [查询文件名|?]
```

如图 8-8 所示，用户可选择查询所需要的表或视图，进入“查询设计器”。

2. 查询设计器

当“查询设计器”被激活后，屏幕显示“查询”菜单与“查询”工具条。“查询设计器”有 6

个选项卡，用于设置不同的内容：

● “字段”选项卡对应于 SELECT 短语，指定所要查询的数据，如图 8-9 所示。可以单击“全部添加”按钮选择所有字段，也可以逐个选择字段再单击“添加”按钮。在“函数和表达式”编辑框中可以输入或编辑表达式。

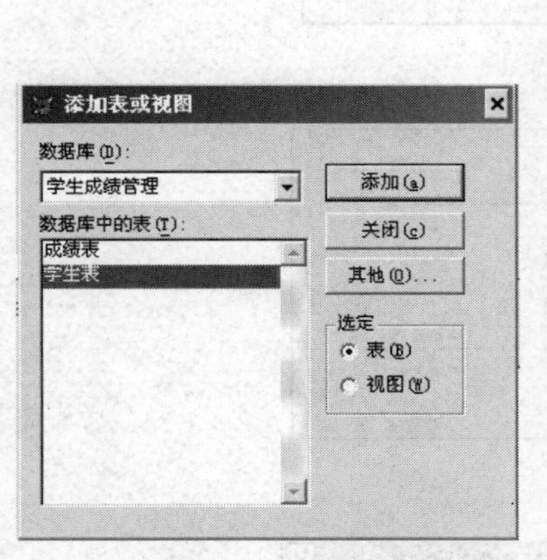

图 8-8 添加表或视图

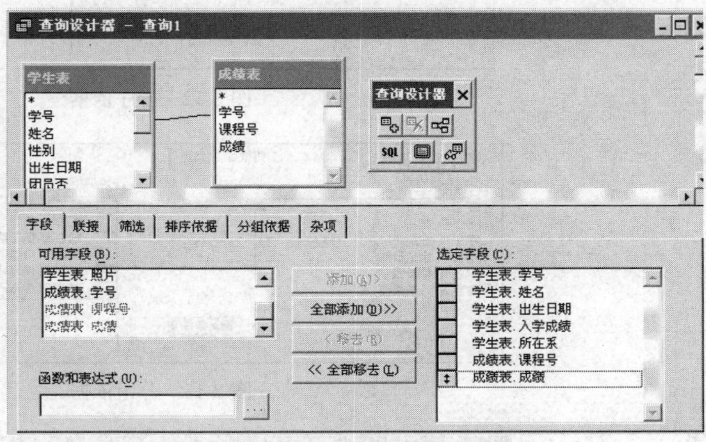

图 8-9 字段

● “联接”选项卡对应于 JOIN ON 短语，用于编辑联接条件，如图 8-10 所示。

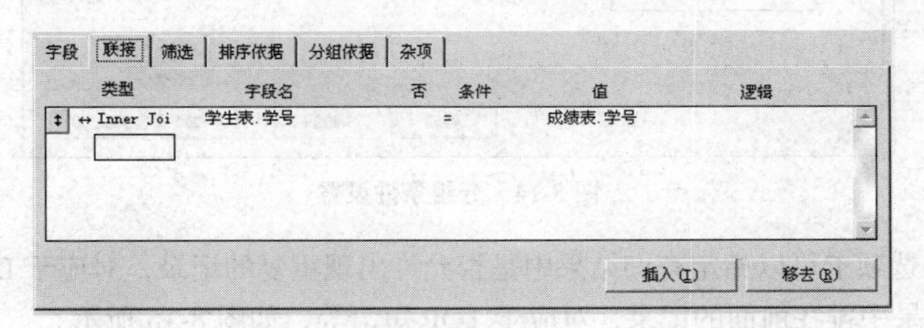

图 8-10 联接

● “筛选”选项卡对应于 WHERE 短语，用于指定查询条件，如图 8-11 所示。该选项卡的操作与“联接”选项卡操作类似，不同的操作有两项：“实例”选项与“大小写”按钮。

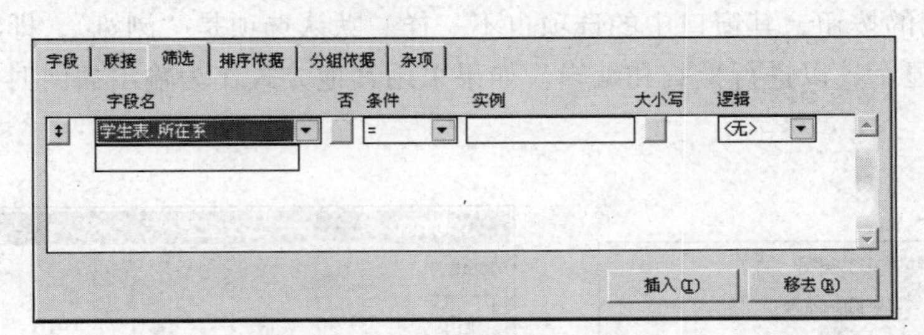

图 8-11 筛选

● “排序依据”选项卡对应于 ORDER BY 短语，用于指定排序的选项和排序方式，如图 8-12 所示。

● “分组依据”选项卡对应于 GROUP BY 短语和 HAVING 短语，用于分组，如图 8-13 所示。通过单击“满足条件”按钮进入条件设置对话框，如图 8-14 所示。

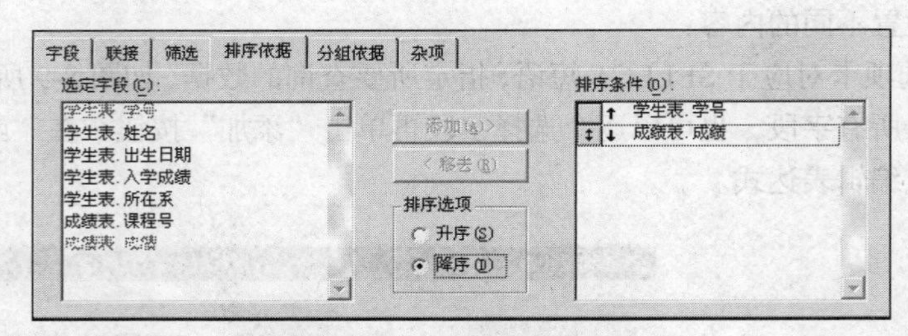

图 8-12　排序依据

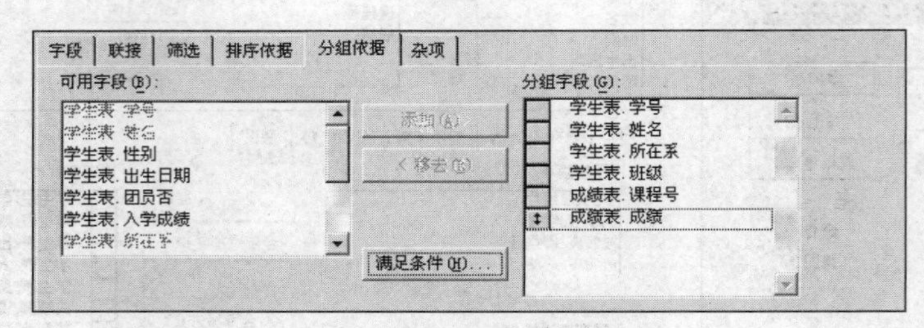

图 8-13　分组依据

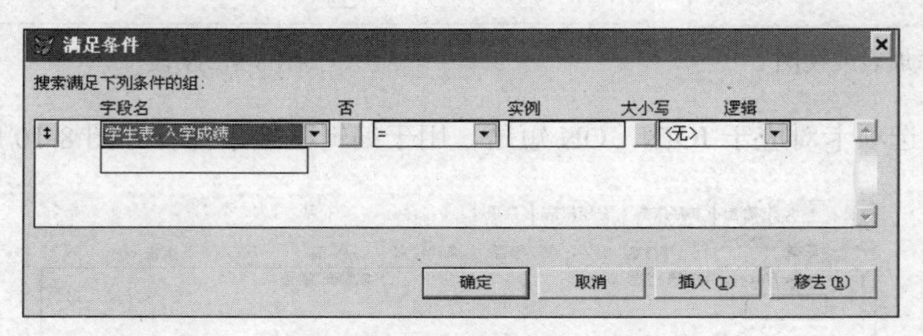

图 8-14　分组条件设置

● “杂项”选项卡可以指定查询结果中是否允许出现重复的记录，对应于 DISTINCT 短语；以及显示排序结果中排在前面的记录，对应于 TOP 短语等，如图 8-15 所示。

3. 查询去向

Visual FoxPro 提供了 7 种输出格式，由用户确定查询结果的输出方式。右键单击查询设计器的空白处，在弹出的快捷菜单中选择“输出设置”命令，如图 8-16 所示“查询去向”对话框。选择不同的按钮，其窗口中的选项也不一样。默认选项是“浏览”，即将查询结果送到“浏览”窗口中显示，以进行检查和编辑。如果采用其他方式作为输出去向时，则需要做相应的设置。

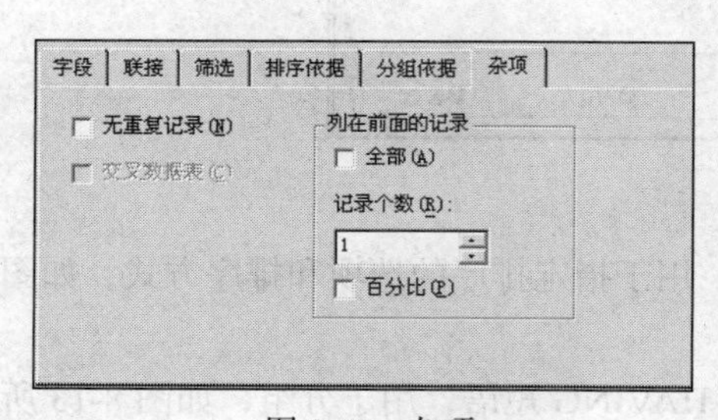

图 8-15　杂项

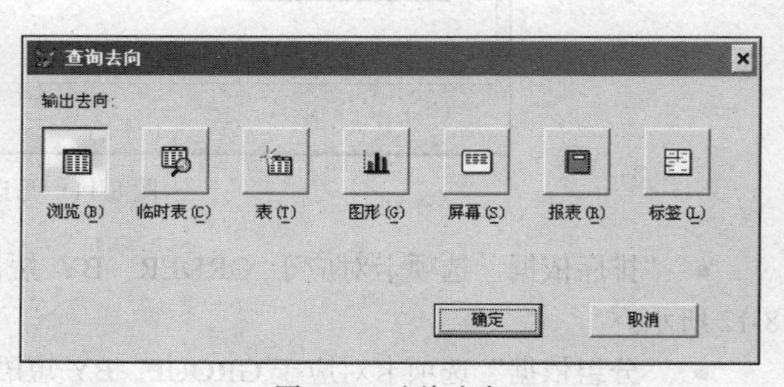

图 8-16　查询去向

4. 保存查询文件

选择“文件”菜单中的“保存”命令或单击“常用”工具栏中的“保存”按钮。

5. 运行查询文件

运行查询文件可以采用下列形式：

- 右键单击“查询设计器”窗口的空白区域，在快捷菜单中选择“运行查询”命令。
- 在“常用”工具栏中单击“运行”按钮 **!**。
- 选择“查询”菜单中的“运行查询”命令。
- 在命令窗口中，用“DO 查询文件名.QPR”命令运行，扩展名“.QPR”不能省略。

6. 修改查询文件

（1）菜单方式

选择“文件”菜单中的“打开”命令，在“打开”对话框中选择文件类型为“查询（*.qpr）”，并选择要修改的文件名，单击“确定”按钮。

（2）命令方式

用 MODIFY QUERY 命令修改查询文件，其命令格式为：

```
MODIFY  QUERY 查询文件名.QPR
```

8.1.3 查询举例

【例 8-2】 根据已建立查询文件“学生表查询”，确定“学号”数据项为横坐标，“入学成绩”数据项为纵坐标，定制查询结果以“图形”方式显示。

（1）单击“图形”按钮后确定，在“查询设计器”窗口上单击鼠标右键，选择“运行查询”，出现如图 8-17 所示的“图形向导”对话框。通过横、纵坐标的数据来源确定图形的布局。从可用字段将“学号”拖至“坐标轴”、“入学成绩”拖至“数据系列”。

（2）单击“下一步”按钮，进入“图形向导步骤 3-选择图形样式”，如图 8-18 所示。图中给出了多种图形样式，可以根据需要选择其中一个样式。

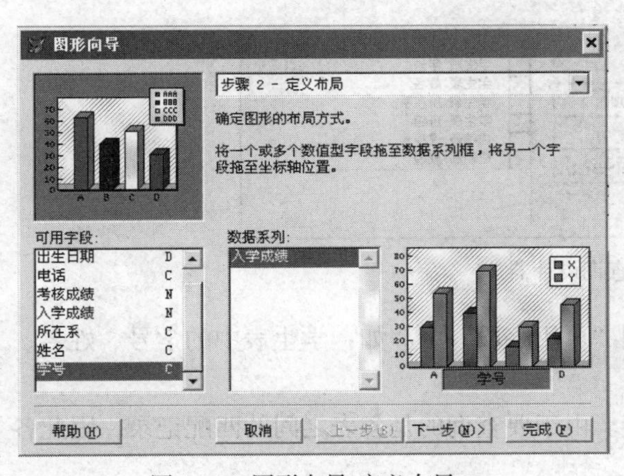

图 8-17 图形向导-定义布局

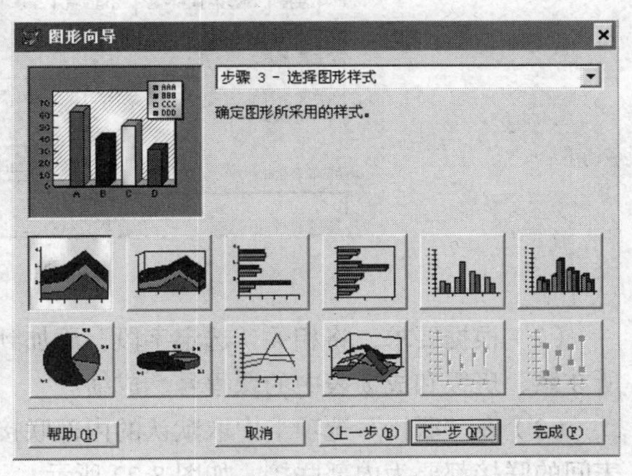

图 8-18 图形向导-选择图形样式

（3）单击“下一步”按钮，进入“图形向导步骤 4-完成”，如图 8-19 所示。可单击“预览”按钮显示输出样式。

（4）单击“完成”按钮，在“另存为”对话框中输入文件名，保存即可。结果如图 8-20 所示。

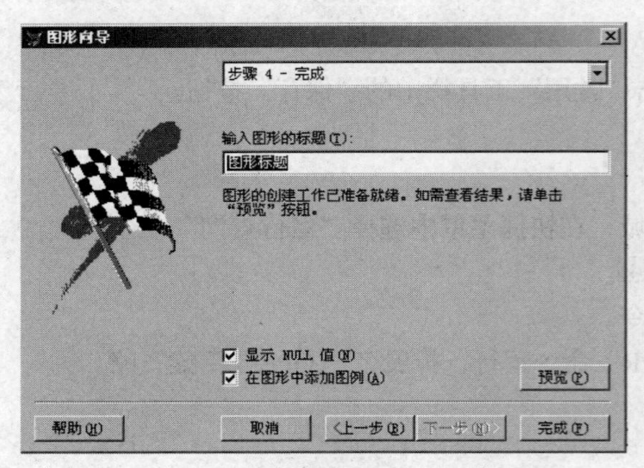

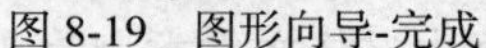
图 8-19　图形向导-完成

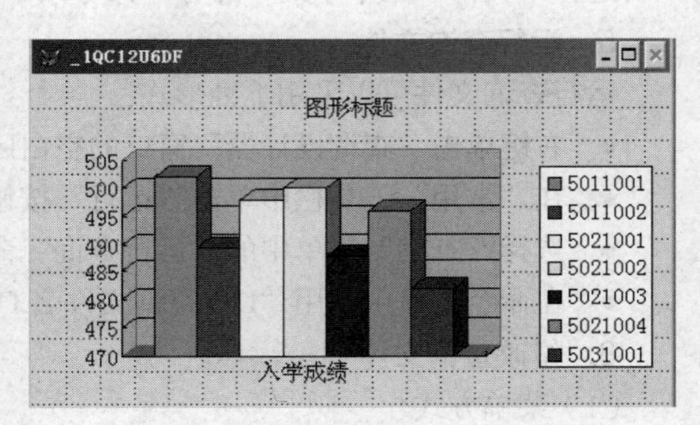

图 8-20　结果

【例 8-3】 根据"学生成绩管理"数据库，建立一个多表查询，完成查询"课程号"为 1011 的学生成绩信息。

在"学生成绩管理"数据库中，一门课程同时有若干学生学习，而一个学生可以同时选择多门课程，因此，课程与学生之间具有多对多关系。建立多表查询的过程如下：

（1）打开"学生成绩管理"数据库，选择"文件"菜单中的"新建"命令，选择"查询"并单击"新建文件"按钮，进入查询设计器。在"添加表或视图"窗口中依次将"学生表""成绩表"加入查询设计器，如图 8-21 所示。

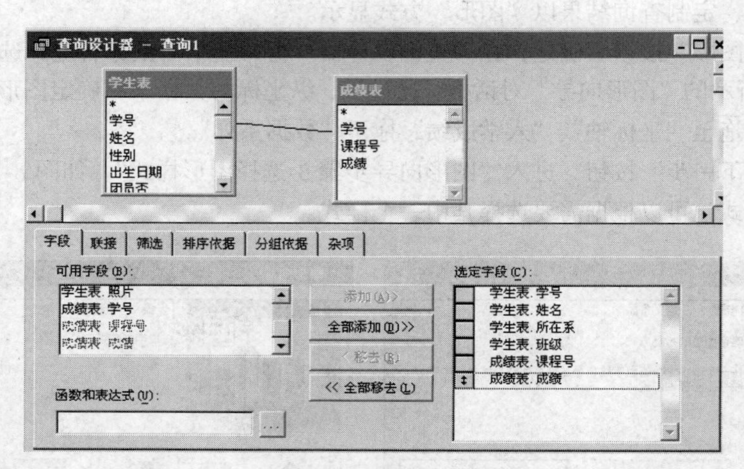

图 8-21　查询设计器

（2）根据要求，将相关"选定字段"添加到"可用字段"中。如：学生表中的学号、姓名、所在系、班级和成绩表中的课程号、成绩。

（3）在"联接"选项卡中取默认的内部联接。由于要查询的是各表之间的匹配记录，因此各表间的联接都要为内部联接，如图 8-22 所示。

（4）在"筛选"选项卡中设置筛选条件，如本例要求：成绩表.课程号 = 1011，如图 8-23 所示。

（5）在"排序依据"选项卡中选择"成绩表。"成绩"以"降序"方式添加到"排序条件"中，如图 8-24 所示。此处不需要"分组依据"，"杂项"取默认值，基于"学生成绩管理"的多表查询设计完成。

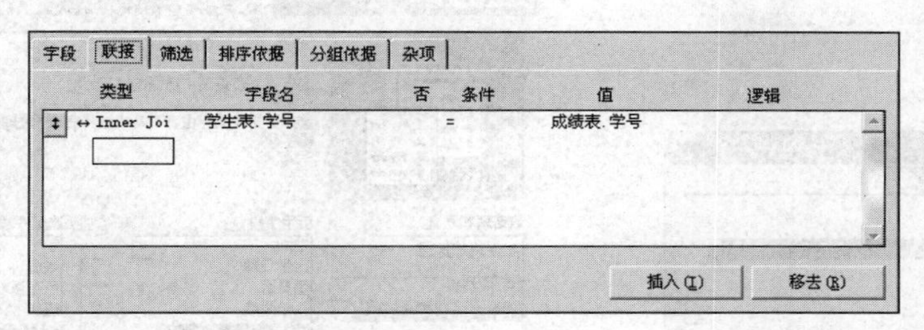

图 8-22　联接

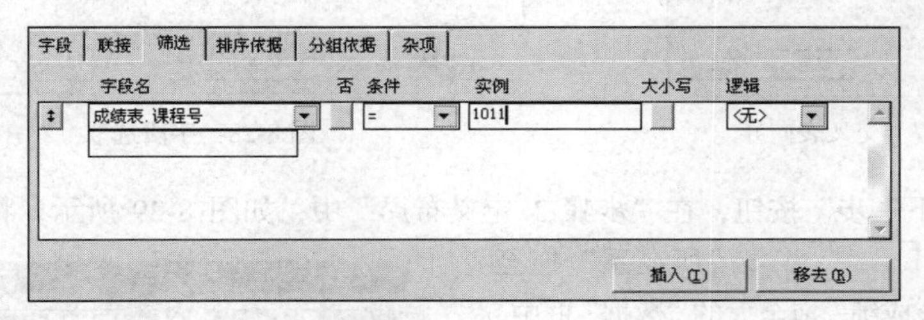

图 8-23　筛选

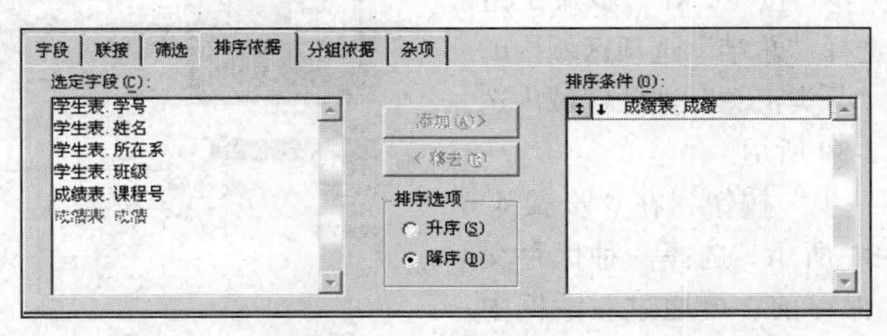

图 8-24　排序依据

（6）单击鼠标右键，选择“运行查询”，在“浏览”窗口中显示查询结果，如图 8-25 所示。在“查询去向”中选择“图形”，选择“查询”菜单→“运行查询”，确定“姓名”坐标及“成绩”为“数据系列”，选择一种输出形式，结果如图 8-26 所示。

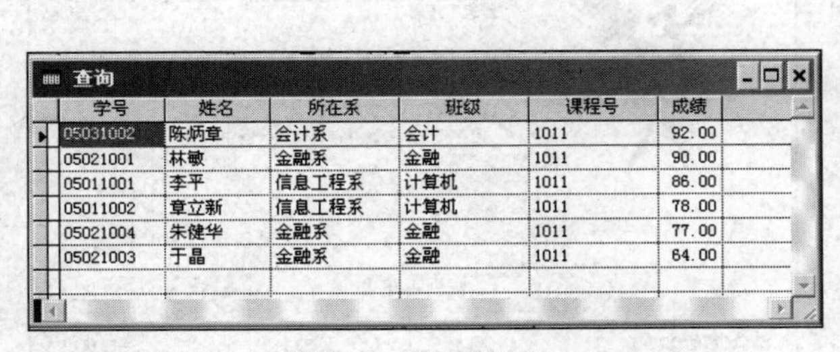

查询

学号	姓名	所在系	班级	课程号	成绩
05031002	陈炳章	会计系	会计	1011	92.00
05021001	林敏	金融系	金融	1011	90.00
05011001	李平	信息工程系	计算机	1011	86.00
05011002	章立新	信息工程系	计算机	1011	78.00
05021004	朱健华	金融系	金融	1011	77.00
05021003	于晶	金融系	金融	1011	64.00

图 8-25　显示结果

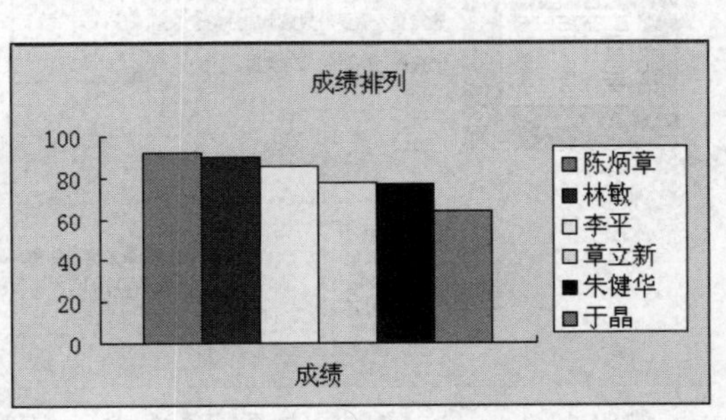

图 8-26　图形方式-成绩排列

【例 8-4】 根据“学生成绩管理”数据库，使用交叉表向导创建查询。

（1）打开“学生成绩管理”数据库，执行“工具”→“向导”→“查询”命令，在“向导选取”中选择“交叉表向导”，如图 8-27 所示，单击“确定”按钮。

（2）在“步骤 1-字段选取”中选择“学生成绩管理”数据库、“学生表”以及相关字段，如图 8-28 所示。

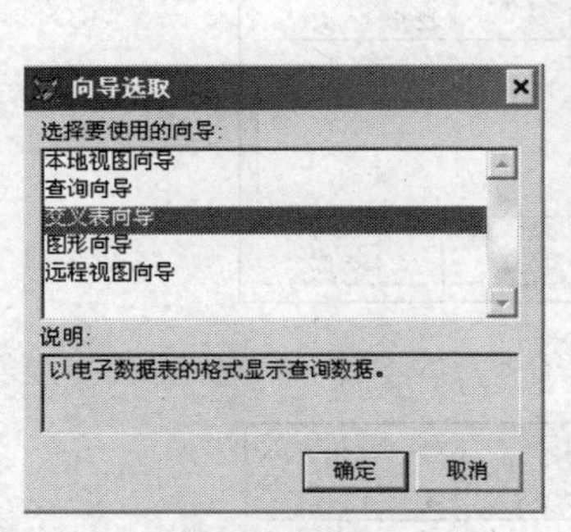

图 8-27 交叉表向导

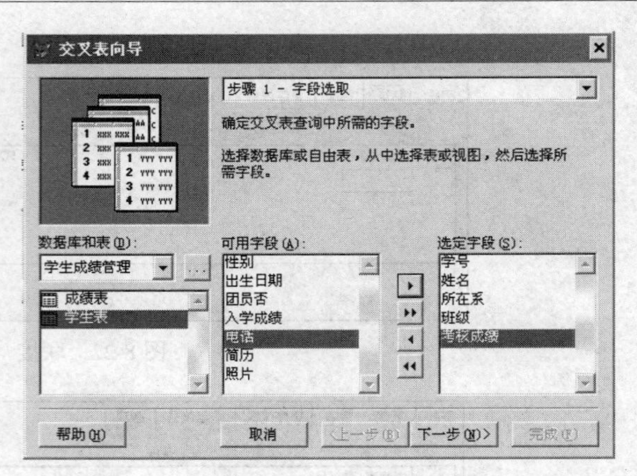

图 8-28 字段选取

（3）单击“下一步”按钮，在“步骤 2-定义布局”中，如图 8-29 所示，将“可用字段”中的“姓名”拖至 行 ，“所在系”拖至 列 ，“考核成绩”拖至大的“数据”框中。

（4）单击“下一步”按钮，在“步骤 3-进入总结信息”中，选择“总结”选项区域内的一个单选项目，在“分类汇总”选项区域内选择一个选项，如图 8-30 所示。

（5）单击“下一步”按钮，在“步骤 4-完成”中，如图 8-31 所示，选择一种保存交叉表查询的方式。保存前，可通过对话框中的“预览”按钮直接检查查询结果，如图 8-32 所示。

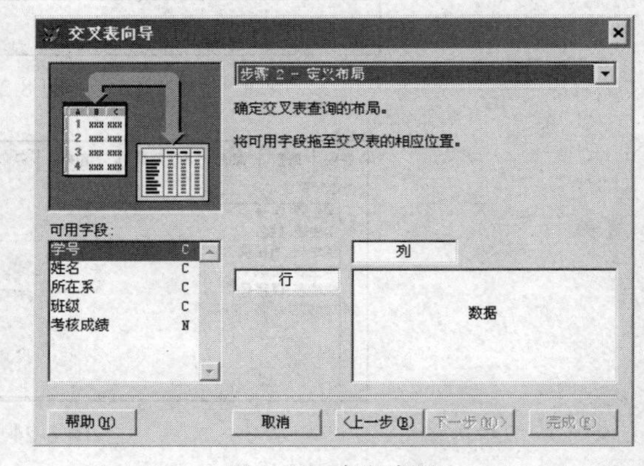

图 8-29 定义布局

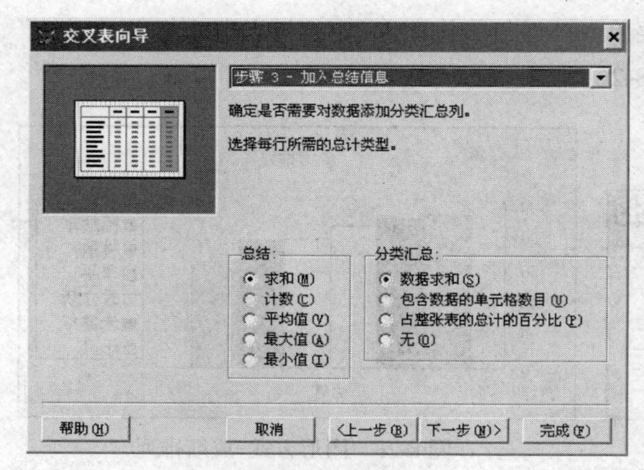

图 8-30 进入总结信息

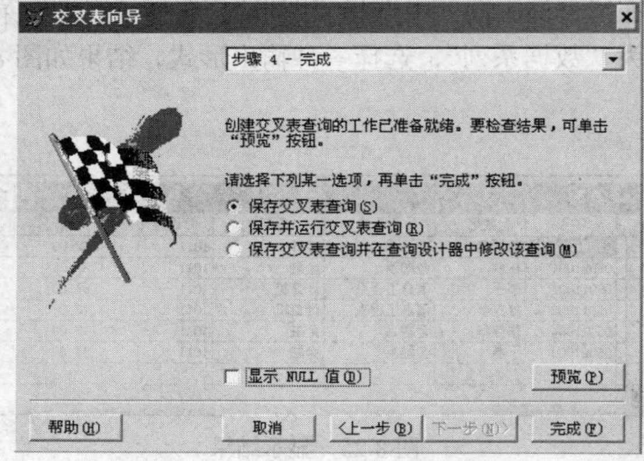

图 8-31 完成

“显示 NULL 值”指在无数据处显示 NULL。使用 NULL 值是为了说明这样一种情况：在字段或记录里的信息目前还无法得到。与其存储一个可能产生歧义的零或空格，倒不如在字段中存储 NULL 值，直到存入有实际意义的信息为止。在本例中去掉了选择，即不显示 NULL 值。这个查询以电子表格形式显示了所在系学生成绩的分布情况。

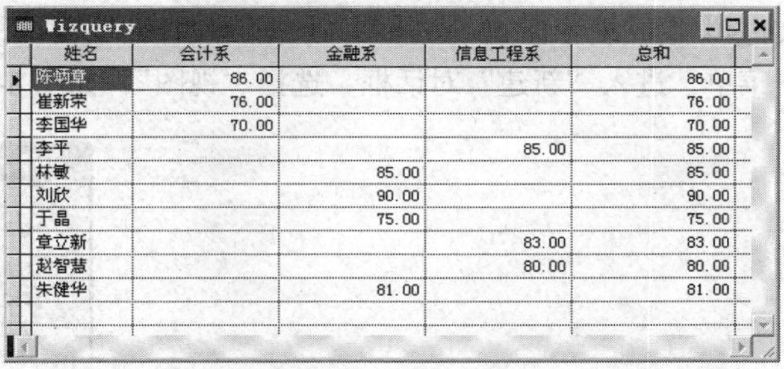

Wizquery

姓名	会计系	金融系	信息工程系	总和
陈炳章	86.00			86.00
崔新荣	76.00			76.00
李国华	70.00			70.00
李平			85.00	85.00
林敏		85.00		85.00
刘欣		90.00		90.00
于晶		75.00		75.00
章立新			83.00	83.00
赵智慧			80.00	80.00
朱健华		81.00		81.00

图 8-32　查询结果

8.2　视　　图

视图是根据表派生出来的“表”，为用户提供了一种浏览、使用 Visual FoxPro 表中数据的有力工具。使用这个“表”可以从一个或多个相关联的表中提取有用信息，也可以用来更新其中的信息，并将更新结果永久保存在磁盘上。

可以从本地表、其他视图、存储在服务器上的表或远程数据源中创建视图，因此，Visual FoxPro 的视图又分为本地视图和远程视图。本地视图是使用当前数据库中表建立的视图；远程视图是使用当前数据库之外的数据源表建立的视图。

视图是操作表的一种手段。通过视图可以查询表，也可以更新表。视图是程序和表的组合，不能执行它，只能用操作表的方法使用它。视图是不能单独存在的，它依赖于某一数据库且依赖于某一数据表而存在，只有存在当前数据库时才能建立视图，并且只有在包含视图的数据库打开时才能使用视图。

视图不是“图”，而是观察表中信息的一个窗口，相当于我们定制的浏览窗口。我们使用视图可以从表中将我们用到的一组记录提取出来组成一个虚拟表，而不管数据源中的其他信息，并可以改变这些记录的值，并把更新结果送回到数据源表中。这样，我们就不必面对数据源中所有的信息，加快了操作效率；而且，由于视图不涉及数据源中的其他数据，加强了操作的安全性。

8.2.1　使用视图向导创建本地视图

和其他向导一样，本地视图向导也是一个交互式程序。使用视图向导创建本地视图时，向导将自动列出创建视图的过程，提出一系列的简单问题或选择一些选项，指定在视图中将使用本地数据库、表和字段，用户根据向导提出的问题，完成相应的操作，就可以正确地建立视图。

打开“本地视图向导”的方法：

打开数据库文件，进入“数据库设计器”窗口，在 Visual FoxPro 主菜单下打开“新建”菜单，进入“新建”窗口，选择文件类型下“视图”，选择“向导”按钮，进入“本地视图向导”窗口。

【例 8-5】根据学生成绩管理数据库，创建一个单表本地视图“学生表视图”，视图中包含“学号”“姓名”“班级”“入学成绩”4 个字段内容。

此处采用“本地视图向导”来完成，操作步骤如下：

（1）打开数据库文件-学生成绩管理.dbc，进入“数据库设计器”窗口，如图 8-33 所示。

（2）打开“新建”菜单，进入“新建”对话框，选择“视图”，如图 8-34 所示。

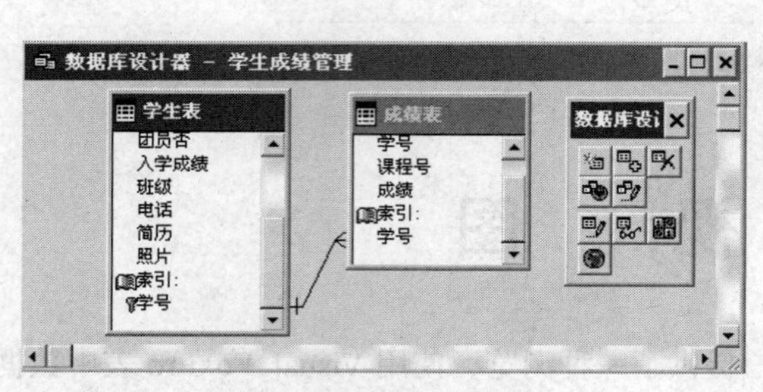

图 8-33 数据库设计器

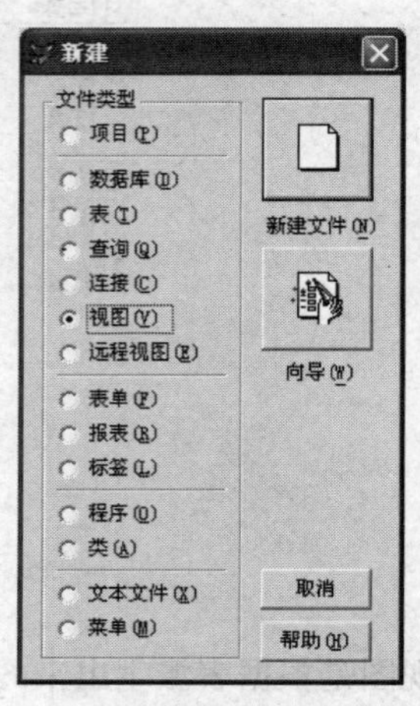

图 8-34 “新建”对话框

（3）单击“向导”按钮，进入“本地视图向导步骤 1-字段选取”窗口，如图 8-35 所示。

（4）在“本地视图向导步骤 1-字段选取”窗口中，可以从几个表或视图中选取字段。首先从一个表或视图中选取字段，并将它们移动到“选定字段”框中，这里选择“学生表”为数据来源，根据本题要求选择出现在视图中的字段“学号”“姓名”“班级”“入学成绩”，并将这 4 个选中的字段移到“选定字段”框中，再单击“下一步”按钮，如图 8-36 所示。

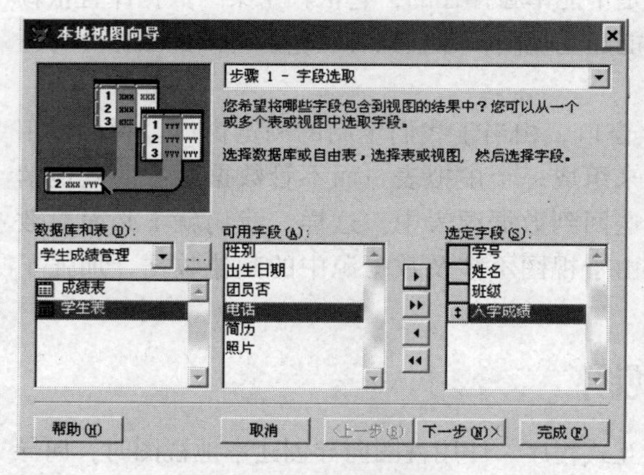

图 8-35 步骤 1-字段选取

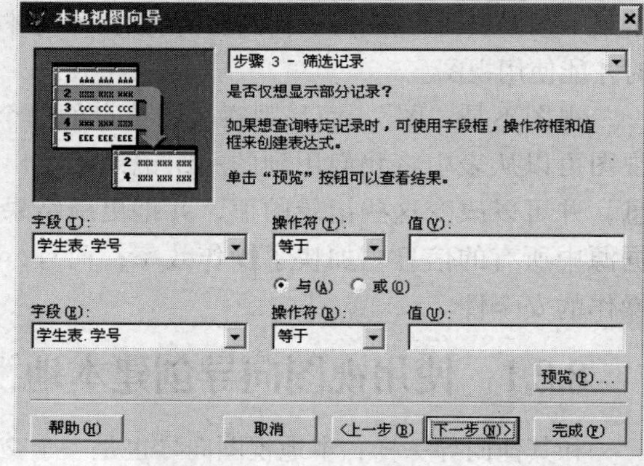

图 8-36 步骤 3-筛选记录

（5）在“本地视图向导步骤 3-筛选记录”对话框中，通过创建从所选的表或视图中筛选记录的表达式，可以减少记录的数目。单击“下一步”按钮，如图 8-37 所示。

（6）在“本地视图向导步骤 4-排序记录”对话框中，这一步最多选择 3 个字段或一个索引标识以确定视图结果的排序顺序。选择“学号”作为索引字段，并按“升序”排列。选择排序的字段，添加到“选定字段”，单击“下一步”按钮，如图 8-38 所示。

进入“步骤 4a-限制记录”对话框，可以通过指定一定百分比的记录，或者选择一定数量的记录，来进一步限制视图中的记录数目。单击“下一步”按钮，如图 8-39 所示，进入“步骤 5-完成”对话框。

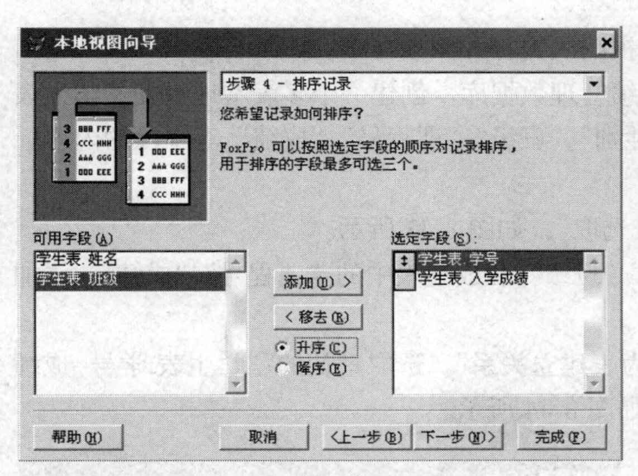

图 8-37　步骤 4-排序记录

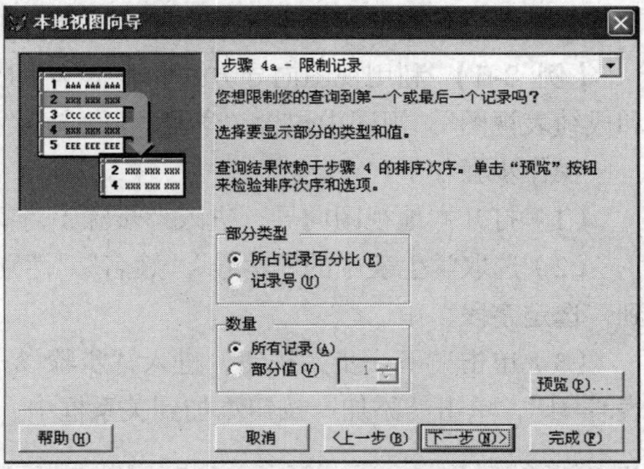

本地视图向导
步骤 4a - 限制记录
您想限制您的查询到第一个或最后一个记录吗？
选择要显示部分的类型和值。
查询结果依赖于步骤 4 的排序次序。单击“预览”按钮来检验排序次序和选项。
部分类型
所占记录百分比(E)
记录号(U)
数量
所有记录(A)
部分值(V)
预览(P)...
帮助(H)　取消　<上一步(B)　下一步(N)>　完成(F)

图 8-38　步骤 4a-限制记录

（7）单击“完成”按钮，进入“视图名”窗口，如图 8-40 所示，输入创建视图的名称“学生表视图”，单击“确认”按钮，返回 Visual FoxPro 系统主菜单下，创建视图操作结束，如图 8-41 所示。

图 8-39　完成

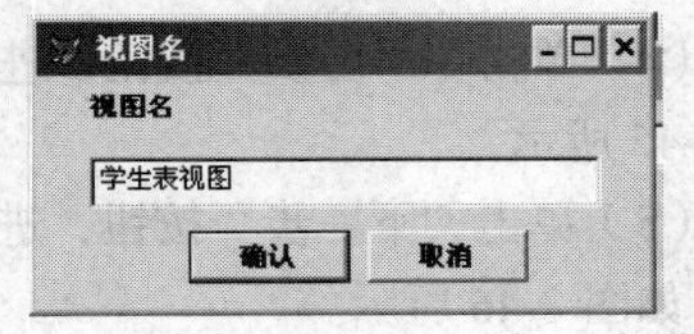

图 8-40　视图名

可以看到，视图和表的图标不一样。表的图标是一个表格形式，视图则是两个表格加一支笔。向导保存视图之后，可以像其他视图一样，在“视图设计器”中打开并修改它。

（8）视图可以像表一样进行操作，如双击它的窗口可以进入浏览窗口。或者采用打开“数据库”菜单，选择“浏览”，进入视图“浏览”窗口，如图 8-42 所示。

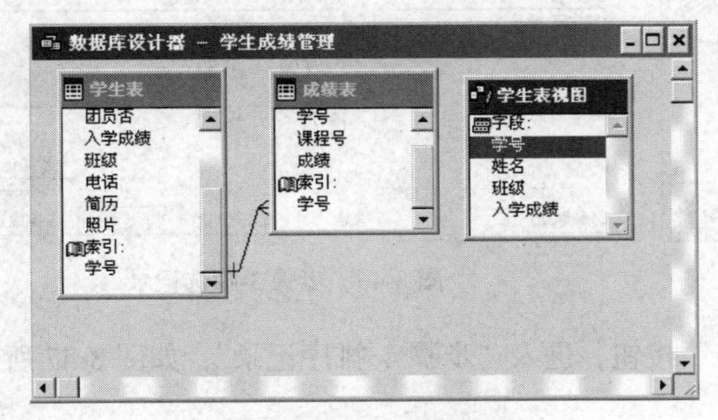

图 8-41　数据库设计器

学生表视图

学号	姓名	班级	入学成绩
0511001			
05031003	崔新荣	会计	478.00
05031002	陈炳章	会计	466.00
05031001	李国华	会计	482.00
05021004	朱健华	金融	496.00
05021003	于晶	金融	488.00
05021002	刘欣	金融	500.00
05021001	林敏	金融	498.00
05011003	赵智慧	计算机	467.00
05011002	章立新	计算机	489.50
05011001	李平	计算机	502.00

图 8-42　学生表视图

需要注意的是视图保存在数据库中，要打开视图须先打开该数据库。

【例 8-6】 利用视图向导方式，根据学生成绩管理数据库。创建一个多表本地视图“学生表和成绩表视图”，视图中包含“学号”“姓名”“性别”“班级”“课程号”“成绩”等字段的内容。

操作步骤如下：

（1）打开本地视图向导，进入“步骤 1-字段选取”，如图 8-43 所示。

（2）选取学生表中的“学号”“姓名”“性别”“班级”和成绩表中的“课程号”“成绩”，添加到“选定字段”中。

（3）单击“下一步”按钮，进入“步骤 2-为表建立关系”。选取默认的“学生表.学号=成绩表.学号”，单击“添加”按钮添加到关系框中，如图 8-44 所示。

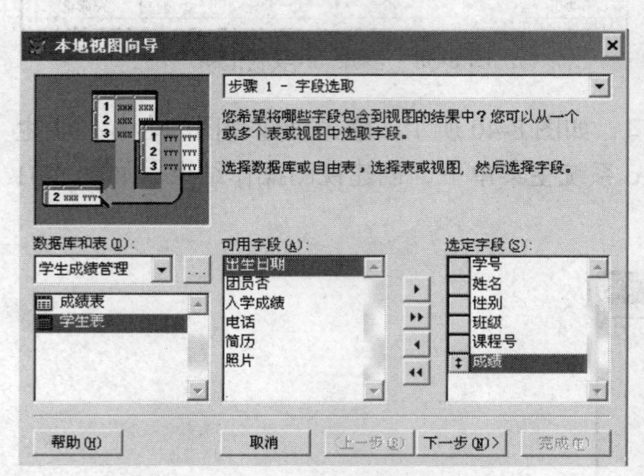

图 8-43 字段选取

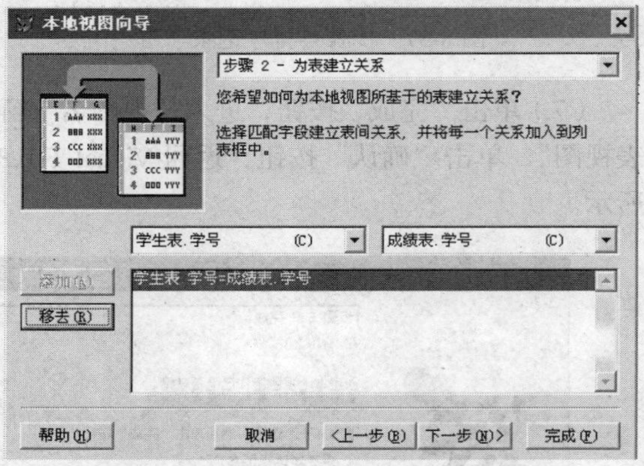

图 8-44 为表建立关系

（4）单击“下一步”按钮，进入“步骤 2a-字段选取”。取默认情况，只包含匹配的记录，如图 8-45 所示。

（5）单击“下一步”按钮，进入“步骤 3-筛选记录”。这一步最多选择 3 个字段作为排序字段，如图 8-46 所示。

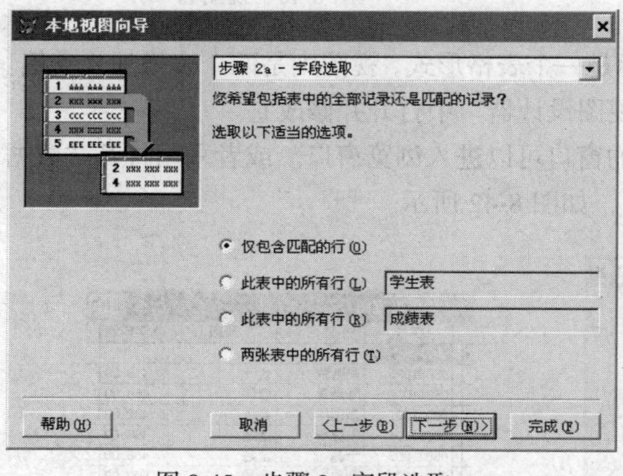

图 8-45 步骤 2a-字段选取

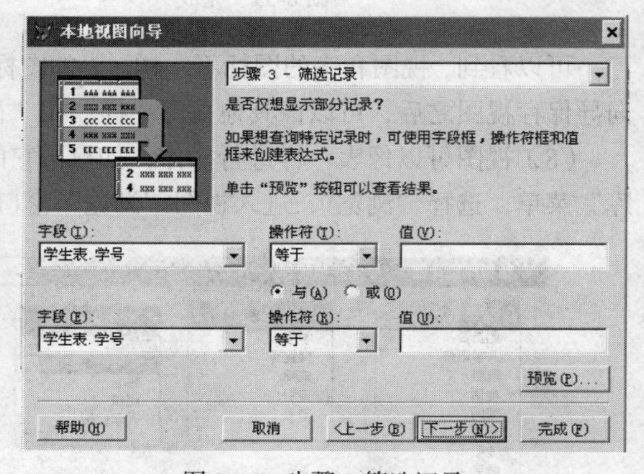

图 8-46 步骤 3-筛选记录

（6）这里我们取默认值。单击“下一步”按钮，进入“步骤 4-排序记录”，如图 8-47 所示。（此例暂时不做选择）

（7）单击“下一步”按钮，进入“步骤 5-完成”，如图 8-48 所示。选择合适的选项并单击“完成”按钮。进入“视图名”窗口，如图 8-49 所示，输入创建视图的名称“学生表和成绩表视图”，单击“确认”按钮，返回 Visual FoxPro 系统主菜单下，创建视图操作结束。

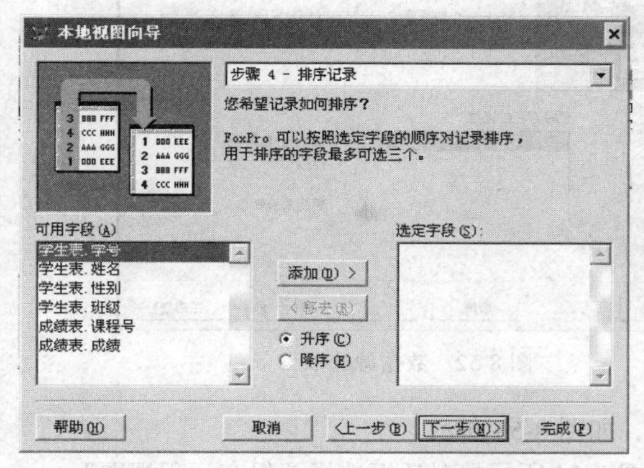

图 8-47　步骤 4-排序记录

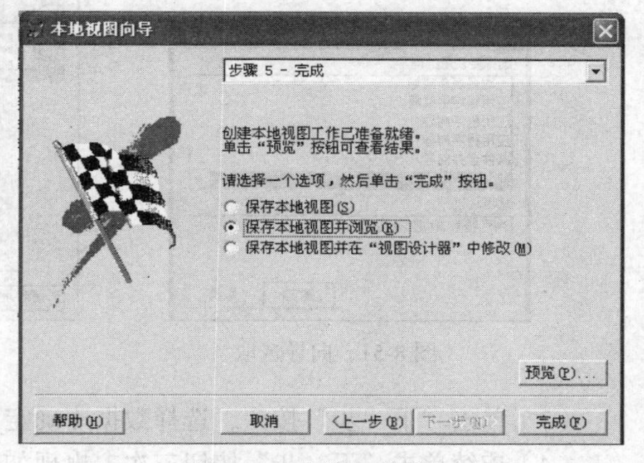

图 8-48　步骤 5-完成

如图 8-50 所示是经过前面步骤生成的多表视图。学生表和成绩表按“学号”字段结合在一起，组成一个新的视图。虽然其中的数据是来自两个表，但是在“浏览”窗口看起来就和一个表一样，非常便于我们的操作。

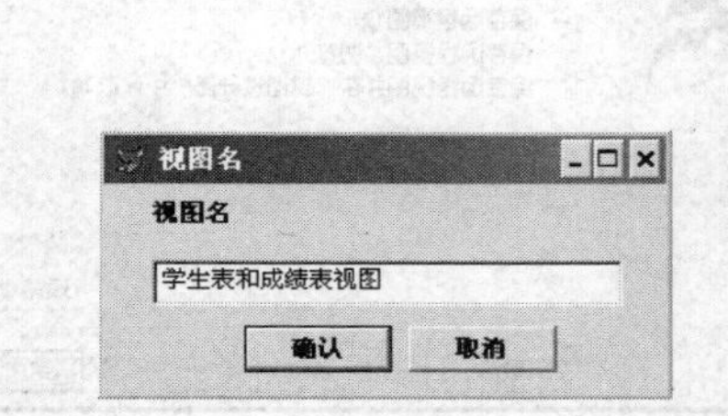

图 8-49　“视图名”窗口

学生表和成绩表视图

学号	姓名	性别	班级	课程号	成绩
05031002	陈炳章	男	会计	1011	92.00
05021001	林敏	女	金融	1011	90.00
05031001	李国华	男	会计	3002	90.00
05031003	崔新荣	女	会计	3001	88.00
05011001	李平	女	计算机	1011	86.00
05011001	李平	女	计算机	1011	86.00
05011002	章立新	男	计算机	1031	85.00
05011003	赵智慧	女	计算机	1031	83.00
05031002	陈炳章	男	会计	3001	82.00

图 8-50　学生表和成绩表视图

8.2.2　使用视图向导创建远程视图

创建远程视图，必须首先连接一个数据源。用户必须具有保存视图的已存在的数据库，同时还必须建立有效的数据源或命名连接。通过连接设计器创建连接。

利用远程视图向导创建远程视图的方法有如下两种：

（1）执行“工具”→“向导”→“全部”命令，在弹出的“向导选取”对话框中选取“远程视图向导”。

（2）执行“文件”→“新建”命令，在弹出的“新建”对话框中选择“远程视图向导”单选按钮，再单击“向导”按钮，即进入“远程视图向导”对话框。

【例 8-7】使用方法（1），为 Microsoft Access 建立的数据库“员工库.mdb”创建“员工视图”远程视图。

操作步骤如下：

（1）执行“工具”→“向导”→“全部”命令，出现如图 8-51 所示的“向导选取”对话框。

（2）选取“远程视图向导”，单击“确定”按钮，出现“步骤 1-数据源选取”对话框，选择“连接”单选按钮→“连接 1”，如图 8-52 所示。

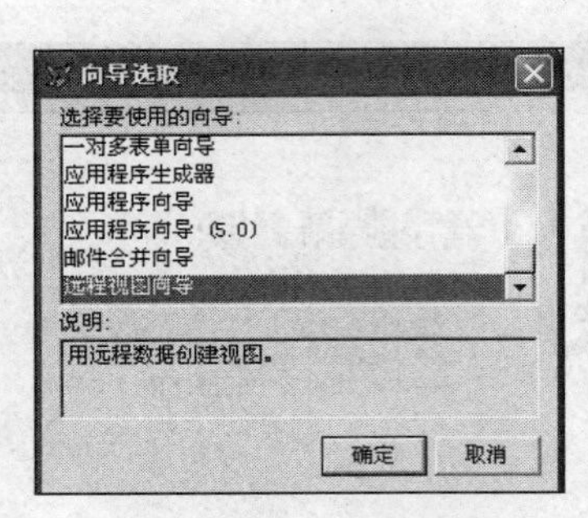

图 8-51　向导选取

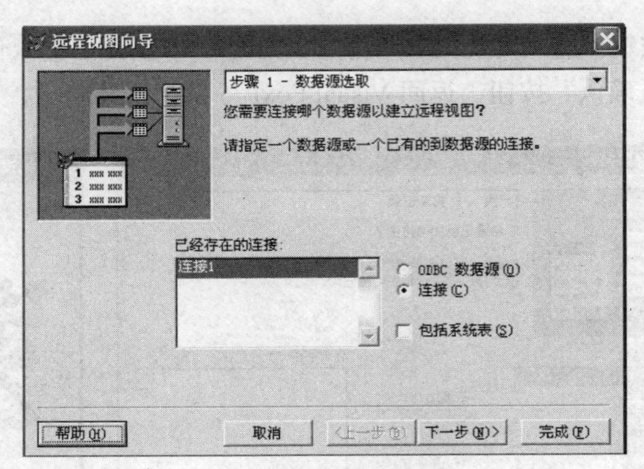

图 8-52　数据源选取

（3）单击“下一步”按钮，选择数据库确定，如图 8-53 所示。

（4）连续单击“下一步”按钮三次，出现如图 8-54 所示的对话框选择“保存远程视图”。

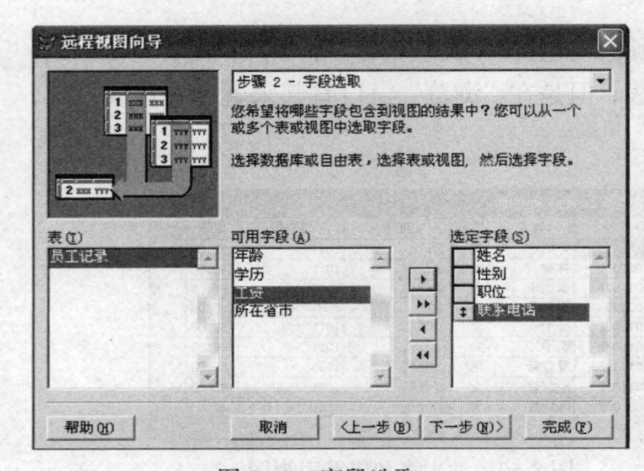

图 8-53　字段选取

图 8-54　保存、完成

（5）单击“完成”按钮，如图 8-55 所示，输入远程视图名（如：员工视图）。

确认后，选择相关数据库，以浏览方式显示远程视图，如图 8-56 所示。

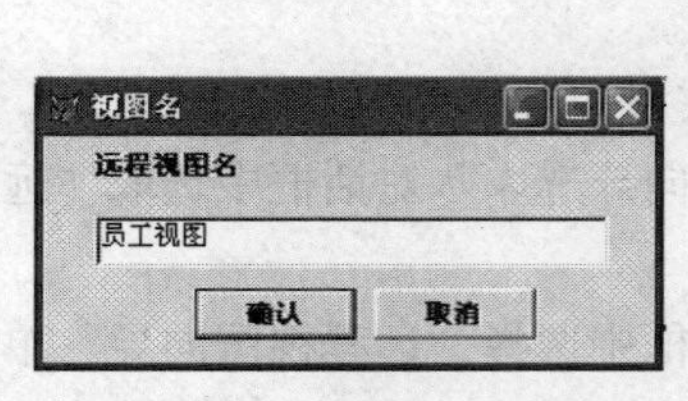

姓名	性别	职位	联系电话
张力	女	银业员	2214655
马军	男	总经理	5426122
赵虎	男	采购	23121252
李辉	男	懂事长	13462525461
马骏	男	销售员	2214655
张强	男	销售员	1121212

图 8-55　“视图名”窗口　　　　图 8-56　浏览远程视图

8.2.3　利用视图设计器创建视图

视图的基础与查询一样，是 SQL SELECT 语句。视图设计器与查询设计器的组成和操作类似，区别在于：

- 视图设计器有“更新条件”选项卡，而查询设计器没有。

- 视图可以通过对产生视图的表更新条件的设置，对数据源进行更新，而查询不可以。
- 视图没有输出去向的选择，而查询有输出去向的选择。
- 查询设计器的结果是将查询以扩展名“.QPR”的文件形式保存在磁盘中，而视图的结果保存在数据库中。

视图设计器可以通过多种方法打开，如从“文件”→“新建”→“视图”→“新建文件”中打开，从项目管理器中打开等。下面是从数据库中打开的方式：

（1）打开一个数据库，从“数据库”菜单中选择“新建本地视图”，在弹出的快捷菜单中选择“新建本地视图”，如图 8-57 所示。

（2）单击“新建视图”按钮。如图 8-58 所示，将创建视图所需的表选中，并单击“添加”按钮；如为多个表，则重复选多次。添加完毕后，单击“关闭”按钮关闭对话框。如图 8-59 所示出现“视图设计器”窗口。

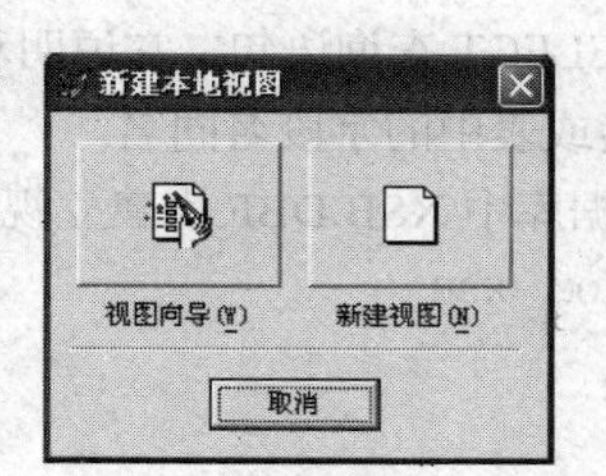

图 8-57 新建本地视图

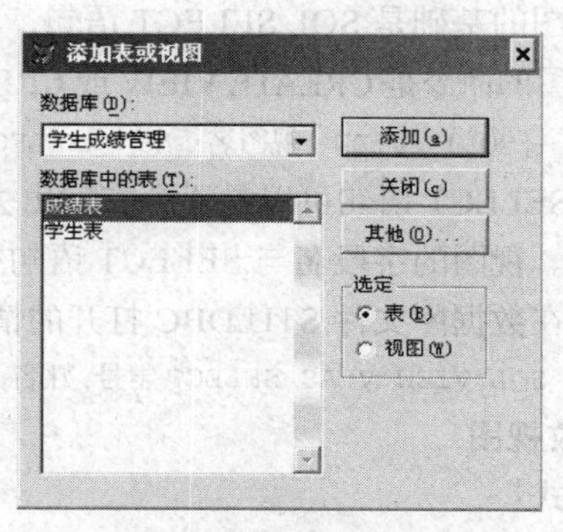

图 8-58 添加表或视图

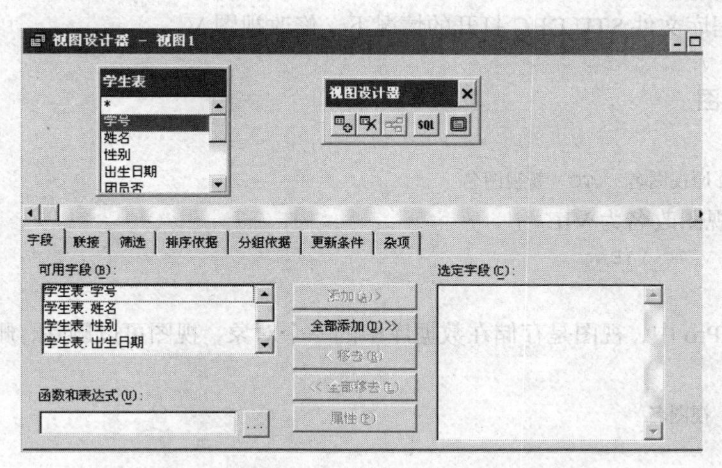

图 8-59 视图设计器

窗口上半部分放置添加的表，下半部分是设置视图“字段”“联接”“筛选”“排序依据”“分组依据”“更新条件”“杂项”7 个选项卡。

8.2.4 使用视图

视图建立之后，不但可以用它来显示和更新数据，而且还可以通过调整它的属性来提高性能。视图的使用类似于表：

- 可以使用 USE 命令打开或关闭视图。
- 可以在“浏览器”窗口中显示或修改视图中的记录。
- 可以使用 SQL 语句操作视图。
- 可以在文本框、表格控件、表单或报表中使用视图作为数据源等。

视图一经建立就可以像表一样使用，适用于表的命令基本都可以用于视图，比如在视图上也可以建立索引但索引是临时的，视图一关闭，索引自动删除。视图不可以用 MODIFY STRUCTURE 命令修改结构，因为视图毕竟不是独立存在的表，它是由表派生出来的，可以通过修改视图的定义来修改视图。

8.2.5 使用命令操作本地视图

1. 建立视图

定义视图的基础是 SQL SELECT 语句，即通过 SQL SELECT 说明视图中包含什么样的数据。

建立视图的命令是 CREATE VIEW 或 CREATE SQL VIEW。建立本地视图的具体命令格式为：

```
CREATE  [SQL]  VIEW  视图名  AS  <SELECT 语句>
```

其中，SELECT 语句可以是不含有输出去向的任意的 SELECT 查询语句，它说明和限定了视图中的数据。视图的字段名与 SELECT 语句中指定的字段名或表中的字段名同名。

例如，在数据库文件 STU.DBC 打开的情况下，根据数据库中 XSB.DBF 表建立视图 V。

```
CREATE SQL VIEW V AS SELECT 学号,姓名,性别,入学成绩 FROM  XSB
```

2. 修改视图

命令格式：

```
MODIFY VIEW 视图名
```

例如，在数据库文件 STU.DBC 打开的情况下，修改视图 V。

```
MODIFY VIEW V
```

3. 重命名视图

命令格式：

```
RENAME  VIEW 原视图名   TO  新视图名
```

例如，将 V 视图改名为 VIE。

```
RENAME VIEW V TO VIE
```

4. 删除视图

在 Visual FoxPro 中，视图是存储在数据库中的一个对象，视图可以删除，删除视图的命令格式是：

```
DROP  VIEW   视图名
```

或

```
DELETE VIEW  视图名
```

例如，将 VIE 视图删除。

```
DELETE VIEW VIE
```

或

```
DROP VIEW VIE
```

第9章 报表与标签

对数据库的一切操作完成之后，人们总是要将最后的结果进行输出。计算机屏幕输出因受屏幕大小的限制，且不能永久保存，而只能用于计算机操作者观察、调试程序。要将结果数据供其他人员使用，就需将它用打印机打印出来。此时，应将数据库操作的结果设计成报表的形式输出。

报表包括数据源和报表布局两部分。数据源的作用是定义报表中数据的来源，它可以是表（包括数据库表和自由表）、视图、查询等数据文件；报表布局用来定义报表的打印格式。

用户设计的报表保存在扩展名为.frx 和.frt 的报表文件中。需要指出的是，报表文件并不保存数据，每次运行报表文件，系统都将从数据源文件中取出最新数据，形成输出报表。

Visual FoxPro 6.0 中的报表分为三种。

（1）简单报表：数据源是一张表的报表。

（2）分组/总计报表：对表中的数据根据某一标准进行分组后而得到的一种总结报表。此表可为用户提供每组数据的总计值。

（3）一对多报表：根据两张表创建的报表，而这两张表本身是利用一对多关系而创建的。

9.1 创建报表

Visual FoxPro 报表布局大致可分为列报表、行报表、多栏报表、一对多报表、标签等几种情形。一般而言，在创建报表之前，用户应该先确定自己要创建的报表属于这几种报表中的哪一种。创建报表可利用“报表设计器”、“报表向导”和“快速报表”等多种方式来完成。在创建报表的过程中，用得最多的工具是“报表控件”和“布局”两样。下面结合实例引导读者一步一步地熟悉这些方法和工具，并掌握创建报表的整个过程。

9.1.1 报表设计器

报表设计器是 VFP 提供的一种制表辅助工具，具有报表设计、显示和打印等功能。使用报表设计器来设计报表，其主要任务是设计报表布局和确定数据源，报表布局确定了报表样式，而数据源则为布局中的控件提供数据。与表单设计一样，数据源也可由数据环境设计器来管理。

VFP 提供了 3 种创建报表的方法：

（1）直接用报表设计器创建报表。

（2）用报表向导创建简单的单表或多表报表，由它自动提供报表设计器的定制功能，这是创建报表的最简单的途径。

（3）用快速报表命令为一个表创建一个简单报表，这是创建布局的最迅速的途径，也是用报表设计器创建报表的特例。

报表设计器可以修改用上述各种方法产生的报表，使之更加完善与适用，因此报表设计器的用法是本章的重点。

报表设计器的基本操作包括：打开报表设计器窗口，快速建立报表，报表页面预览，保存报表定义和打印报表等内容，现分述于下。

打开报表设计器窗口的两种方法如下。

方法一：在命令窗口输入 CREATE REPORT 命令，按回车键后就打开了报表设计器。

方法二：单击“新建”按钮，打开如图 9-1 所示的“新建”对话框，选择“报表”，单击“新建文件”按钮，就打开了报表设计器，如图 9-2 所示。

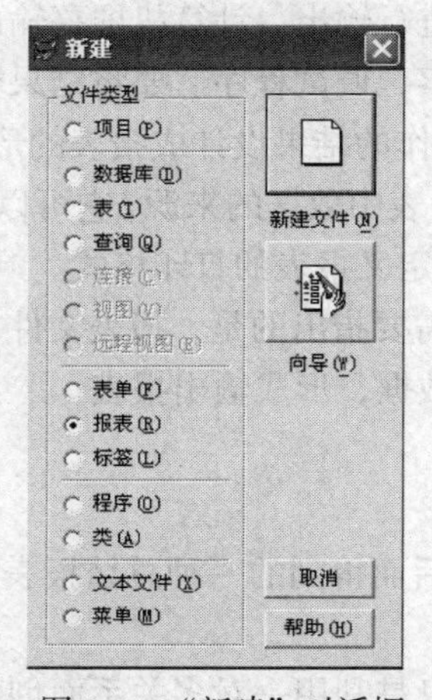

图 9-1　“新建”对话框

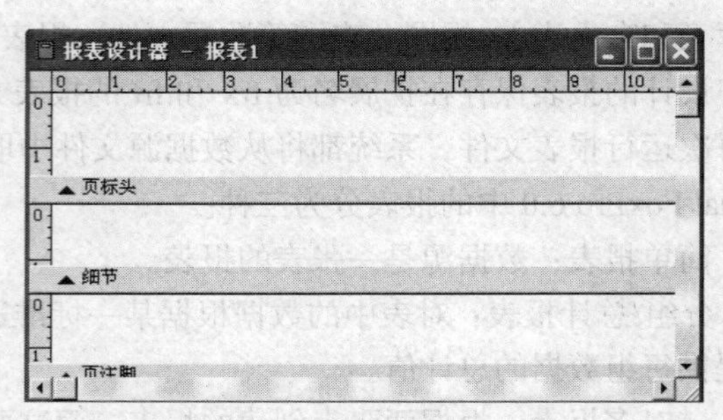

图 9-2　“报表设计器”窗口

在打开报表设计器的同时“报表”菜单条也自动添加到系统菜单上，还有“报表控件”工具栏、“报表设计器”工具栏也被默认显示在 Visual FoxPro 主窗口下。如果在您的系统中，这两个图标工具栏没有随报表设计器一起打开，可单击“显示”菜单，选择“工具栏”选项，打开如图 9-3 所示“工具栏”对话框，在该对话框中选择并打开这些工具栏。

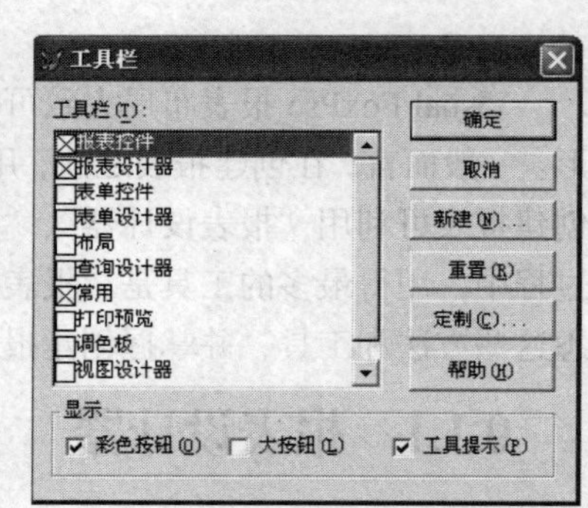

图 9-3　“工具栏”对话框

要把报表中输出的内容放在报表设计器窗口里，根据输出内容性质的不同，系统将它分成了多个带区，在创建一个新报表时，默认有以下 3 个带区。

（1）“页标头”：该带区的内容在每页的顶端打印一次，用来说明该列细节区的内容，通常就是该列所打印字段的字段名。

（2）“细节”：细节带区紧随在页标头内容之后打印，是报表中的最主要带区，用来输出表中记录的内容，每条记录打印一次。

（3）“页注脚”：与页标头类似，每页只打印一次，但它是打印在每页的尾部，可以在该区打印小计、页号等。

如果需要，还可以增加带区，报表设计器一共有 9 个带区。对于简单报表，从“报表”菜单条的“标题/总结…”菜单项能够设置增加以下两个带区。

（1）“标题”：每个报表只打印一次，打印在报表的最前面。如果需要，它可以在分开的页上打印，方法是单击“报表/标题/总结…”菜单项后，在“标题/总结”对话框中选择“新页”复选框。

（2）“总结”：每个报表只打印一次，打印在报表细节区的尾部，一般用来打印整个报表中数值字段的合计值。同“标题”区一样，它也可以打印在单独的一页上。

如果对报表进行了分组或是设计成多栏打印，则还会自动增加“组标头”、“组注脚”和“列标头”、“列注脚”，它们的作用与“页标头”、“页注脚”相似，分别在每个组或列的开始与结尾部分打印一次。

通过拖动分隔带区的带区条，可以随时改变每个带区的高度，如果要精确地设置带区的高度，双击带区条，打开“设置带区高度”对话框，在对话框中输入带区的高度值。

9.1.2　报表向导

【例 9-1】 我们以“学生表”为基础，建立一个如图 9-4 所示的双列行式报表，利用“报表向导”创建步骤如下所示。

（1）打开“报表向导”：单击工具栏中的“新建”按钮，在如图 9-1 所示的对话框中选取“报表”→“向导”；屏幕弹出如图 9-5 所示对话框，从中选取“报表向导”，单击“确定”按钮。

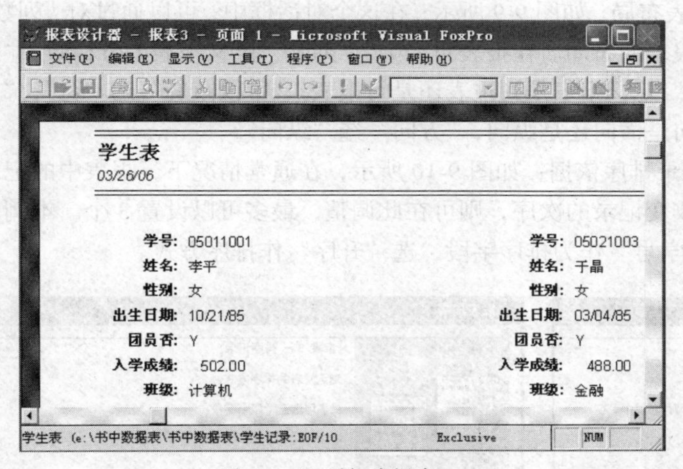

图 9-4　双列行式报表

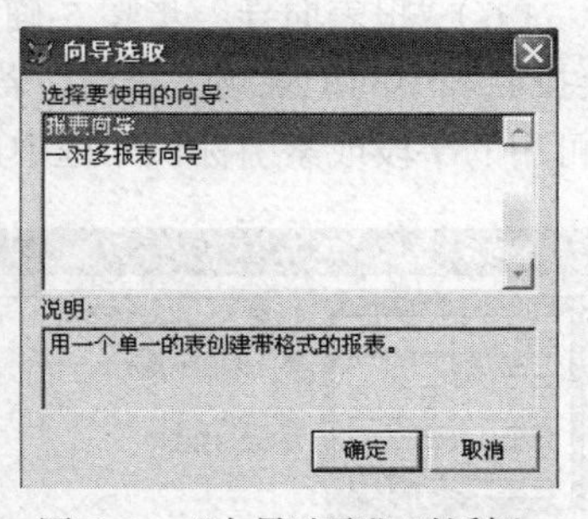

图 9-5　“向导选取”对话框

（2）“报表向导”步骤 1-字段选取：如图 9-6 所示对话框，在“数据库和表”的右方有一个含省略号的按钮，单击它就会弹出一个对话框，允许用户在更大范围内选取数据库和表；选表“学生表.dbf”，这时“可用字段”框中列出了“学生表.dbf”里的所有字段，再选取全部字段参与操作。

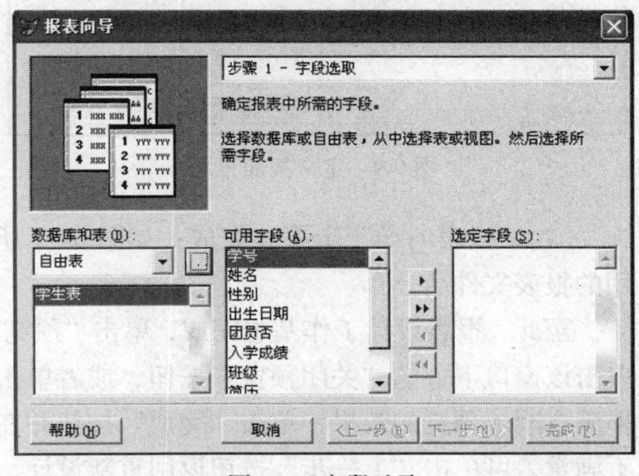

图 9-6　字段选取

（3）“报表向导”步骤 2-分组记录：如图 9-7 所示，在这个对话框中，如果需要可以设置分组控制，最多进行三级分组。在选定一个字段后，单击“分组选项”按钮，打开“分组间隔”对话框，设置分组是根据整个字段内容还是字段的前几个字符。本例不分组，所以直接单击“下一步”按钮。

（4）“报表向导”步骤 3-选择报表样式：如图 9-8 所示，有经营式、帐务式、简报式、带区式、随意式 5 种风格的报表供选择，默认选项为“经营式”，本例选择“经营式”。

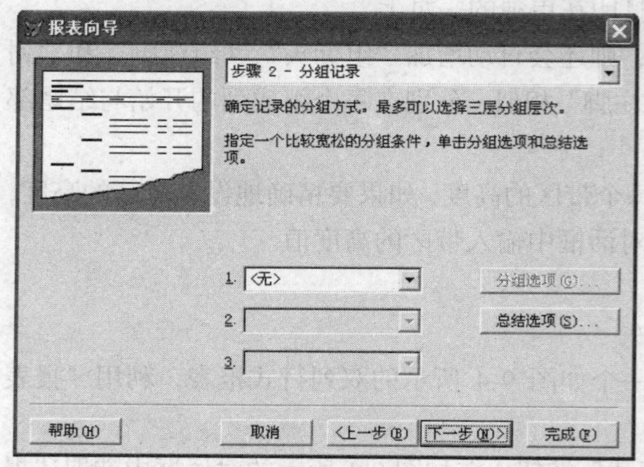

图 9-7　分组记录

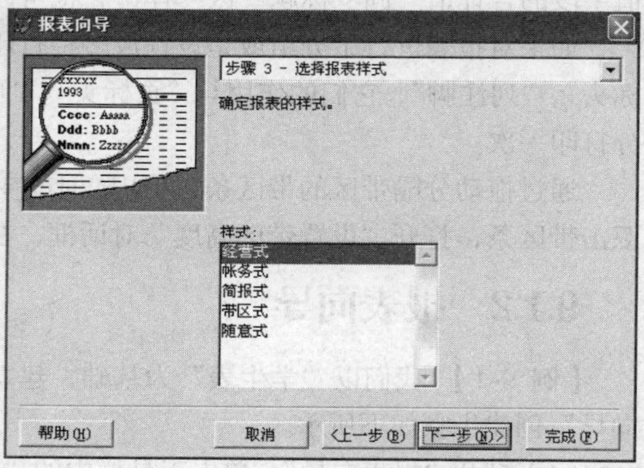

报表向导
步骤 3 - 选择报表样式
确定报表的样式。
样式：
经营式
帐务式
简报式
带区式
随意式
帮助(H)　取消　<上一步(B)　下一步(N)>　完成(F)

图 9-8　选择报表样式

（5）“报表向导”步骤 4-定义报表布局。如图 9-9 所示，在这个对话框中，可以通过对“列数”“字段布局”“方向”的设置来定义报表的布局。在报表布局中，“列数”定义报表的分栏数，“列数”选 2，即双栏报表；“字段布局”定义报表是列报表还是行报表，“字段布局”选“行”；“方向”定义报表在打印纸上的打印方向是横向还是纵向，“方向”选“纵向”。

（6）“报表向导”步骤 5-确定记录排序依据：如图 9-10 所示，在通常情况下，报表中的记录会按照表中的记录顺序排列，若要改变记录的次序，则可在此调整，最多可以设置 3 个。本例从“可用的字段或索引标识”框中选“学号”作为排序字段，选“升序”作排序方式。

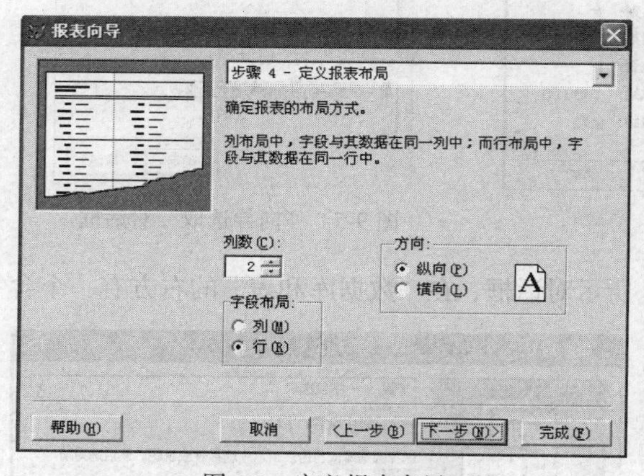

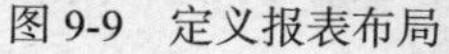
图 9-9　定义报表布局

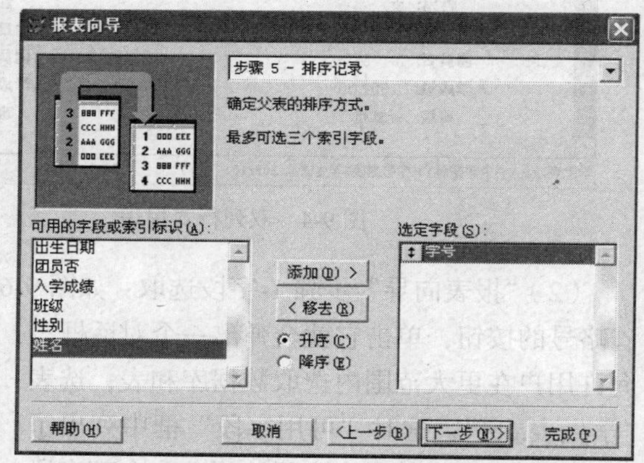

图 9-10　确定记录排序依据

（7）“报表向导”步骤 6-完成：如图 9-11 所示，这里可以设置报表的标题，默认值为当前使用的报表文件名。

至此，报表设计工作基本完成，单击“预览”按钮即可看到将来报表的最终样式（见图 9-4）。单击该窗口下方的“关闭预览”按钮，或者单击该预览窗口右上角的关闭按钮，返回图 9-11。如果满意刚才预览的效果，单击“完成”按钮并在“另存为”对话框中输入报表文件名即可，如果不满意，可单击“上一步”按钮返回重新设计。

最后给报表命名如图 9-12 所示。

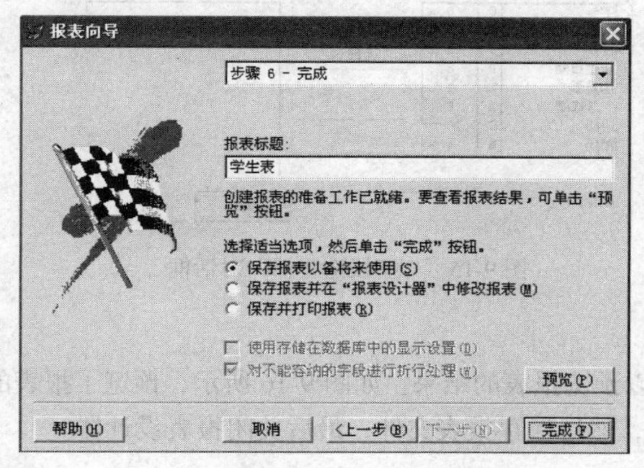

图 9-11　完成

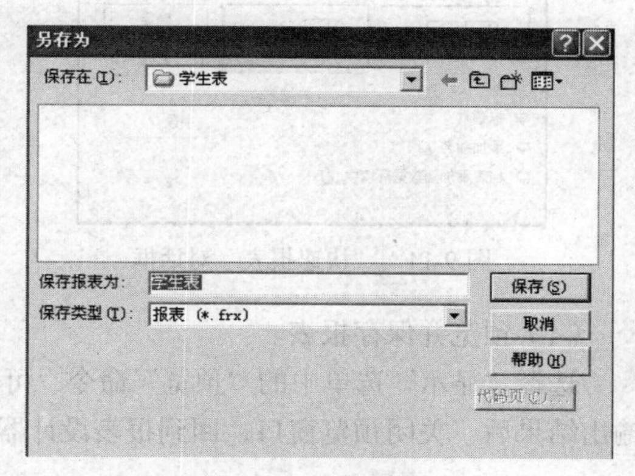

图 9-12　给报表命名

9.1.3　快速报表

使用“报表向导”可以直观、方便地创建报表，使用“快速报表”则可以迅速地创建报表。创建报表时，常使用“快速报表”把一张表的所有字段或部分字段快速添加到报表中，先创建一张简单报表，然后再利用“报表设计器”进一步修改完善。利用“快速报表”设计的操作步骤如下：

（1）打开“报表设计器”。

在如图 9-13 所示的“项目管理器”对话框中选择“文档”选项卡，选择“报表”项目，单击“新建”按钮，进入“新建报表”对话框。在“新建报表”对话框中单击“新建报表”按钮，打开“报表设计器”。

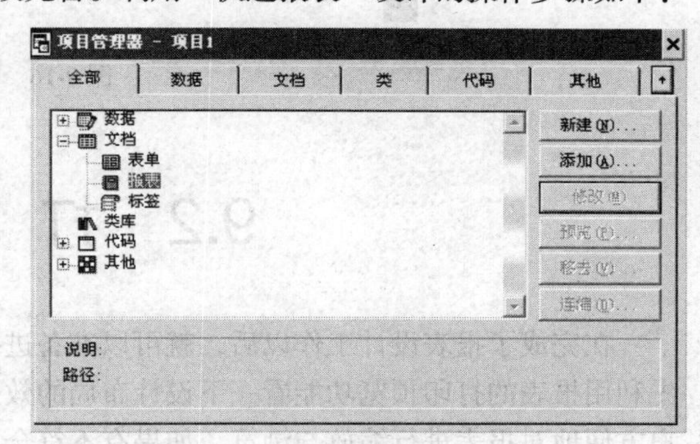

图 9-13　“项目管理器”对话框

（2）进入“快速报表”。

选择“报表”选单下的“快速报表”命令，出现“打开”对话框，选择要使用的表，单击“确定”按钮后，出现“快速报表”对话框（见图 9-14）。

其中，“字段布局”按钮有 2 个，可以设置字段布局是列布局还是行布局。左边的是列布局，它使字段在页面上从左到右排列；右边的是行布局，它使字段在页面上从上到下排列。

“标题”复选框决定是否将字段名作为标签控件的标题添加在相应的字段上面或左面。

“添加别名”复选框指定是否为字段添加别名。

“将表添加到数据环境中”复选框指定是否将表添加到报表的数据环境中。

“字段”按钮用于打开“字段选择器”对话框。如果选择表的所有字段制作报表，可以直接在“快速报表”对话框中单击“确定”按钮，返回报表设计器，而不必进入“选择字段”对话框。

（3）选择字段。

设置了报表布局后，单击“字段”按钮，进入“字段选择器”对话框，为报表选择所需的字段（见图 9-15）。字段选择好后，返回“快速报表”对话框。在“快速报表”对话框中单击“确定”按钮，返回“报表设计器”。此时，“报表设计器”中显示报表的布局。

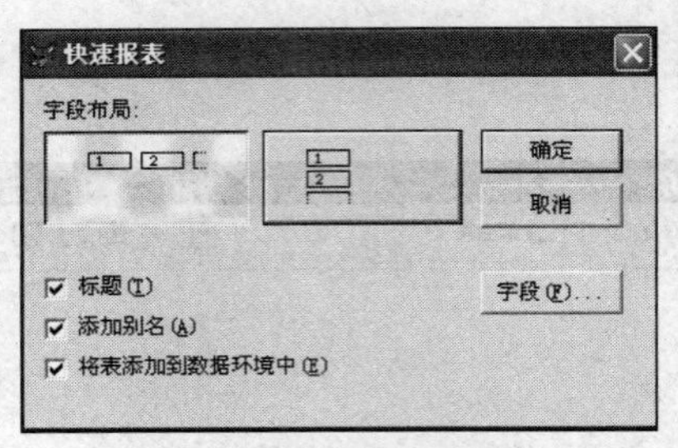

图 9-14 “快速报表”对话框

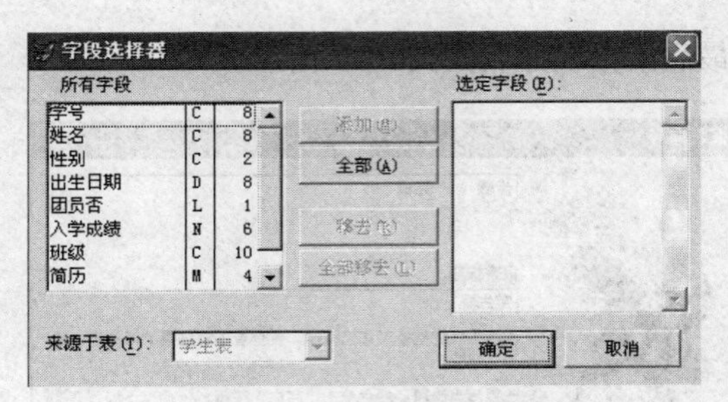

图 9-15 “字段选择器”对话框

(4) 预览并保存报表。

选择“显示”选单中的“预览”命令，可以预览报表的结果。如图 9-16 所示，预览了报表的输出结果后，关闭预览窗口，回到报表设计器，然后保存报表文件，最后关闭报表设计器。

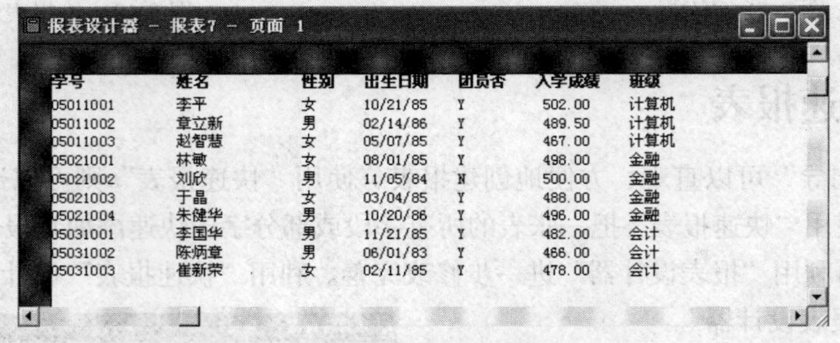

学号	姓名	性别	出生日期	团员否	入学成绩	班级
05011001	李平	女	10/21/85	Y	502.00	计算机
05011002	章立新	男	02/14/86	Y	489.50	计算机
05011003	赵智慧	女	05/07/85	Y	467.00	计算机
05021001	林敏	女	08/01/85	Y	498.00	金融
05021002	刘欣	男	11/05/84	N	500.00	金融
05021003	于晶	女	03/04/85	Y	488.00	金融
05021004	朱健华	男	10/20/86	Y	496.00	金融
05031001	李国华	男	11/21/85	Y	482.00	会计
05031002	陈炳章	男	06/01/83	Y	466.00	会计
05031003	崔新荣	女	02/11/85	Y	478.00	会计

图 9-16 预览报表

9.2 打 印 报 表

在完成了报表设计工作以后，就可以准备进行报表的打印输出。在打印报表文件之前，最好先利用报表的打印预览功能看一下设计布局的效果。Visual FoxPro 6.0 中的打印预览工具栏可使用户方便地对报表进行缩放与浏览。如果有不符合要求的地方，可以再返回修改，直至满意为止。

为了得到一份美观的报表打印文档，在报表设计器中设计了报表后，还常常需要设置报表的页面。例如，文档的页边距、纸张类型和布局等。

1. 设置报表页面

打开报表设计器，在“文件”菜单中选择“页面设置”命令（见图 9-17），可以进入“页面设置”对话框，在此，可以设置打印的列数、打印的区域、打印的顺序和左页边距等，以定义报表页面的外貌。在“页面设置”对话框中，单击“打印设置”按钮，进入“打印设置”对话框，可以设置纸张的大小和打印的方向。在“打印设置”对话框中单击“属性”按钮，进入“属性”对话框，可以进行高级页面设置和纸张大小的设置。

(1) 页面布局矩形域

表示一页纸张，并根据打印区域、列数、列宽、列距、左页边距的设置显示页面布局。

(2)“列”微调器区

① 列数微调器：用于设定每页报表的列数。若微调器取值为 2，表示纸张上分 2 列打印。

② 宽度微调器：确定列宽，以英寸或厘米为单位。

③ 间隔微调器：确定列与列的间距，以英寸或厘米为单位。

（3）打印区域

① “可打印页”选项按钮：由当前打印机驱动程序来确定最小页边距，打印时纸张将会留出一定的边距。

② “整页”选项按钮：由打印纸尺寸来确定最小页边距，实际上将整个纸张作为报表打印区域。

（4）左页边距

指定左页边距的宽度。

（5）打印顺序区

本区包含两个图形按钮，用来在多列打印时确定记录排列的顺序。选定左按钮记录将按纵向逐列排列，而选定右按钮则记录按横向逐行排列。系统默认左按钮有效，假如此时一页设置两列，报表在第一列打印不完的记录将在第二列打印。

2. 打印报表

在报表设计器打开的情况下，报表的打印可以通过选择“文件”选单下的“打印”命令、“报表”选单下的“运行报表”命令或者单击鼠标右键，在快捷选单中选择“打印”命令来实现，也可以用组合键 Ctrl+P 实现。这时，屏幕上出现“打印”对话框（见图 9-18）。其中有 3 个区域：

打印机区域显示打印机的信息，单击“属性”按钮，可以进入“打印机属性”对话框，设置打印机。

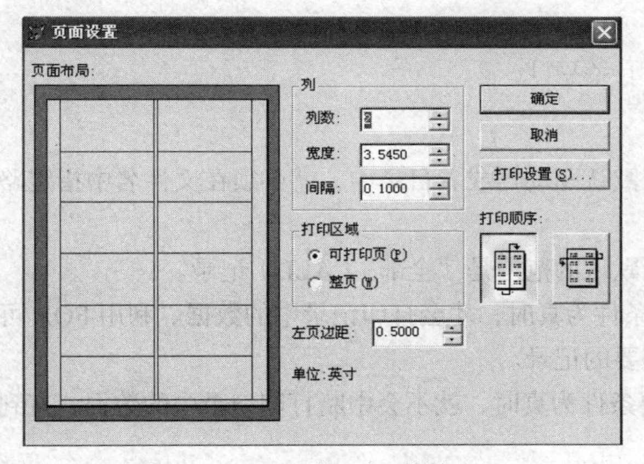

图 9-17　“页面设置”对话框

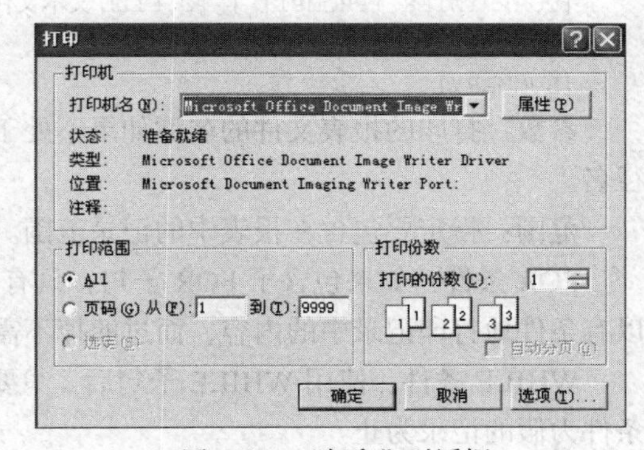

图 9-18　“打印”对话框

打印范围区域：设置报表的打印范围。可以打印所有页面，也可以打印所设置的那些页面。

打印份数区域：设置打印报表的份数。

在“打印”对话框中，如果单击“选项”按钮，则进入“打印选项”对话框（见图 9-19），可以进一步设置打印的选项。

在“打印选项”对话框中单击“选项”按钮，进入“报表和标签打印选项”对话框（见图 9-20），可以设置报表打印记录的筛选条件。

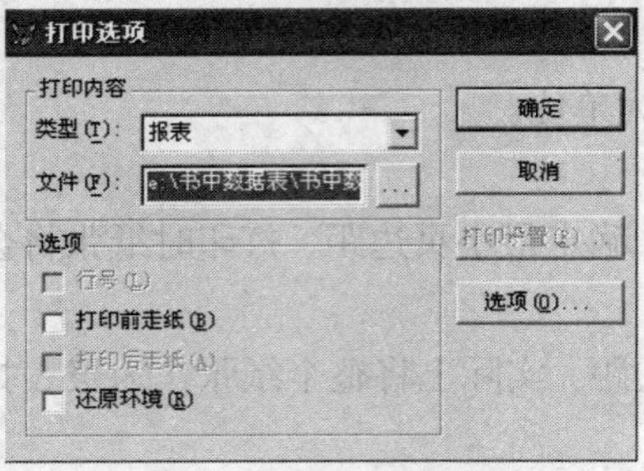

图 9-19 “打印选项”对话框

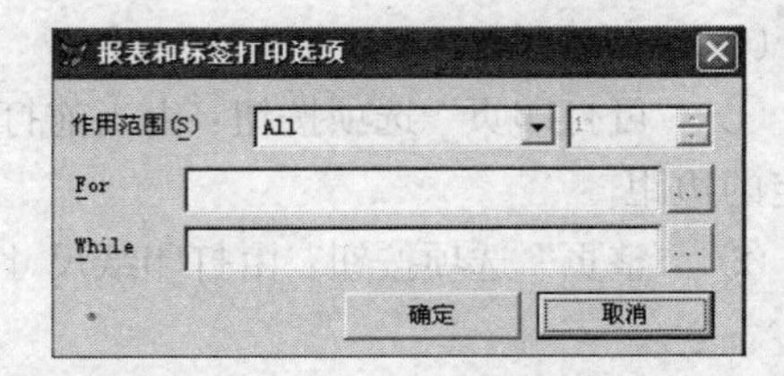

图 9-20 “报表和标签打印选项”对话框

9.3 报表调用

除了用菜单和工具栏上的按钮打印外，我们还介绍一种命令方式打印。因为这种方式在用 Visual FoxPro 6.0 做一个应用系统时显得很重要。

命令格式：

```
REPORT FORM 报表文件名
[范围][FOR 条件][WHILE 条件]
[HEADING 表头文本]
[NOCONSOLE]
[PLAIN]
[RANGE 开始页[，结束页]]
[PREVIEW [WINDOW 窗口名][NOWAIT]]
[TO PRINTER [PROMPT] | TO FILE 文本文件[ASCII]]
[NAME 对象名]
[SUMMARY]
```

参数：打印的报表文件的名称如果不处于默认驱动器或者目录中，就必须在文件名中指定路径名。

范围：指定要包含在报表中的记录范围。默认的范围是“全部”（ALL）记录。

FOR 条件：如果包含了 FOR 子句，只有条件为真时，才会打印记录中的数据。利用 FOR 可以有条件地打印记录中的内容，而过滤掉不需要的记录。

WHILE 条件：使用 WHILE 子句后，只要条件为真时，就不会中断打印记录中的数据，直到条件为假的记录为止。

HEADING 表头文本：使用 HEADING 指定一个附加在每页报表上的页眉。如果同时使用了 HEADING 和 PLAIN 子句，将优先执行 PLAIN。

NOCONSOLE：当正在打印报表或者将报表写入一个文件的时候，利用 NOCONSOLE 可以禁止在 Visual FoxPro 的主窗口或者用户自定义窗口中回显任何信息。

PLAIN：如果包含了 PLAIN，指定只在报表开始位置出现的页标题。

RANGE 开始页[，结束页]：指定要打印的报表的页的范围。如果不给出结束页，则默认为 9999。

PREVIEW [NOWAIT]：表示用页面预览的模式在屏幕上显示报表，而不是通过打印机打印出来。如果要打印出来，必须使用带 TO PRINTER 子句的 REPORT 命令。注意使用 PREVIEW 时将忽略系统内存变量。NOWAIT 选项可以使程序在预览窗口打开时仍能继续向下运行，而不必等待预览窗口关闭。

TO PRINTER [PROMPT]：把报表输出到打印机。PROMPT 选项用于在打印开始之前显示设置打印机的对话框，从而可以调整当前安装的打印机驱动程序。PROMPT 选项应紧跟在 TO PRINT 子句之后。

TO FILE 文本文件[ASCII]：指定报表输出到文本文件中。文本文件的默认扩展名为.txt。ASCII 选项用于创建一个 ASCII 码文本文件。报表中任何图像、线条、矩形以及圆角矩形都不出现在 ASCII 码文件中。

NAME 对象名：为报表的数据环境指定一个对象变量名。

SUMMARY：省略细节的打印，只打印出总计和小计信息。

9.4　设 计 标 签

Visual FoxPro 6.0 的标签属于报表的一种，是多列布局的报表，是打印在特定标签纸张上的报表，是数据库输出的重要形式之一。

标签的设计生成步骤与报表非常类似，使用的各类控件工具也完全相同。可以用标签向导创建标签，也可以用标签设计器创建和修改标签。

Visual FoxPro 6.0 提供了 86 种标准标签类型，其中英制尺寸有 58 种，公制尺寸有 28 种。不同类型的标签的大小、列数各不相同。还可以使用\VFP\TOOLS 目录下的 AddLabeL.APP 应用程序创建任意标签。

9.4.1　标签向导

【例 9-2】 我们以“学生表”为基础，建立一个如图 9-21 所示的标签，使用标签向导创建标签步骤如下。

（1）确定数据源：单击工具栏上的“新建”按钮，选择“标签”→“向导”命令，弹出“标签向导”的第一个对话框（见图 9-22）。选“数据库和表”框中的“学生表.dbf”，单击“下一步”按钮。

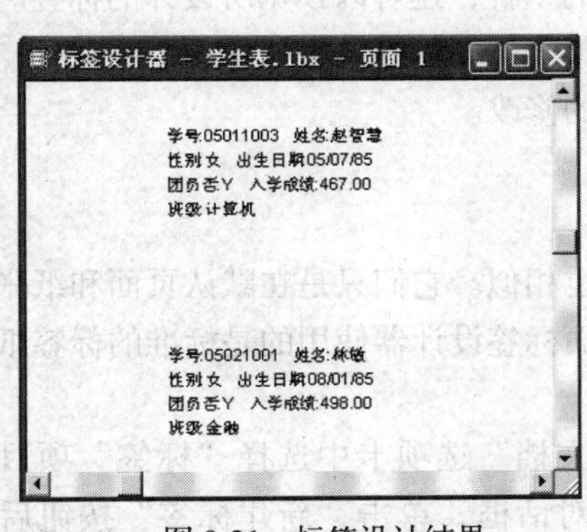

图 9-21　标签设计结果

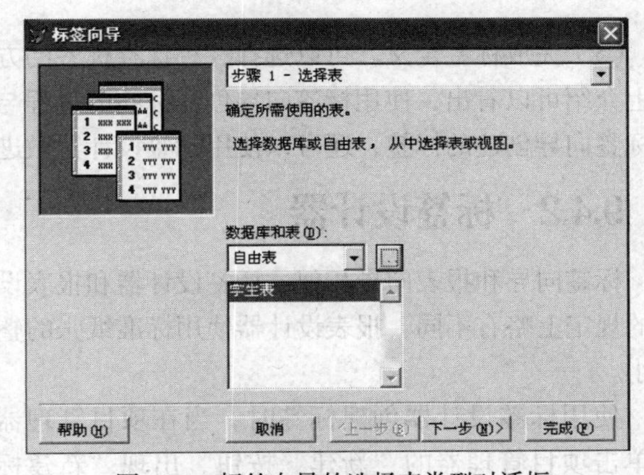

图 9-22　标签向导的选择表类型对话框

（2）确定标签型号：在如图 9-23 所示的“标签向导”的第二个对话框中，先选择标签的大小和单位，建议使用“公制”；再确定标签的型号、尺寸以及每行显示几列。从列出的标准标签类型中选择所需的标签类型，如果没有找到需要的标签类型，可以单击“新建标签”按钮，自定义新的标签类型。

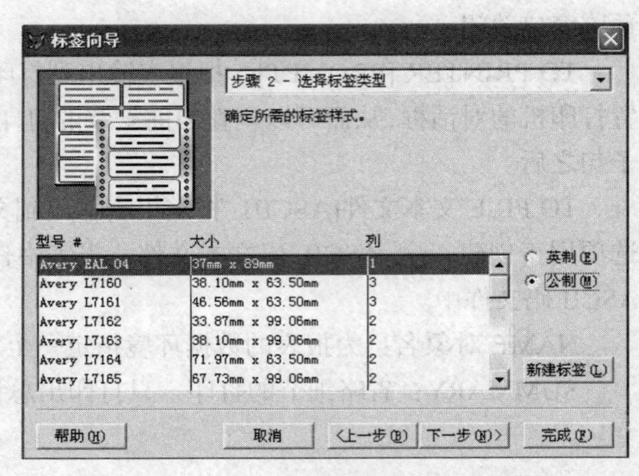

图 9-23　标签向导的选择标签类型对话框

（3）定义标签布局：在如图 9-24 所示的“标签向导”的第 3 个对话框中，按照在标签中出现的顺序添加字段。可以使用空格、标点符号、回车按钮格式化标签；使用文本框输入文本；可以单击“字体”按钮，设置字体、字体样式和大小。当向标签中添加各项时，向导窗口中的图片会随之更新，以显示标签的外观。查看这个图片，看选择的字段在自己的标签上是否合适。如果文本行过多，则文本行有可能超出标签的底边。

（4）定义标签排序：如图 9-25 所示记录会按照表中的记录顺序排列，若要改变记录的次序，则可在此调整。按照选择字段或索引标识对记录排序，最多可选 3 个。

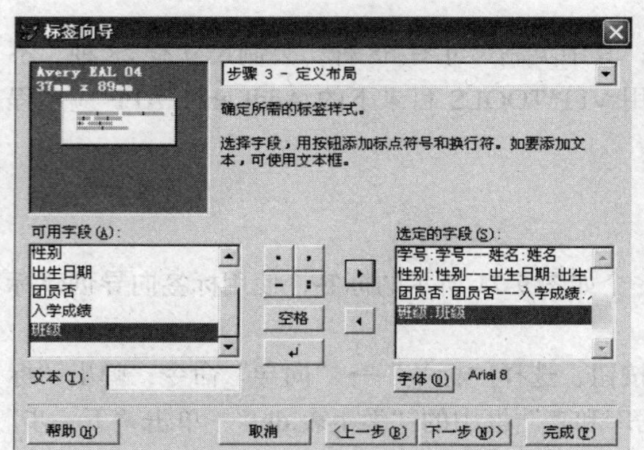

图 9-24　标签向导的选择定义布局类型对话框

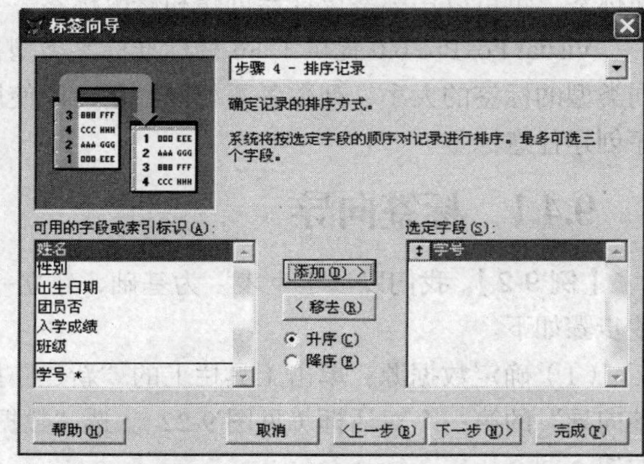

图 9-25　标签向导的选择标签排序类型对话框

（5）完成标签定义。可以选择 3 种保存标签的方式中的一种，还可以预览所设计的标签。从以上介绍可以看出，使用标签向导创建标签的过程与使用报表向导创建报表非常相似。并且，使用标签向导创建的标签，还可以使用标签设计器做进一步的修改。

9.4.2　标签设计器

标签向导和报表向导相似，标签设计器和报表设计器也相似。它们只是在默认页面和纸张大小的规定上略有不同，报表设计器使用标准纸张的整页；而标签设计器使用的是标准的标签纸的大小。

使用标签设计器创建标签时，当在项目管理器的“文档”选项卡中选择“标签”项目，再单击项目管理器的“新建”按钮，出现“新建标签”对话框，单击“新建标签”按钮后，首先出现新建标签的选择标签布局对话框（见图 9-26）。选择好布局后，才进入标签设计器（见图 9-27）。

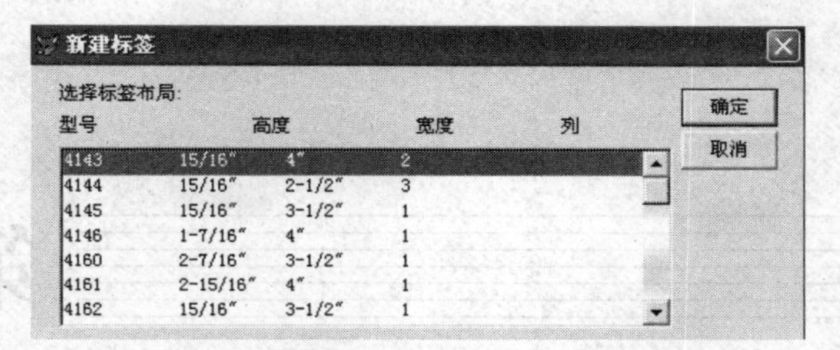

图 9-26　标签布局

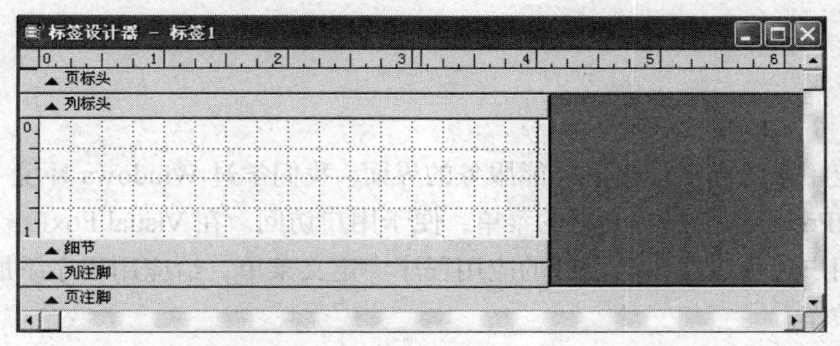

图 9-27　标签设计器

在“标签设计器”窗口活动时，系统会显示“报表”选单和报表控件工具栏。也就是说，标签设计器和报表设计器使用相同的选单和工具栏。

若要快速创建一个简单的标签布局，可以在“报表”选单中选择“快速报表”命令。“快速报表”提示输入创建标签所需的字段和布局。

标签设计、修改、预览、打印等操作与报表非常相似，这里不再赘述。

第 10 章 菜单

菜单是一个应用系统向用户提供功能服务的界面。我们学过 Windows 环境下的应用系统（如 Office、Visual FoxPro 等）都具有丰富的菜单，便于用户访问。在 Visual FoxPro 6.0 中，除了系统提供的菜单外，用户还可以在自己设计的应用程序中定义菜单，给应用程序添加一个友好的用户界面，方便用户操作。

10.1 菜 单 组 成

在一个良好的系统程序中，菜单起着组织协调其他对象的关键作用。对数据进行操作时，菜单尤为重要。在学习制作菜单之前，先来了解菜单系统的组成。一个菜单系统通常由菜单栏、菜单标题、菜单和菜单项组成。其中，菜单栏用于放置多个菜单标题；菜单标题是每个菜单的名称，单击某菜单标题，可以打开相应的菜单；菜单包含命令、过程和子程序；菜单项用来实现某一具体的任务。图 10-1 所示为 Visual FoxPro 6.0 的系统菜单。

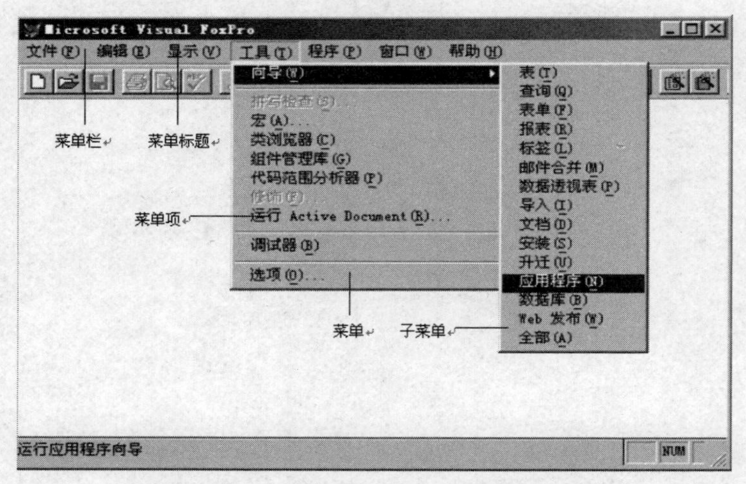

图 10-1 Visual FoxPro 6.0 的系统菜单

对于菜单的使用，需要说明几点：

（1）访问键：每一个菜单项后面都有一个用括号括起来的英文字母，该字母代表可访问菜单项的访问键，它可以是 A～Z 的任意一个英文字母。使用访问键访问某一菜单项时，按住 Alt 键，再键入括号中的英文字母即可执行相应的操作。

（2）组合键：在某些菜单项的右侧有“Ctrl+字母”，这是该菜单项的组合键标志。使用组合键访问某一菜单项时，按住 Ctrl 键，再按相应的英文字母键即可。

（3）子菜单标志：在有些菜单项的右侧有一个黑色三角形，它表示该菜单项是一个子菜单，当鼠标指向该菜单项时，它将自动弹出一个子菜单，如“向导(W)”。

（4）菜单项分隔线：在菜单中为了将某些功能相关的菜单项分在一起，在中间用一条直线和其他菜单项分隔开来，便于用户阅读使用。

10.2　创建菜单的基本步骤

创建一个菜单系统包括若干步骤。不管应用程序的规模多大，打算使用的菜单多么复杂，创建菜单系统都需要以下步骤：

（1）规划与设计系统。确定需要哪些菜单，出现在界面的何处及哪几个菜单要有子菜单等。

（2）创建菜单和子菜单。使用菜单设计器可以定义菜单标题、菜单项和子菜单。

（3）按实际要求为菜单系统指定任务。指定菜单所要执行的任务，例如显示表单或对话框等。另外，如果需要，还可以包含初始化代码和清理代码。初始化代码在定义菜单系统之前执行，其中包含的代码用于打开文件，声明变量，或将菜单系统保存到堆栈中，以便以后可以进行恢复。清理代码中包含的代码在菜单定义代码之后执行，用于选择菜单和菜单项可用或不可用。

（4）生成菜单程序。

（5）运行生成的程序，以测试菜单系统。

10.3　快速创建菜单

要新建菜单，可以使用已有的 Visual FoxPro 菜单系统，也可以开发您自己的菜单系统。若要从已有的 Visual FoxPro 菜单系统开始创建菜单，则可以使用“快速菜单”功能。它将系统菜单自动添加到菜单设计器窗口中，为了便于用户生成菜单，提供了系统菜单的常用功能和标题，其中许多功能可以作为应用程序的菜单功能来使用，如系统菜单栏中的“编辑”菜单的功能，可以在编辑应用程序时使用。下面介绍如何快速创建菜单。操作步骤如下：

（1）从“项目管理器”中选择“其他”选项卡，再选择“菜单”，然后选择“新建”。

（2）选择“菜单”，此时出现“菜单设计器”。

（3）从“菜单”菜单中选择“快速菜单”命令，如图 10-2 所示。

现在，菜单设计器中包含了关于 Visual FoxPro 主菜单的信息。

（4）执行“快速菜单”命令选项后，则在菜单设计器窗口中加载了系统菜单，供用户编辑使用，如图 10-3 所示。

菜单名称栏列出了 Visual FoxPro 6.0 系统菜单标题，它后面括号中的(\<字母)为该菜单标题的访问键，如(\<E)、(\<F)等。“结果”栏是一个下拉式菜单，选择的都是子菜单。“编辑”按钮表示可以对结果栏的内容进行编辑。“选项”按钮表示对应的菜单标题是否已在“提示选项”对话框作了设置。快速生成的菜单和系统菜单相同，但其中的功能项可以增加，也可以修改或删除。经过适当的编辑后，一个实用的快速菜单便生成了。所创建的菜单以.MNX 为扩展名保存到磁盘上。

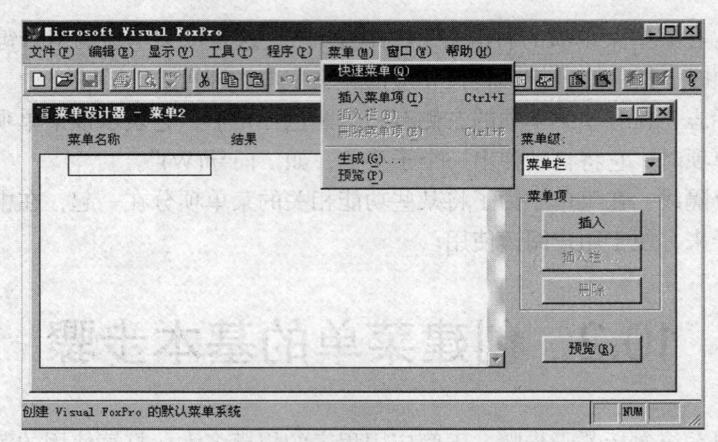

图 10-2 快速创建菜单的菜单设计器界面

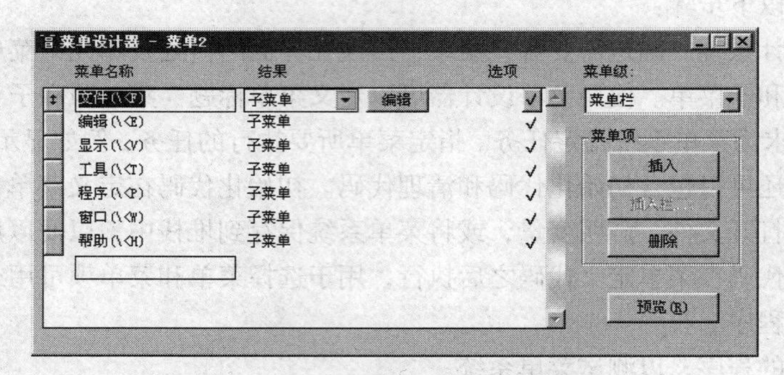

图 10-3 执行快速菜单后的菜单设计器

10.4 使用菜单设计器创建菜单

用菜单设计器窗口快速创建菜单，只是一个比较简单的菜单。有时用户根据应用程序的需要，必须自己创建菜单。已经介绍过在创建菜单前，必须确定菜单栏中应包含哪些主菜单（即菜单标题），每个主菜单中包含哪些菜单项，以及菜单项中是否含有子菜单。在设计菜单时，一般不直接给菜单栏下面的主菜单指定任务，而是把任务分配给主菜单下面的菜单项；如果菜单项中有子菜单，则把任务分配给子菜单。初学者在编制菜单时，一般也要按照这个原则来设计菜单。

打开菜单设计器时，需要首先单击“文件”菜单，选择“新建”命令，在“新建”对话框中选择“菜单”选项，然后单击“新建文件”按钮确定。此时，弹出“新建菜单”对话框，选择“菜单”按钮，就可以进入“菜单设计器”窗口了。在菜单设计器中可以设计需要的菜单。

10.4.1 设计主菜单

在菜单设计器“菜单名称”栏中分别输入已经规划好的主菜单中的各个菜单标题：文件、浏览、管理、工具和退出。

然后为各菜单标题依次加上访问键标志，设计良好的菜单都具有访问键，从而通过键盘可以快速地访问菜单的功能。在菜单标题或菜单项中，访问键用带有下划线的字母表示。例如，Visual FoxPro 的“文件”菜单使用“F”作为访问键。如果菜单名称为英文且没有为其指定访问键，Visual

FoxPro 将自动指定第一个字母作为访问键。若要为菜单或菜单项指定访问键，请在您希望成为访问键的字母左侧键入“\<”。例如，要在“管理”菜单标题中设置“M”作为访问键，可在“菜单名称”栏中将“管理”替换为“管理(\<M)”。同理为其他菜单项指定访问键（\<F）、（\<B）、（\<M）、（\<T）、（\<Q），结果如图 10-4 所示。

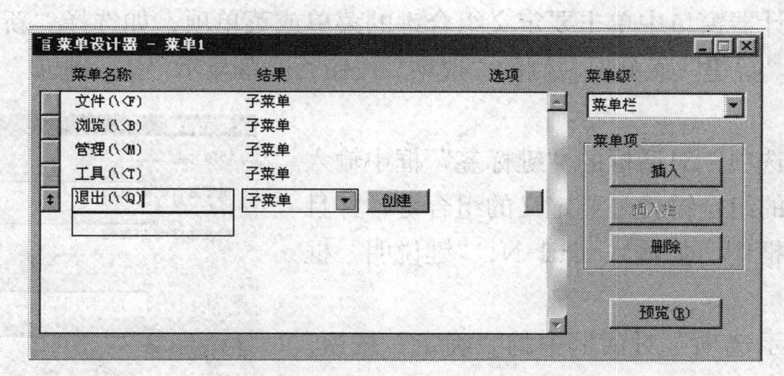

图 10-4　设计主菜单的菜单标题

10.4.2　添加子菜单

创建好主菜单后，接下来应该按照规划好的菜单系统为主菜单中的各项添加子菜单项，如果子菜单还有下一级子菜单则继续添加，直至架构起整个菜单结构。下面以给菜单标题“文件”添加子菜单为例介绍操作步骤。

（1）在图 10-4 所示的菜单设计器窗口中选择要添加菜单项的菜单标题，如“文件”，在“结果”框中选择“子菜单”选项，并单击其右侧的“创建”按钮，这时屏幕显示一个新的菜单设计器窗口。

（2）出现的菜单设计器窗口是要创建的二级菜单，即菜单项，它所对应的上级菜单可以从“菜单级”下拉式列表反映出来，如图 10-5 所示。

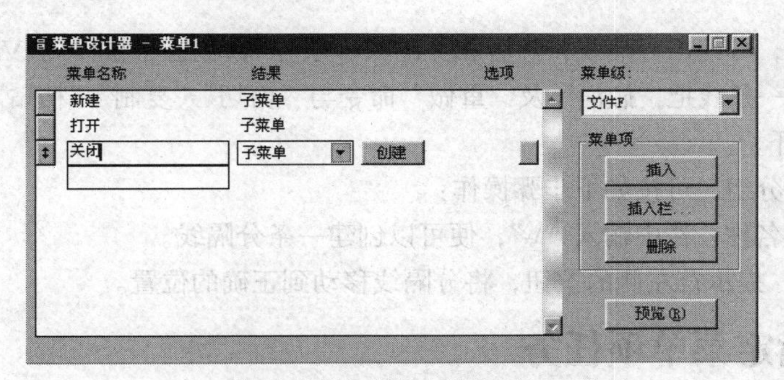

图 10-5　给菜单标题“文件”添加菜单项

这样就给菜单标题中的“文件”添加了菜单项，选择“菜单级”框中的“菜单栏”选项，又返回到了主菜单中的菜单设计器窗口。按照上述操作方法，可以给其他菜单标题添加上菜单项。同样利用前面所学的方法，可以给每个菜单项定义一个访问键。

10.4.3　设置菜单的组合键

除了给菜单项设置访问键外，还可以给菜单或菜单项定义组合键。使用组合键与使用访问键的方法类似，一般用 Ctrl 或 Alt 键与另一个键相组合，完成组合键的操作。组合键与访问键的区别是：使用组合键可以在不显示菜单的情况下选择菜单上的某一个菜单项。例如，按 Ctrl+N 组合键可在 Visual FoxPro 中创建新文件。下面介绍如何给菜单或菜单项定义一个组合键。

本例假设给菜单标题“文件”中的“新建”和“打开”菜单项分别定义组合键为 Ctrl+N 和 Ctrl+O。操作步骤如下：

（1）在菜单设计器窗口中单击要定义组合键的菜单或菜单项，如选择“新建”菜单项。

（2）单击选定“新建”菜单项右侧的“选项”按钮，屏幕显示“提示选项”对话框，如图 10-6 所示。

（3）在“提示选项”对话框的“键标签”框中输入一组组合键，按下的组合键就是要定义的组合键，并且显示在“键标签”框中，如输入 Ctrl+N，“键说明”框中默认为 Ctrl+N。

（4）单击“提示选项”对话框中的“确定”按钮，返回菜单设计器，选项中出现对号标记，表明已作了设置。

利用同样的方法，可以给“打开”菜单项定义组合键 Ctrl+O。当用户在不显示“文件”菜单的情况下直接按 Ctrl+O 组合键，系统就会立即执行打开操作。

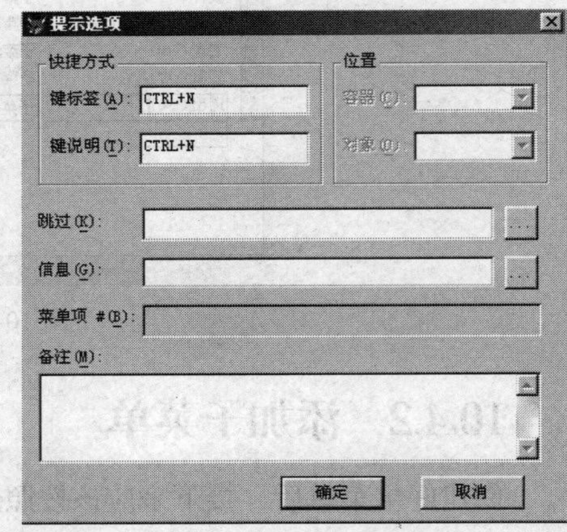

图 10-6 “提示选项”对话框

利用定义组合键的“提示选项”对话框，还可以设置菜单项的状态。在“跳过”框中设置一个条件表达式，执行菜单时，根据表达式的逻辑值来确定菜单项是否可用。当表达式值为真时，该菜单项为灰色显示，表示该菜单项不可用；否则，该菜单项为黑色显示，表示该菜单项可用。另外还可以在“显示”框中输入状态信息，当用户选定该菜单项时，此信息就显示在状态栏中。

10.4.4 菜单项分组

为增强可读性，可使用分隔线将内容相关的菜单项分隔成组。例如，在 Visual FoxPro 的“编辑”菜单中，就有一条线把“撤消”及“重做”命令与“剪切”“复制”“粘贴”“选择性粘贴”和“清除”命令分隔开。

若要对菜单项分组，可按如下步骤操作：

（1）在“菜单名称”栏中输入“\-”，便可以创建一条分隔线。

（2）拖动“\-”提示符左侧的按钮，将分隔线移动到正确的位置。

10.4.5 指定菜单项任务

在菜单设计器窗口中的“结果”列表框中列出了 4 个选项：命令、菜单项#、子菜单和过程。下面分别来介绍如何使用这 4 个选项。

1. 菜单项#

它用于标识各个菜单项，指定它所完成的功能。常用的有_mfi_new、_mfi_open、_mfi_close、_mfi_call 等。

在菜单标题“文件”中有 3 个选项：新建、打开和关闭。在右侧“结果”下拉式列表中，分别选择“菜单项#”选项，并在其右侧的空白处输入菜单项所完成的操作命令。如“新建”菜单项对应的操作是_mfi_new，“打开”菜单项对应的操作是_mfi_open，“关闭”菜单项对应的操作是_mfi_close，结果如图 10-7 所示。

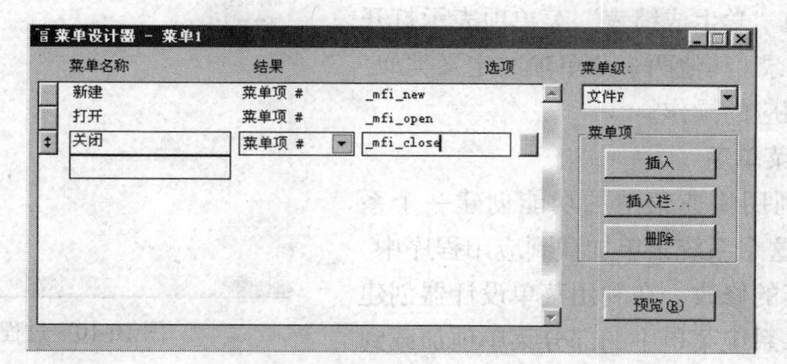

图 10-7 给菜单项指定任务

2. 命令

在“结果”框中选择“命令”选项，它表示为菜单项或子菜单指定一条 Visual FoxPro 6.0 的命令，用于完成指定的操作。假定为本例中菜单标题“管理”中的菜单项“档案管理”定义命令，所完成的功能表示执行表单“学生档案表.scx”，设置如图 10-8 所示。退出菜单项使用的命令为：Set Sysmenu To Default。

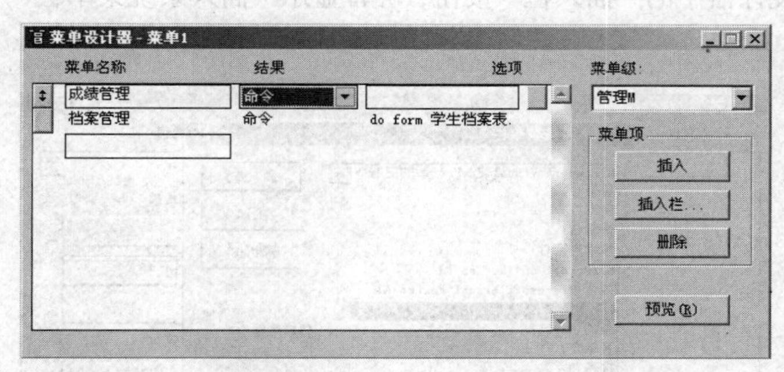

图 10-8 给菜单项指定操作命令

3. 过程

过程与命令相似，它是一组命令的集合。操作步骤如下：

（1）本例中给菜单标题“浏览”中的 3 个菜单项分别定义为过程，如图 10-9 所示。

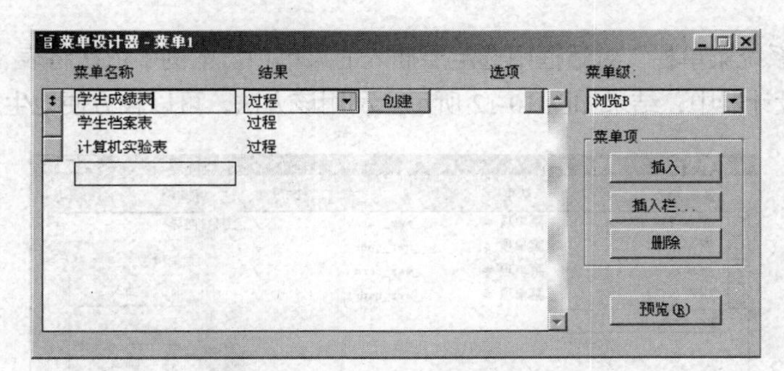

图 10-9 定义菜单项的结果为过程

（2）单击“结果”框右侧的“创建”按钮，这时屏幕出现一个过程编辑窗口，如图 10-10 所示。

（3）在过程编辑窗口中键入该菜单项所完成功能的命令代码。如“学生成绩表”菜单项表示打开 xscj.dbf，并浏览记录。其他两个菜单项的定义类似。请读者自己定义相应的操作。

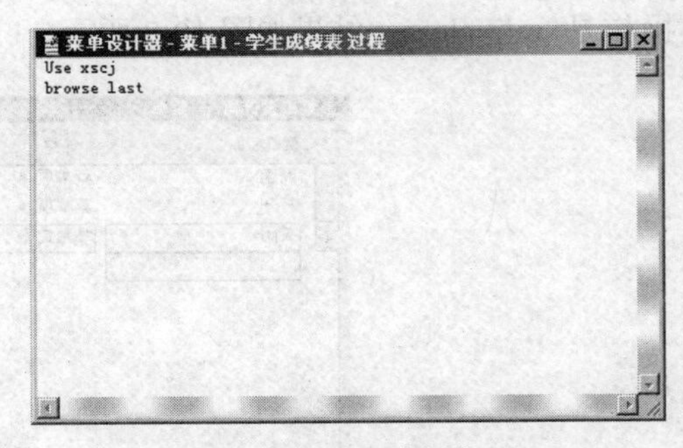

图 10-10　过程编辑窗口

4. 添加系统菜单项

前面介绍过利用快速菜单的功能创建一个系统菜单，如果想把这个系统菜单加载到应用程序中，必须对它进行适当的修改。在利用菜单设计器创建菜单时，也可以将系统菜单中的部分菜单项加载到正在创建的菜单中。

本例中，在菜单标题“工具”中设置一个子菜单“向导”；“向导”菜单中包含有表、查询、表单和报表 4 个选项。下面介绍如何将 Visual FoxPro 6.0 系统菜单中的这 4 个向导加载到菜单设计器中。操作步骤如下：

（1）在菜单设计器中选定“向导”菜单，将其“结果”框设置为“子菜单”，并单击其右侧的“创建”按钮，进入“向导”子菜单设计窗口。

（2）单击菜单设计器中的“插入栏”按钮，屏幕显示“插入系统菜单栏”对话框，如图 10-11 所示。

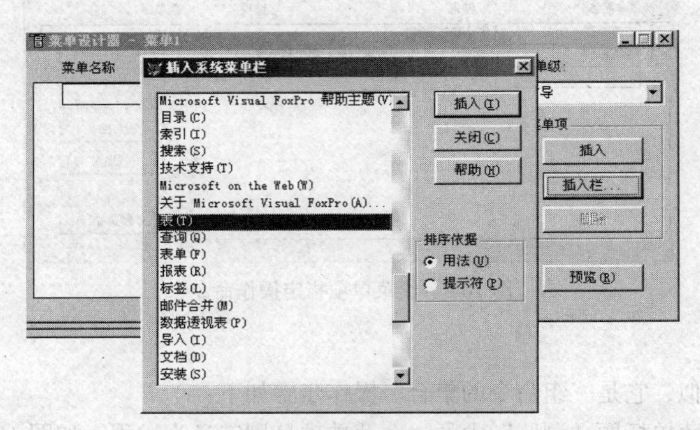

图 10-11　“插入系统菜单栏”对话框

（3）在“插入系统菜单栏”对话框中选定要插入的菜单项。本例中依次将表、查询、表单和报表 4 个选项插入表单设计器中，结果如图 10-12 所示。利用该方法，可以较方便地生成用户菜单项。

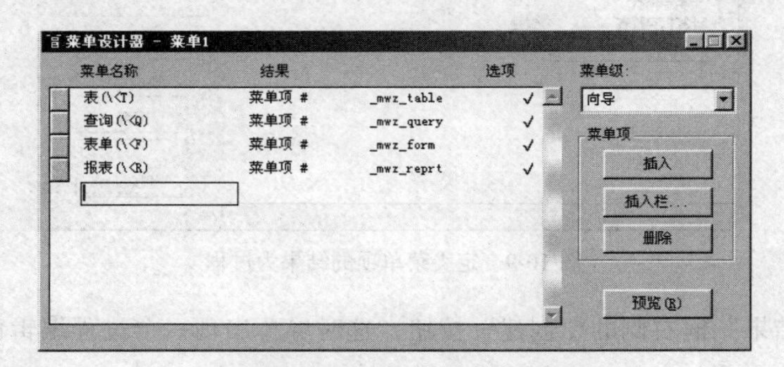

图 10-12　插入系统菜单项后的菜单设计器窗口

10.5 创建快捷菜单

在 Windows 系统中，当在控件或对象上单击鼠标右键时，就会显示快捷方式菜单，可以快速展示当前对象可用的所有功能。Visual FoxPro 6.0 系统本身提供了大量的快捷菜单，为用户操作提供了方便。如创建表单时，在数据环境设计器窗口中，利用快捷菜单可以快速添加数据表，打开属性窗口等。用户在开发应用程序过程中，也可以自己创建快捷菜单，并将这些菜单附加在控件或对象中。下面介绍如何创建快捷菜单，并把它附加到指定的控件或对象中。

若要创建一个包含有剪切、复制、粘贴和清除功能的快捷菜单，操作步骤如下：

（1）在项目管理器的“其他”选项中选择“菜单”选项，并单击“新建”按钮，打开“新建菜单”对话框，再单击“快捷菜单”按钮，屏幕显示“快捷菜单设计器”窗口，如图 10-13 所示。

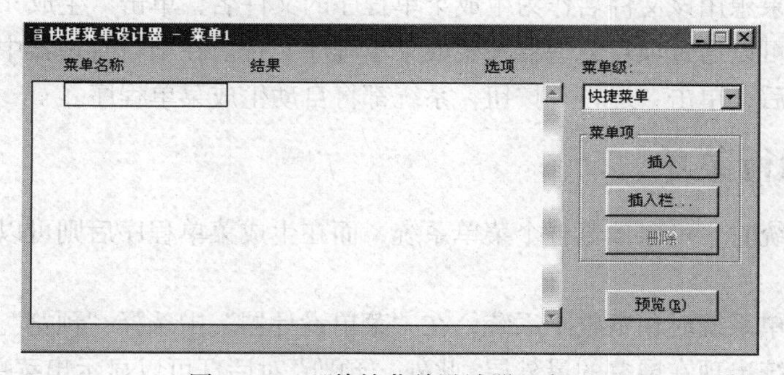

图 10-13 “快捷菜单设计器”窗口

（2）在“快捷菜单设计器”窗口中添加剪切、复制、粘贴和清除菜单项，并分别指定它所完成的功能；也可以利用添加系统菜单项的方法添加以上 4 个菜单项，结果如图 10-14 所示。

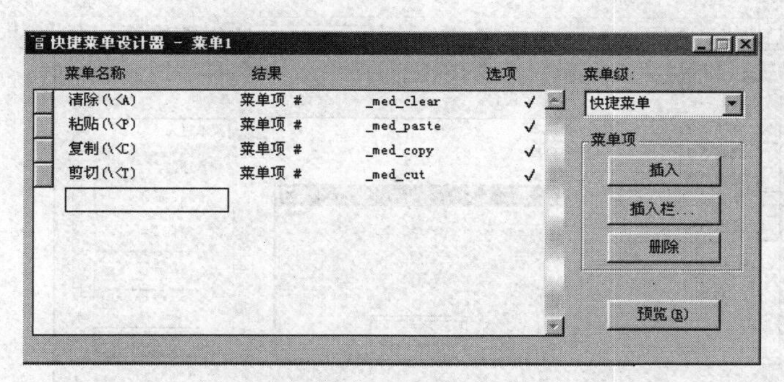

图 10-14 添加菜单后的快捷菜单设计器窗口

（3）保存新创建的快捷菜单，取文件名为“菜单 1.mnx”。

保存新创建的快捷菜单后，在项目管理器窗口中选择“菜单 1”并运行它，Visual FoxPro 6.0 生成快捷菜单，同时产生“菜单 1.mpr”文件。利用该文件可以将生成的快捷菜单附加到控件或对象中。

10.6 生成和运行菜单

10.6.1 生成菜单

使用“菜单生成器”所建立的菜单系统以.mnx为文件扩展名保存，该文件是一个表。它保存与菜单系统有关的所有信息。这个文件并不是可执行的程序，最后都必须生成一个扩展名为.mpr的可执行菜单程序文件，应用系统才可以调用。要生成可执行的菜单程序，操作步骤如下：

（1）在菜单设计器窗口中单击系统菜单中的“菜单”，选择“生成”菜单项。

（2）出现保存窗口，回答“是”，在弹出的“另存为”对话框中输入菜单文件名，并单击“保存”按钮。

（3）此时会弹出“生成菜单”对话框，在“输出文件”文本框中显示了刚输入的菜单文件的路径及文件名，如果想用该文件名作为生成菜单程序的文件名，单击“生成”按钮即可。

另外，用户也可以通过项目管理器来生成菜单程序文件。在项目管理器中单击“连编”按钮或选定一菜单文件后，单击“运行”按钮，系统都将自动生成菜单程序。

10.6.2 运行菜单

在设计菜单系统时，可以预览整个菜单系统，而在生成菜单程序后则可以对系统进行测试和调试。

若要在设计菜单系统时预览整个系统，在“菜单设计器”中选择“预览”。选择“预览”后，已经定义的菜单系统出现在屏幕的最外层。此外，“预览”对话框可以显示出菜单系统的文件名（或临时文件的文件名）。如果选定一个菜单标题或菜单项，则会在“预览”对话框中显示它，并显示为菜单或菜单项指定的命令，如图10-15所示。

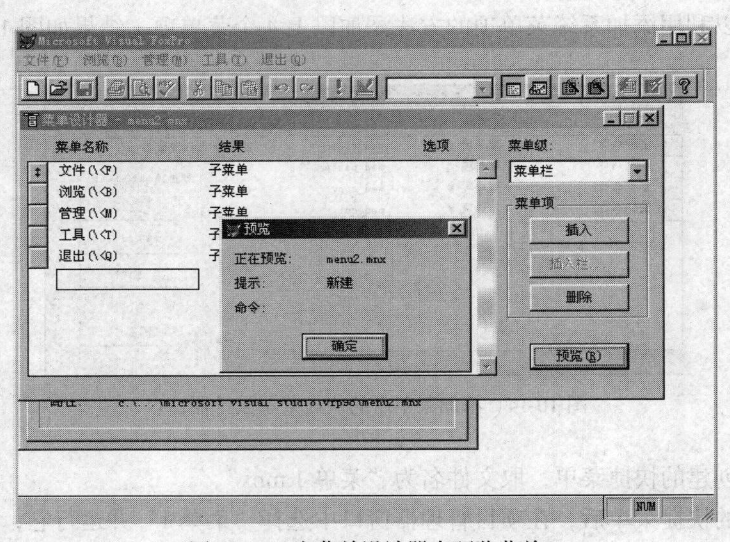

图10-15 在菜单设计器中预览菜单

在设计菜单系统时，可以通过预览来查看所设计菜单与规划的是否符合，或是查看所规划的菜单系统是否合理。设计生成代码以后，可以通过执行生成的代码程序测试菜单系统。如果菜单程序未按预想结果正确运行，则可以使用 Visual FoxPro 提供的诊断工具调试。

在生成菜单程序后，可运行菜单以测试和调试菜单系统。

操作步骤如下：

在菜单设计器窗口中选择系统菜单“程序”中的“运行”命令，或在项目管理器窗口中选择一菜单文件，单击“运行”按钮，都会弹出“运行”对话框。从中指定要运行的.mpr 程序文件后，单击“运行”按钮，此时可以看到创建的菜单系统已经取代了 Visual FoxPro 6.0 的主菜单。

使用命令方式执行菜单，可以在命令窗口中输入“DO 菜单名.mpr”命令，若恢复系统菜单执行命令“Set System To Default”。

第11章 项目管理与开发实例

11.1 应用程序开发步骤

一般地说，软件开发要经过系统分析、系统设计、系统实施和系统维护几个阶段。

1. 分析阶段

在软件开发的分析阶段，信息收集是决定软件项目可行性的重要环节。程序设计者要通过对开发项目信息的收集来确定系统目标、软件开发的总体思路及所需的时间等。

2. 设计阶段

在软件开发的设计阶段，首先要对软件开发进行总体规划，然后具体设计程序完成的任务、程序输入输出的要求及采用的数据结构等。

3. 实施阶段

在软件开发的实施阶段，要把程序对象视为一个大的系统，然后将这个大系统分成若干个小系统。一般采用“自顶向下”的设计思想开发程序，并逐级控制更低一层的模块，每一种模块执行一个独立、精准的任务。编写程序时要坚持使程序易阅读、易维护的原则，并使过程和函数尽量小而简明。

4. 维护阶段

在软件开发的维护阶段，要经常修正系统程序的缺陷，增加新的功能。在这个阶段，测试系统的性能尤为关键，要通过调试检查语法错误和算法设计错误，并加以修正。

11.2 项目与项目管理器

在 Visual FoxPro 6.0 中，所谓项目就是一种文件，用于跟踪创建应用程序所需要的所有程序、表单、菜单、库、报表、标签、查询以及一些其他类型的文件。它是文件、数据、文档和 Visual FoxPro 6.0 对象的集合。项目文件以.PJX 扩展名保存。

项目管理器是对项目进行维护的工具，即项目管理器是 Visual FoxPro 6.0 中处理数据和对象的主要组织工具。通过项目管理器能启动相应的设计器、向导来快速创建、修改和管理各类文件。项目管理器作为一种组织工具，能够保存属于某一应用程序的所有文件列表，并且根据文件类型将这些文件进行划分，为数据提供了一个精心组织的分层结构图。总之，在建立表、数据库、查询、表单、报表以及应用程序时，可以用项目管理器来组织和管理文件。项目管理器是 Visual FoxPro 6.0 的“控制中心”。

11.2.1 项目管理器的启动与退出

启动项目管理器可通过以下两种方式：

（1）使用鼠标单击“文件”菜单，在弹出的菜单中选择“新建”，在“新建”对话框中选取“项目”，单击“新建文件”按钮，在“建立”对话框的“项目文件”文本框中键入项目文件的名称后，单击“保存”按钮，图 11-1 所示的项目管理器将会显示在屏幕上，而且在系统菜单中也会多出一个“项目”菜单。

（2）在命令窗口中输入下列命令来启动项目管理器：

```
CREATE PROJECT 文件名
```

其中“文件名”代表新建立的项目文件的名称，Visual FoxPro 6.0 会自动替它加上.PJX 扩展名。

使用鼠标单击“标题栏”左侧的控制图标或者使用鼠标单击项目管理器窗口右上角的关闭按钮，就可以关闭项目管理器窗口。

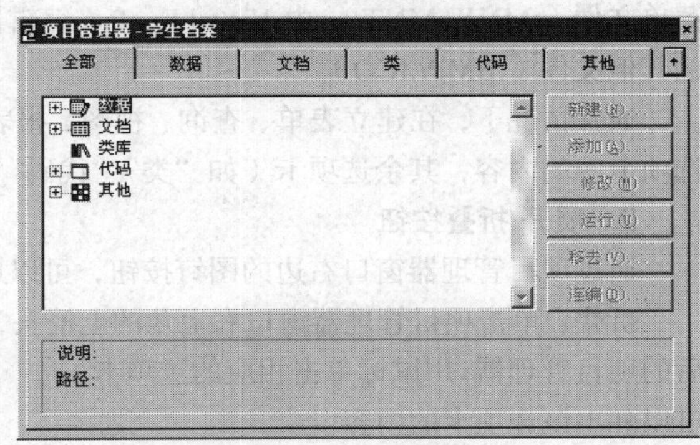

图 11-1 项目管理器

11.2.2 项目管理器组成

项目管理器如图 11-2 所示，主要由项目管理器选项卡、展开/折叠按钮、项目管理器按钮三部分组成。

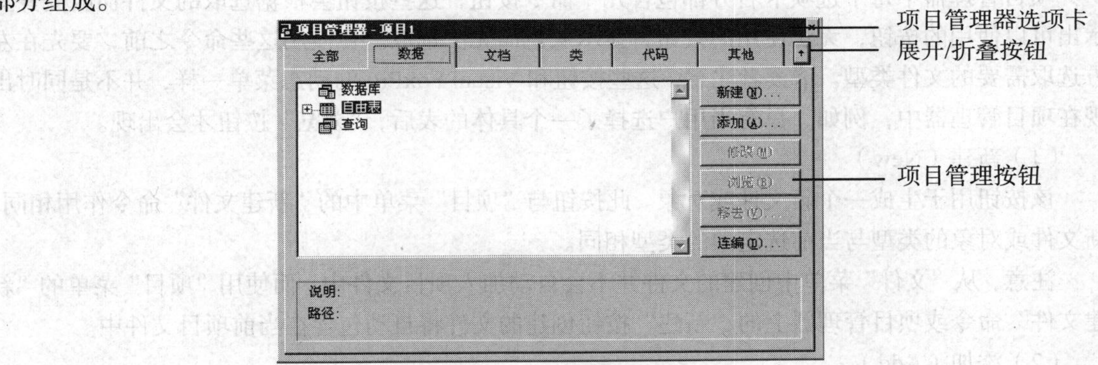

图 11-2 项目管理器的组成

1. 项目管理器选项卡

项目管理器由 6 个选项卡组成，它们分别是“全部”“数据”“文档”“类”“代码”和“其他”，每个选项卡用于显示某一类型文件。

（1）“全部”选项卡显示与管理所有类型的文件。

（2）“数据”选项卡包含了一个项目中的所有数据：数据库、自由表、查询。Visual FoxPro 6.0 能够使你非常方便并快速地跟踪和访问应用程序运行时使用的数据。

请注意，在“数据”选项卡中每个表展开后左边有一个小图标（圆圈中斜贯一条斜线），称为除外图标。该图标表示该文件不包含在项目创建的已编译.APP、.EXE 或.DLL 文件中。

（3）“文档”选项卡包含了用户处理数据时所用的全部文档、输入和查看数据所用的表单，以及打印表和查询结果所用的报表及标签。

（4）“类”选项卡显示和管理由类设计器建立的类库文件(.VCX/.VCT)。“类”选项卡包含所有的类库，类库可以展开显示所有的成员类。

（5）“代码”选项卡包含了用户的所有代码程序文件。如由 Visual FoxPro 编辑器建立的程序文件（.PRG）、由 LCK（Library Construction Kit）建立的 API Library 库文件（.FLL）、由 Visual FoxPro 建立的应用程序（.APP/.EXE）等。

（6）“其他”选项卡显示和管理所有其他类型的 Visual FoxPro 文件。如由菜单设计器建立的菜单文件（.MNX/.MNT）、由 Visual FoxPro 编辑器建立的文本文件（.TXT）、由 OLE 等工具建立的其他文件（.BMP/.ICO）。

通常情况下，在建立表单、查询、视图、报表和标签时，所处理的主要是“数据”和“文档”选项卡中的内容，其余选项卡（如“类”“代码”及“其他”等）主要用于创建应用程序。

2. 展开/折叠按钮

通过项目管理器窗口右边的图钉按钮，可以展开和折叠项目管理器。

折叠：单击项目管理器窗口右上角的上箭头，在折叠情况下只显示选项卡，图 11-3 是折叠之后的项目管理器。用鼠标单击相应的选项卡，可以弹出该选项卡的内容。

图 11-3　折叠之后的项目管理器

展开：单击项目管理器窗口右上角的下箭头。当项目管理器折叠时，把鼠标指针放到标签上并将其从项目管理器中拖走，可以拖下选项卡。要重新放置一个选项卡，只需将其拖回原来的位置或单击关闭框即可。

3. 项目管理器的各按钮功能

项目管理器中每个选项卡右方都包含几个命令按钮，这些按钮会根据选取的文件而改变并显示出可以使用的按钮，无法使用的按钮将显示灰色而无法选取。在使用这些命令之前，要先在左方选取需要的文件类型。请读者注意，这些按钮和 Visual FoxPro 的动态菜单一样，并不是同时出现在项目管理器中，例如，只有当用户选择了一个具体的表后，“浏览”按钮才会出现。

（1）新建（New）

该按钮用于生成一个新文件或对象。此按钮与“项目”菜单中的“新建文件”命令作用相同。新文件或对象的类型与当前选定项的类型相同。

注意，从“文件”菜单中创建的文件并不会自动加入项目文件中，而使用“项目”菜单的“新建文件”命令或项目管理器上的“新建”按钮创建的文件将自动包含在当前项目文件中。

（2）添加（Add）

把已有的文件添加到项目中。此按钮与“项目”菜单中的“添加文件”命令作用相同。

（3）修改（Modify）

在合适的设计器中打开选定项，即打开选中的文件及相应的编辑器或设计器，以修改文件。此按钮与“项目”菜单中的“修改文件”命令作用相同。

（4）浏览（Browse）

打开一个表的浏览窗口，该按钮只有在选中表的时候才可用。此按钮与“项目”菜单中的“浏览文件”命令作用相同。

（5）关闭/打开（Close/Open）

该按钮只有在选中数据库的时候才可用。如果选中的数据库已经关闭，那么这个按钮就变成了“打开”，这时此按钮与“项目”菜单中的“打开文件”命令作用相同；如果选中的数据库已经打开，那么这个按钮就变成了“关闭”，这时此按钮与“项目”菜单中的“关闭文件”命令作用相同。

（6）移去（Remove）

从项目文件中移去选定文件或对象。此时 Visual FoxPro 6.0 将显示一提示框（见图 11-4），用于提示用户是仅想将选中的文件从项目中移去（选择“移去”），还是既从项目文件中移去又将其从磁盘上真正删除（选择“删除”）。

（7）连编（Build）

当单击此按钮时，系统将打开“连编选项”对话框（见图 11-5），用户可通过该对话框设置连编选项，设置完毕后系统将生成一个.APP 文件。在 Visual FoxPro 6.0 专业版中系统将生成可独立执行的.EXE 文件。

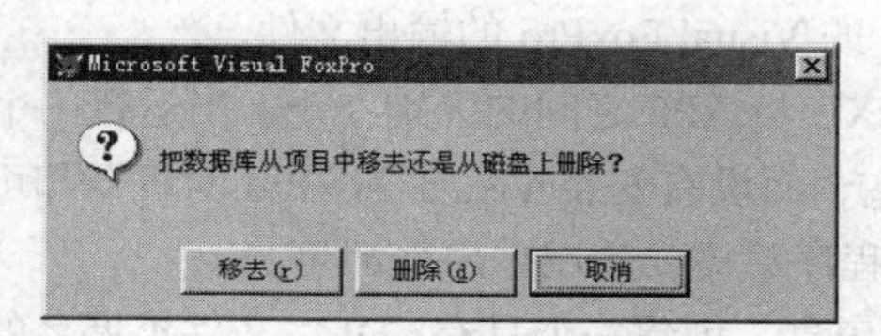

图 11-4　移动对话框

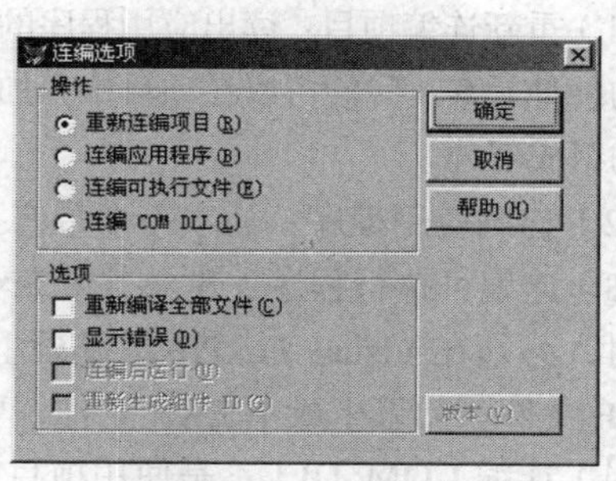

图 11-5　“连编选项”对话框

（8）预览（Preview）

只有当用户在项目管理器中选中一个报表或标签文件后，该按钮才可用。它用于观察选中的报表或标签文件的打印情况。

（9）运行（Run）

该按钮用于运行选中的查询、表单或程序文件。只有在项目管理器中选中了一个查询、表单或程序文件的时候才可用该按钮。

11.2.3　利用项目管理器管理项目

现在我们介绍一下生成一个单独的.APP 或.EXE 运行文件的完整过程。

1. 建立新的项目文件

建立新的项目文件的操作步骤如下。

（1）清理工作环境，在命令（Command）窗口输入：

```
CLOSE ALL
CLEAR ALL
```

（2）单击常用工具条上的“新建”按钮，从文件类型中选择项目文件。

（3）进入项目管理器窗口为文件命名。

（4）选择“数据”选项卡加入数据库、自由表及查询文件。

（5）选择“文档”选项卡加入表单、报表及标签。

（6）选择“其他”选项卡加入菜单、文本文件和其他文件。

（7）设定项目的主程序。选中菜单文件，然后用“项目”菜单上的设置主程序选项将其作为本项目文件的主程序。

（8）如果愿意，可用“项目”菜单上的编辑说明（Edit Description）功能分别为各个文件写一些对文件的功能用途的注释说明，用作备注。

（9）单击“常用”工具条上的“保存”按钮存盘。

2. 构造编译项目文件

项目文件的组成项都输入完毕后，将其编译一下，一是检查各个文件有没有错误，二是可自动搜索程序中用到但却未加入到项目文件中来的文件，将未加入的文件自动加入进来。

生成各个组成文件后，在项目中加入主文件，然后让项目管理器自动搜索所有需要的文件，这样做非常省事，因为有时开发者可能记不住使用的所有文件。

单击项目管理器窗口上的“连编”按钮，调出“连编选项”对话框，如图 11-5 所示，利用它可以创建自定义应用程序或者更新已有的项目。其各个选项的含义如下。

（1）重新连编项目：读出应用程序的各种组成部分，建立项目文件，加入屏幕、程序和菜单中所引用的种种元素。我们可以在项目中只加入 MAIN.PRG 并让 Visual FoxPro 重建该项目，它将会发现其他的组成部分。

（2）连编应用程序：建立一个带有扩展名.APP 的 Visual FoxPro 的输出文件。

（3）连编可执行程序：建立一个.EXE 文件。.EXE 与.APP 之间的区别在于：当运行一个.APP 文件时，必须在 Visual FoxPro 的基础上才能运行它，而没有安装 Visual FoxPro 的机器却可以使用.EXE 文件。如果生成了.EXE 文件，要运行这个程序只需要使用程序名即可。

（4）连编 COM DLL：是使用项目文件中的类信息，创建一个具有 .DLL 文件扩展名的动态链接库。

（5）重新编译全部文件：用于保证项目中所有的元素都被重新构造。当文件被编辑时，操作系统改变文件的日期/时间标记。项目管理器比较所有元素在项目文件中的日期和在目录中的日期。如果在目录中的日期更新，该文件将被重新编译。因此，如果另一个开发人员修改了文件，但是他的系统的时钟不与你同步，有可能虽然他修改了文件，但是项目管理器认为不需要编译。

（6）显示错误：正常情况下，Visual FoxPro 把在编译过程所遇到的错误放在一个与应用程序同名但扩展名为.ERR 的文件中。如果设置了“显示错误信息”，在构造应用程序的最后一步将打开一个编辑窗口显示错误信息。 如果愿意，也可以不设置，这样在有错误出现时的唯一指示将是“项目”菜单上的“错误”条变得可选。选择“错误”，将会打开错误窗口并显示编译错误。

（7）连编后运行：当用户选择生成应用程序或可执行程序时，如选择此项，则在系统生成程序后将立即执行它。

我们从中选择连编应用程序（Build Application），并选择重新编译全部文件复选框（Rebuild All Files）和显示错误信息复选框（Display Errors）。这样操作之后，项目管理器不管文件的状态，都先编译所有的文件，如果有错误就显示在一个编辑窗口中，没有错误就继续把所有的文件综合生成一个单独的.APP 文件。当以后再运行各个例子的时候，就用不着各个单独的文件，只要一个.APP 文件和必要的数据库表就可以了。

11.2.4 项目管理器的操作

1. 查看项目中的内容

项目管理器中的项是以类似于大纲的结构来组织的，可以将其展开或折叠，以便查看不同层次中的详细内容。

如果项目中具有一个以上某一类型的项，某类型符号旁边会出现一个“+”号。单击符号旁边的“+”号可显示该项目中该类型项的名称，单击项名旁边的“+”号可看到该项的组件。若要折叠已展开的表，可单击列表旁边的“–”号。

2. 添加或移去文件

在任何时候，都可以很方便地启动项目管理器，并且向其中添加或移去有关文件。例如，如果想把一些已有的扩展名为.DBF 的表添加到项目中，只需在“数据”选项卡中选择“自由表”，然后用“添加”按钮把它们添加到项目中。

（1）在项目中加入文件

① 选择要添加项的类项。

② 选择“添加”按钮。

③ 在“打开”对话框中选择要添加的文件名，然后单击“确定”按钮。

（2）从项目中移去文件

① 选定要移去的文件或对象。

② 选择“移去”按钮。

③ 在提示框中选择“移去”按钮；如果要从磁盘中删除文件，单击“删除”按钮。

3. 创建和修改文件

项目管理器简化了创建新文件和修改现有文件的过程。只需选定要创建或修改的文件类型，然后选择“新建”或“修改”按钮，Visual FoxPro 将显示与所选文件类型相应的设计工具。

（1）在项目中创建新文件

① 选定要创建的文件类型。

② 选择“新建”按钮。对于某些项，你既可以利用设计器来创建新文件，也可以利用向导来创建文件。

（2）修改文件

① 选定一个已有的文件。

② 选择“修改”按钮。

例如，要修改一个表，首先选定表的名称，然后再单击“修改”按钮，该表便显示在“表设计器”中。

4. 查看表中的数据

如要浏览项目中表的内容，可以按照下列步骤：

（1）选择“数据”选项卡。

（2）选定一个表。

单击“浏览”按钮即可。

5. 项目间共享文件

一个文件可以同时和多个不同的项目关联。可以同时打开多个项目，并且可以把文件从一个项目拖动到加一个项目中。但项目只保存了对文件的引用，文件本身并没有被真正地复制。

11.3　数据库设计基础

在设计项目数据库时，首先要遵循以下设计原则：

（1）关系数据库的设计应遵从概念单一化“一事一地”的原则。

（2）避免在表之间出现重复字段。

（3）表中的字段必须是原始数据和基本数据元素。

（4）用外部关键字保证有关联的表之间的联系。

在遵循设计原则的基础上按以下步骤设计数据库。

1. 需求分析

需求分析在程序设计过程中是非常重要的步骤，需求分析包括 3 个方面的需求。

（1）信息需求：用户要从数据库中获得的信息内容。

（2）处理需求：需要对数据完成什么处理功能和处理方式。

（3）安全性与完整性要求：定义信息需求和处理需求必须保证安全性和完整性约束。

2. 确定需要的表

遵从一个表描述一个实体或实体间的一种联系，进行数据分析，确定数据库中的表。

3. 确定所需字段

在设计数据表时，要求每个字段直接和表的实体相关，并且以最小的逻辑单位存储信息。此外，表中的字段必须是原始数据，还要确定表的主关键字段。

4. 确定联系

联系是指表和表之间的关系，包括一对一联系、一对多联系和多对多联系。

5. 设计求精

在设计中，要考虑全面，以下为需要检查的方面：

（1）是否遗忘了字段？是否有需要的信息没包括进去？如果有，且不属于已有的表，就需要另外建立一个表。

（2）是否存在着大量空白字段？这个现象通常意味着这些字段应该属于另一个表。

（3）是否包含了同样字段的表？应该将同一信息合并到一个表。

（4）表中是否带有大量并不属于某实体的字段？应该确保每个表包括的字段只与一个实体有关。

（5）是否在某个表中重复输入了相同的信息？需要将表分成两个一对多关系的表。

（6）是否为每个表选择了合适的主关键字？在使用主关键字查找记录时，是否容易记忆和键入？要确保主关键字的值不会重复。

（7）是否有字段很多而记录很少的表，且许多记录中的字段值为空？应该重新设计表。

11.4 应用程序开发实例

11.4.1 系统设计

系统设计，在于完全地弄清用户对所开发的数据库应用系统的确切要求。开发人员要向用户展开调查研究，弄清用户到底需要应用系统具备哪些功能，需要完成哪些任务。

例如，开发一个“招生管理系统”。那么，开发人员应首先向用户展开调查研究，要了解清楚他们对这个系统的要求以及所有相关的信息。比如用户的要求是：这个管理系统要让管理人员能够输入数据，查询、更改学生个人信息记录，以及可以通过打印报表来输出学生信息。

全部了解清楚用户的要求后，开发人员应向用户提交一份“需求说明书”，列出用户对系统的要求和所要开发的系统的初步框架。

这里我们以“招生管理系统”为例，这个系统的功能模块如图 11-6 所示。

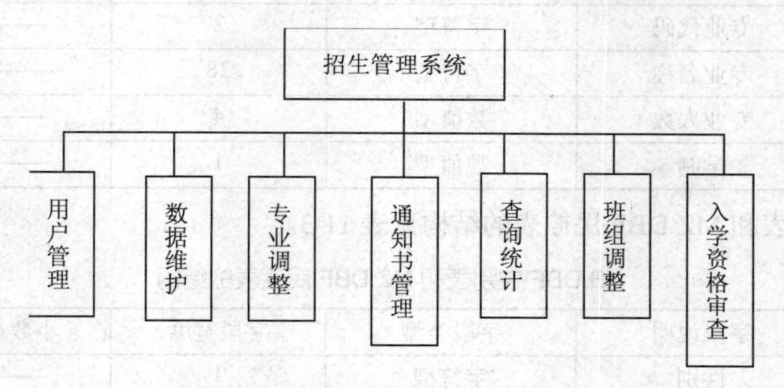

图 11-6 “招生管理系统”的功能模块

11.4.2 数据库设计

数据库设计首先要进行数据需求分析，如分析应用系统需要存储哪些数据，而且要从优化表结构和减少数据冗余的角度考虑，合理地创建一系列的表。用表设计器设计好表结构后，为了保持数据的完整性和一致性，这些表要添加到数据库中，并且要建立表间的永久关系和参照完整性。

“招生管理系统”所需要用到的表如下。

XSK.DBF：学生表

ZSJH.DBF：招生计划表

XB.DBF：性别表

MZ.DBF：民族表

YH.DBF：用户表

XSK.DBF 学生表的结构见表 11-1。

表 11-1 XSK.DBF 学生表的结构

字段名	字段说明	字段类型	字段宽度	小数点	索引
ZKZH	准考证号	字符型	10	——	主索引
XM	姓名	字符型	10	——	——
CSRQ	出生日期	日期型	8	——	——
XB	性别	字符型	1	——	普通索引
MZ	民族	字符型	2	——	普通索引
RXZF	入学总分	数值型	3	——	——
YWCJ	语文成绩	数值型	3	——	——
SXCJ	数学成绩	数值型	3	——	——
WLCJ	物理成绩	数值型	3	——	——
HXCJ	化学成绩	数值型	3	——	——
WYCJ	外语成绩	数值型	3	——	——
ZYDM	专业代码	字符型	2	——	普通索引

ZSJH.DBF 招生计划表的结构见表 11-2。

表 11-2　　ZSJH.DBF 招生计划表的结构

字段名	字段说明	字段类型	字段宽度	小数点	索引
ZYDM	专业代码	字符型	2	——	主索引
ZYMC	专业名称	字符型	28	——	——
ZYRS	专业人数	数值型	4	——	——
XZ	学制	数值型	1	——	——

XB.DBF 性别表和 MZ.DBF 民族表的结构见表 11-3。

表 11-3　　XB.DBF 性别表和 MZ.DBF 民族表的结构

字段名	字段说明	字段类型	字段宽度	小数点	索引
XB	性别	字符型	1	——	普通索引
MZ	民族	字符型	2	——	普通索引

将这些表添加到 GLXT.DBC 数据库中，并且建立这些表之间的永久关系，同时设计数据的参照完整性。设置的结果如图 11-7 所示。

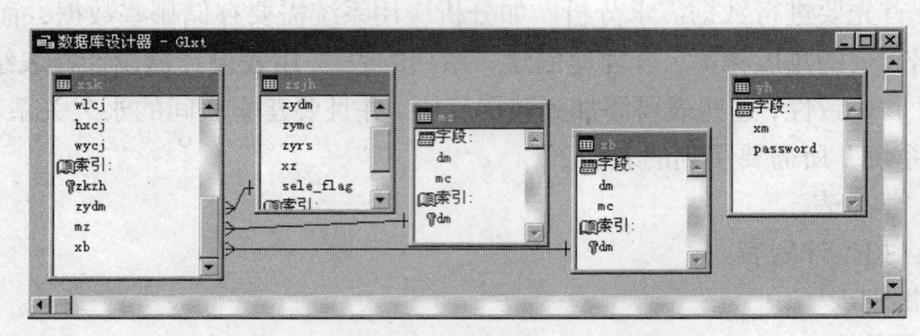

图 11-7　GLXT.DBC 数据库的表结构

11.4.3　主界面设计

用户进入招生管理系统后，首先进入主界面，如图 11-8 所示。

图 11-8　系统主界面

主界面中间为一个表单，在编辑状态下设置表单的背景图片，并添加一个标签控件，设置其标题为“招生管理系统”。保存此表单为 main_frm.scx，当主程序执行命令 DO FORM main_frm 时，即调用此表单。

11.4.4 维护模块设计

维护表单是“招生管理系统”的核心部分，是用来添加、修改和删除 XSK.DBF 表中数据的表单。它的窗口如图 11-9 所示。

1. 数据环境的设定

本表单中需要在数据环境中加入 4 个表：XSK.DBF、XB.DBF、MZ.DBF 和 ZSJH.DBF，如图 11-10 所示。其中 XB.DBF 和 MZ.DBF 是 2 个代码表，用来作为 XSK.DBF 表中 XB（性别）和 MZ（民族）字段的代码对应。这样做的好处在于用户输入考生的性别和民族时不必再录入文字可以直接通过下拉列表框进行选择。ZSJH.DBF 是一个用来存储“招生计划”的表，它在这个表单中也作为代码表来使用。

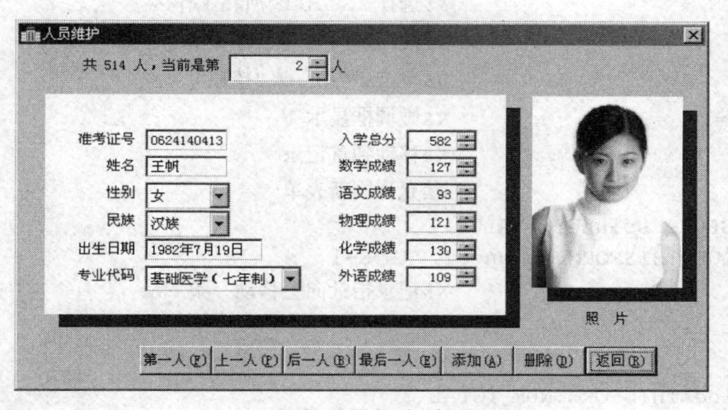

图 11-9 人员维护表单的界面

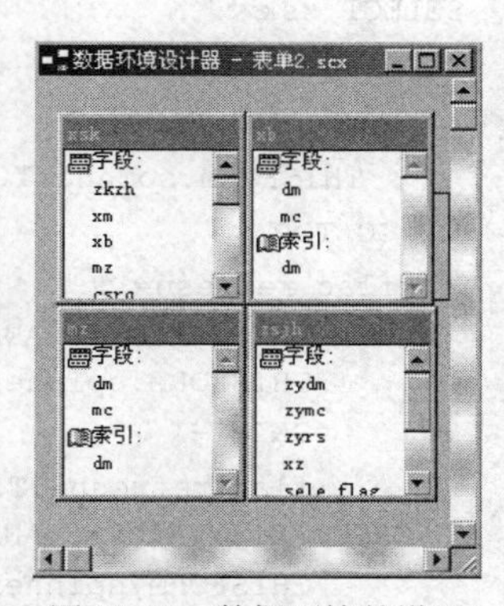

图 11-10 数据环境的设置

2. 添加控件、属性设置和代码编写

在这个表单中与 XSK.DBF 表中字段相对应的控件（比如准考证号文本框）可以通过从数据环境中 XSK.DBF 表中拖曳到表单中，也可以使用表单控件工具栏逐个创建，对于有控制源（ControlSource）属性的控件要分别加以设定，使其能够与 XSK.DBF 表中字段绑定在一起。其中“性别”“民族”和“专业代码”使用的控件是下拉列表框，我们以“性别”为例介绍下拉列表框主要属性的设定，见表 11-4。

表 11-4 “性别”下拉列表框的主要属性设定

属 性	属性值
BoundColumn	2
ControlSource	XSK.XB
RowSource	XB.MC,DM
RowSourceType	6
Style	2

这些绑定字段的控件以及相应的标签控件都放在了一个容器控件（Container1）当中，这样做有利于表单的刷新。窗口上方的微调框（Spinner1）是用来设定当前所显示的考生是在 XSK.DBF 中为第几个记录。

需要特殊说明的是，在这个表单中为表单新增加了一个属性 num_total，用这个属性来存储 XSK.DBF 中的记录总数，以便于在程序随时使用。它的建立方法是在“表单”菜单中选择“新建属性”项，然后在“新建属性”对话框中输入“num_total”，然后单击“添加”按钮，如图 11-11 所示。

图 11-11　为表单添加新属性 num_total

窗口上的阴影效果是通过两个形状控件（Shape）组合而成的。照片是一个图片控件，所有考生的照片都存储在一个 PIC 文件夹中，照片的名称与考生的准考证号是一致的。窗口下方的 7 个按钮是一个命令按钮组（CommandGroup）控件，按钮各自的功能可以通过在每个按钮的 Click 事件写入代码来实现，也可以在命令按钮组的 InterActiveChange 事件写入代码来实现。这里我们采用第 2 种方法，代码如下：

```
PRIVATE flag_refresh                                       &&是否需要刷新窗口的标识变量
flag_refresh=.F.                                           &&初始值为"假"值，即不需要刷新
SELECT xsk                                                 &&选择 XSK.DBF 所在工作区
DO CASE                                                    &&使用多向分支语句
   CASE THIS.VALUE=1                                       &&单击了"第一人"按钮
      THISFORM.spinner1.VALUE=1                            &&微调框显示 1
    GO TOP                                                 &&移动到首记录
    flag_refresh=.T.                                       &&允许刷新表单
   CASE THIS.VALUE=2.AND.THISFORM.spinner1.VALUE>1
         THISFORM.spinner1.VALUE=THISFORM.spinner1.VALUE-1
         SKIP -1                                           &&记录指针向上移动一条
         flag_refresh=.T.
   CASE THIS.VALUE=3.AND.;
         THISFORM.spinner1.value<THISFORM.NUM_TOTAL
         THISFORM.spinner1.VALUE=THISFORM.spinner1.VALUE+1
         SKIP
         flag_refresh=.T.
   CASE THIS.VALUE=4                                       &&单击了"最后一人"按钮
         THISFORM.spinner1.VALUE=THISFORM.num_total
         GO BOTTOM
         flag_refresh=.T.
   CASE THIS.VALUE=5.AND.;
         MESSAGEBOX("是否真的添加人员？",4+32, "提示")=6
         APPEND BLANK                                      &&追加一条新记录
         THISFORM.num_total=THISFORM.num_total+1
         THISFORM.spinner1.VALUE=THISFORM.num_total
         flag_refresh=.T.
   CASE THIS.VALUE=6.AND.;
         MESSAGEBOX("是否真的删除人员？",4+32, "提示")=6
         DELETE
         THISFORM.num_total=THISFORM.num_total-1
         IF THISFORM.spinner1.VALUE>THISFORM.num_total
            THISFORM.spinner1.VALUE=THISFORM.num_total
         ENDIF
         GO TOP
         SKIP THISFORM.spinner1.VALUE-1
```

```
        flag_refresh=.T.
    CASE THIS.VALUE=7                           &&单击了"返回"按钮
        RELEASE THISFORM                        &&关闭表单
ENDCASE
IF flag_refresh=.T.                             &&如果需要刷新表单
    THISFORM.container1.REFRESH                 &&表单中容器控件刷新
ENDIF
```

这个表单也可以通过“表单向导”或者“快速表单”来进行制作，然后再到“表单设计器”中进行修改。

其他表单的制作过程与这两个例子相类似，如果需要多个表单同时使用，那么可以通过“表单集”的方式可增加表单。对表单的管理可以充分利用“项目管理器”的各项功能，如图 11-12 所示。

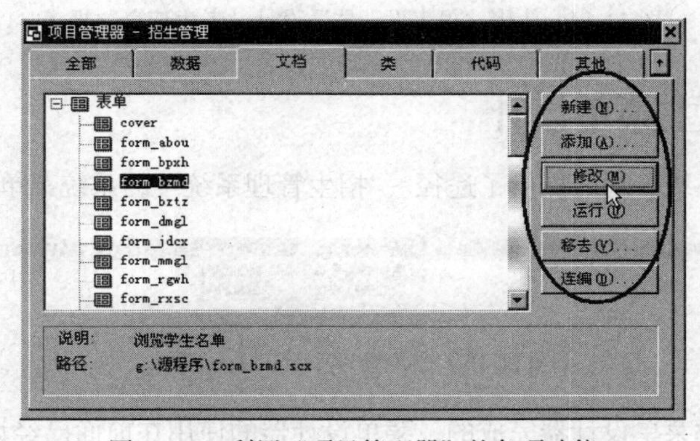

图 11-12　利用“项目管理器”的各项功能

11.4.5　统计与报表模块设计

制作“考生信息”报表是为了能够使考生的信息打印出来，可以在表单中通过命令调用报表。报表的设计可以通过“报表向导”进行设计，然后在“报表设计器”中进行修改。如图 11-13 所示。

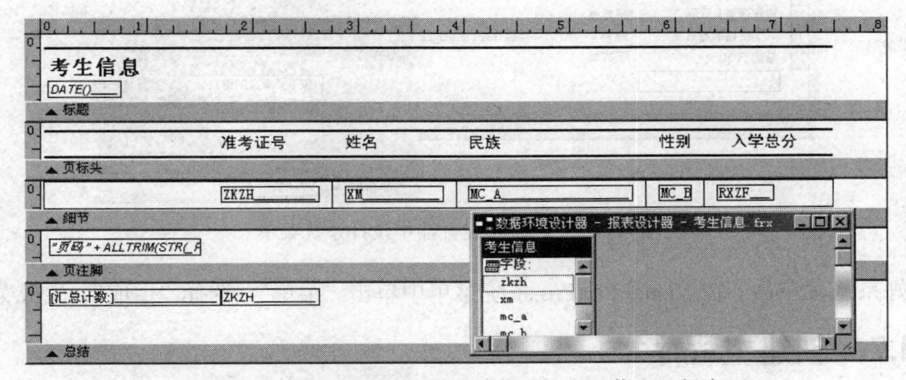

图 11-13　使用“报表设计器”设计“考生信息”报表

在程序中使用该报表可以输入命令：

```
REPORT FORM 考生信息 PREVIEW
```

如图 11-14 所示为报表的预览效果。

考生信息

01/18/03

准考证号	姓名	民族	性别	入学总分
001870251	周慎婷	汉族	女	530
0102140054	杨宁	汉族	女	599
0102140104	罗赛	汉族	女	553
0102140151	高鹏	汉族	男	551
0102140184	闫妍	汉族	女	533
0102140225	傅振坤	汉族	男	571
0102140241	燕燕	汉族	女	541
0102140299	李连伟	汉族	男	588
0102140305	赵媛媛	汉族	女	534

图 11-14　使用“报表设计器”设计“考生信息”报表

11.4.6　系统主菜单设计

菜单为用户调用系统各功能提供了途径。“招生管理系统”的系统菜单如图 11-15 所示。

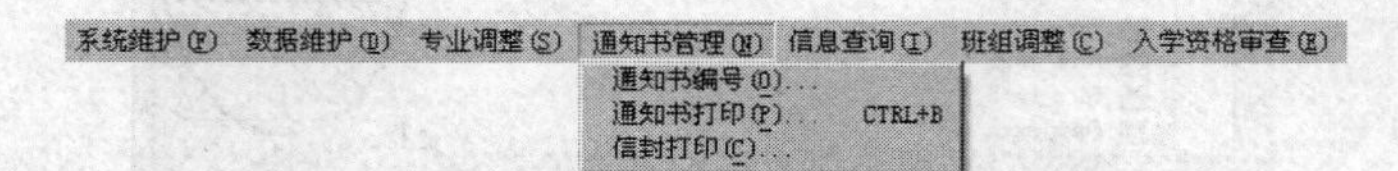

图 11-15　招生管理系统的系统菜单

菜单的建立是通过菜单设计器完成的，菜单设计器的使用在前面已经详细说明了。需要说明的是要为每个菜单项指定操作，如执行表单、报表或程序。另外要在“提示选项”中指定菜单的跳过选项，如图 11-16 所示。

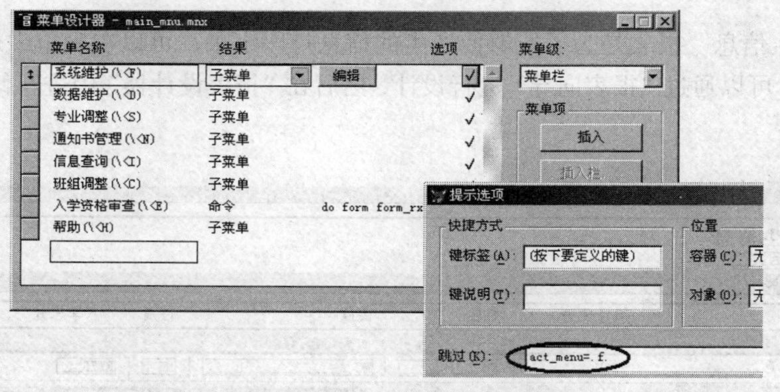

图 11-16　在菜单设计器中设计系统菜单

制作好系统菜单后，在 Visual FoxPro 系统菜单中单击“菜单”，选择“生成”，生成菜单文件。

11.4.7　创建主程序

所谓主程序就是一个应用系统的主控程序，是系统首先要执行的程序，需要设置为主文件。在项目管理器中，选择“代码”选项卡，然后在需要设置为主文件的程序文件名上单击鼠标右键，选择“设置主文件”，如图 11-17 所示。

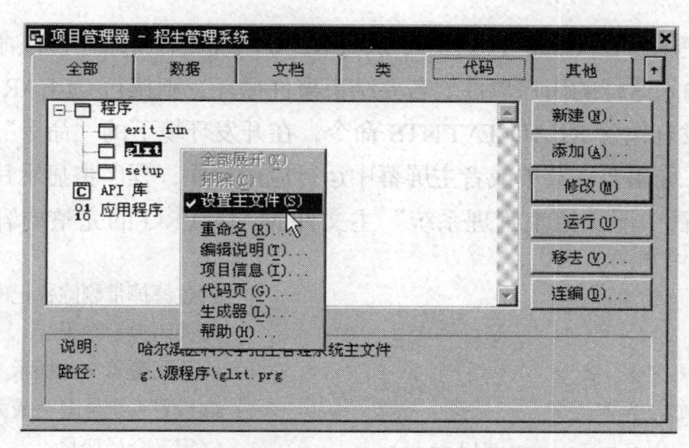

图 11-17 项目管理器中主文件的设置

在主程序中，一般要完成如下任务：

1. 设置系统运行状态参数

主程序必须做的第一件事情就是对应用程序的环境进行初始化。在打开 Visual FoxPro 6.0 时，默认的 Visual FoxPro 开发环境将设置 SET 命令和系统变量的值，但对于应用程序来说，这些值不一定是最适合的。

例如：Visual FoxPro 6.0 中，命令 SET TALK 的默认状态是 ON，在这种状态下，在执行了某些命令后，主窗口或表单窗口中会显示出运行结果。这些命令如：APPEND FROM（追加记录）、AVERAGE（计算平均值）、COUNT（计数）和 SUM（求和）等。但在应用程序中一般不需要在主窗口或表单窗口中显示运行这些命令的结果，所以必须在执行这些命令之前将 SET TALK 置为 OFF。因此在主文件中都会有一条命令：SET TALK OFF。

2. 定义系统全局变量

在整个应用程序运行过程中，可能会需要一些全局变量。例如：在“招生管理系统”主文件中，就定义了一个全局变量 ACT_MENU，用来存储系统菜单是可用状态还是不可用状态，在程序中也可以随时更改这个变量的值。这个变量的作用类似于表单控件中的 Enabled 属性。

3. 设置系统屏幕界面

系统屏幕就是指应用程序所使用的主窗口，在 Visual FoxPro 中有一个系统变量“_screen”，它代表 Visual FoxPro 主窗口名称对象，其使用方法与表单对象类似，也具有与表单的诸多属性。

例如，若想让主窗口标题栏显示“招生管理系统”，则在主文件中对应的语句为：

```
_screen.caption="招生管理系统"
```

4. 调用系统菜单

在主程序中调用菜单文件，命令是“DO main_menu.mpr”。

5. 调用应用程序界面

在主文件中应该使应用程序显示初始的界面，“招生管理系统”中的初始界面是系统登录表单，则在主文件对应的命令是：

```
DO FORM yhsf
```

6. 设置事件循环

一旦应用程序的环境已经建立起来了，同时显示出初始的用户界面，这时，需要建立一个事件循环来等待用户的交互使用。在 Visual FoxPro 中执行 READ EVENTS 命令，该命令使应用程序开始处理像鼠标单击、键盘输入这样的用户事件。若要结束事件循环，则执行 CLEAR EVENTS 命令。

如果在主文件中没有包含 READ EVENTS 命令，在开发环境下的“命令”窗口中，可以正确地运行应用程序。但是，如果要在菜单或者主屏幕中运行应用程序，程序将显示片刻，然后退出。

最后，让我们来看一下“招生管理系统”主文件 MAIN.PRG 的完整内容：

```
*MAIN.PRG
SET DELE ON                                     &&过滤掉带删除标记的记录
SET TALK OFF                                    &&关闭提示结果
SET SAFETY OFF                                  &&关闭覆盖文件提示
_SCREEN.WINDOWSTATE=2                           &&设置系统屏幕为最大化
PUBLIC act_menu,cur_file,cur_filepath           &&定义全局变量
act_menu=.F.                                    &&设置系统菜单不可用
cur_file=""                                     &&初始化全局变量
_SCREEN.CAPTION="招生管理系统"                  &&更改系统窗口标题栏名称
_SCREEN.ICON="ico\tb.ico"                       &&更改系统窗口控制图标
DO main_menu.mpr                                &&启动系统菜单
DO FORM main_frm                                &&调用系统登陆界面
READ EVENTS                                     &&开始事件循环
```

11.4.8 连编与运行

当完成所有的表单和报表的设计后，就可以进入调试阶段了。在调试阶段可以使用 Visual FoxPro 6.0 所提供的调试器进行调试。如果发现问题，就需要返回表单和报表设计阶段重新设计，甚至于返回数据库和表设计阶段，重新设计数据库和表的结构。

当调试完成后可以进行连编，将应用程序连编为可执行程序。需要注意的是，在连编之前，不要忘记在项目管理器中设置主文件。还可以在 Visual FoxPro 系统菜单下打开“项目”菜单，选择“项目信息”，在“项目信息”中填写系统开发的作者信息、系统桌面图标以及是否加密等项目信息内容，如图 11-18 所示。

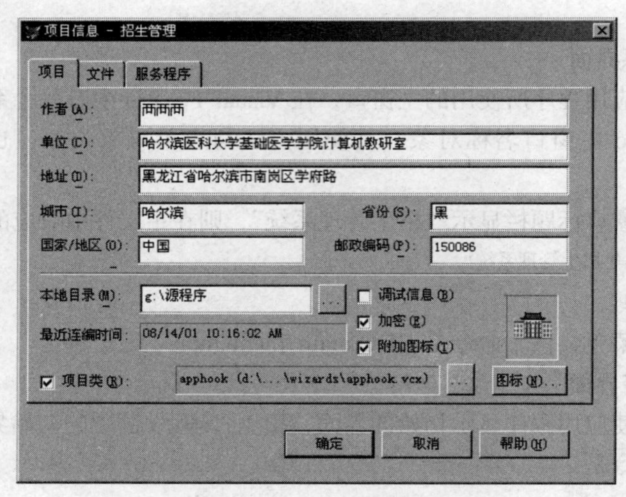

图 11-18　填写项目信息

最后，在项目管理器中单击“连编”按钮，弹出“连编选项”对话框，选择“连编可执行文

件”单选按钮，然后单击“确定”按钮，在“另存为”对话框中输入可执行文件名“招生管理系统”，即可编译成一个可独立运行的“招生管理系统.EXE”文件，如图 11-19 所示。

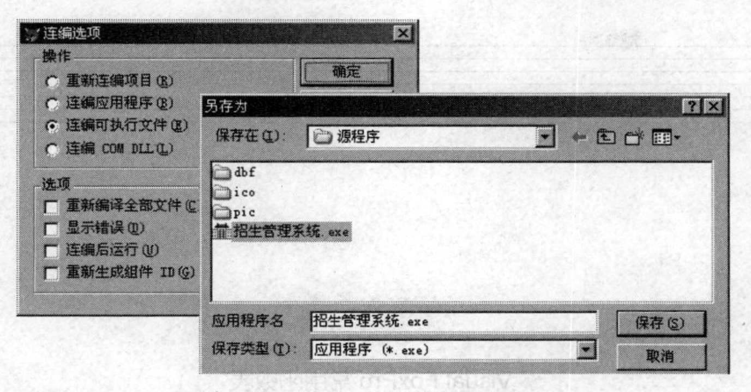

图 11-19　连编成可执行文件

附录

Visual FoxPro 常用函数表

函数名称	函数格式	函数功能说明
绝对值函数	ABS(表达式)	求表达式的绝对值，相当于数学中的 $\|x\|$
去前后空格函数	ALLTRIM(表达式)	删除字符串的前导和尾部空格
别名测试函数	ALIAS(工作区号)	返回指定工作区的别名名称
求首字符的 ASCII 码	ASC(字符表达式)	求表达式中最左边一个字符的 ASCII 码值
反正切函数	ATAN(表达式)	反正切函数，相当于数学中的 arctg$x$
求起始位置函数	ATC(表达式 1,表达式 2)	返回表达式 1 在表达式 2 中出现的开始位置，不区分大小写
求起始位置函数	AT(表达式 1,表达式 2)	返回表达式 1 在表达式 2 中出现的开始位置，若表达式 1 在表达式 2 中不出现，则返回 0
值域测试函数	BETWEEN(值 1，值 2，值 3)	判断值 1 是否在值 2 和值 3 之间
文件首测试函数	BOF(工作区号)	判断记录指针是否到文件首
取大整函数	CEILING(表达式)	求大于或等于表达式值的最小整数
求字符星期函数	CDOW(表达式)	求日期表达式的星期（英文）
复合索引文件名测试函数	CDX( )	返回打开的复合索引文件名称
ASCII 码转字符函数	CHR(数值表达式)	返回与 ASCII 码相应的字符
字符替换函数	CHRTRAN(串 1，串 2，串 3)	当串 1 中的一个或多个字符与串 2 的某个字符相匹配时，就用串 3 中的匹配字符替换这些字符
求字符月份函数	CMONTH(表达式)	求日期表达式的月份（英文）
余弦函数	COS(表达式)	余弦函数，相当于数学中的 cos$x$
字符串转换日期函数	CTOD(字符表达式)	转换字符表达式为对应的日期数据
字符串转日期时间函数	CTOT(字符表达式)	转换表达式为对应的日期时间
求天数函数	DAY(表达式)	求日期表达式在月份中的天数值
系统日期函数	DATE( )	求系统当前日期
系统日期时间函数	DATETIME( )	求系统当前日期和时间
表文件名测试函数	DBF(工作区号)	返回指定工作区中的表文件名称
删除标记测试函数	DELETE( )	判断指定的记录是否有删除标记
求数字星期函数	DOW(表达式)	求日期表达式的星期（1 为星期日）

续表

函数名称	函数格式	函数功能说明
日期转换字符串函数	DTOC(日期表达式)	转换日期表达式为字符串
空值测试函数	EMPTY(表达式)	测试数值是否为零，字符是否为空串，逻辑值是否为.F.，备注字段是否无内容
指数函数	EXP(表达式)	e 的指数函数，相当于数学中的 e^x
文件尾测试函数	EOF(工作区号)	判断记录指针是否到文件尾
字段数量测试函数	FCOUNT(工作区号)	返回指定工作区中当前表的字段的数目
字段测试函数	FIELD( )	返回第几个字段的名称
文件测试函数	FILE(文件名)	测试指定文件是否存在
过滤表达式测试函数	FILTER( )	返回指定工作区中的过滤器表达式
取小整函数	FLOOR(表达式)	求小于或等于表达式值的最大整数
是否找到测试函数	FOUND( )	判断最后一次查找是否成功
字段宽度测试函数	FSIZE("字段名")	返回指定字段的大小
求时函数	HOUR(表达式)	求时间表达式的小时数
条件测试函数	IIF(表达式 1，表达式 2，表达式 3)	若表达式 1 的值为真，返回表达式 2 的值，否则返回表达式 3 的值
取整函数	INT(表达式)	求出表达式的整数部分
空值测试函数	ISNULL(表达式)	测试表达式是否是空值
判断首字符大写	ISUPPER(表达式)	判断表达式中的第一个字符是否为大写，结果为逻辑值
判断首字符小写	ISLOWER(表达式)	判断表达式中的第一个字符是否为小写，结果为逻辑值
主索引表达式测试函数	KEY( )	返回主索引文件的索引表达式
取左子串函数	LEFT(表达式，n)	从字符串表达式的左边取长度为 *n* 的子串
字符串匹配函数	LIKE(含通配符串，串 2)	判断串 2 是否在含通配符的字符串集合中，结果为逻辑值
对数函数	LOG(表达式)	求表达式的自然对数
转小写函数	LOWER(表达式)	将字符串表达式的大写字母转为小写字母
去前导空格函数	LTRIM(表达式)	删除表达式的前导空格
最大值函数	MAX(表达式 1,表达式 2，…)	求表达式中的最大值
最小值函数	MIN(表达式 1，表达式 2，…)	求表达式中的最小值
求分函数	MINUTE(表达式)	求时间表达式的分钟数
求余函数	MOD(表达式 1，表达式 2)	求表达式 1 除以表达式 2 的余数
求月份函数	MONTH(表达式)	求日期表达式的月份值
简单索引文件名测试函数	NDX(工作区号)	返回指定工作区中打开的索引文件名称
主索引名测试函数	ORDER(工作区号)	返回指定工作区中的主索引文件名称
圆周率函数	PI( )	求圆周率
随机函数	RAND(表达式)	产生 0~1 之间的随机数
总记录测试函数	RECCOUNT(工作区号)	返回指定表的记录数
当前记录号函数	RECNO(工作区号)	返回指定工作区中表的当前记录号

续表

函数名称	函数格式	函数功能说明
记录大小测试函数	RECSIZE(工作区号)	返回指定工作区中表记录的大小（字节数）
字符串重复函数	REPLICATION(字符串，n)	将字符串重复 *n* 次
取右子串函数	RIGHT(表达式，n)	从字符串表达式的右边取长度为 *n* 的子串
四舍五入函数	ROUND(表达式 1,表达式 2)	按表达式 2 指定小数位数求表达式 1 四舍五入后的值
求秒函数	SEC(表达式)	求时间表达式的秒数
工作区区号测试函数	SELECT()	返回指定工作区的号码
正弦函数	SIN(表达式)	正弦函数，相当于数学中的 sin*x*
符号函数	SIGN(表达式)	表达式为 0，函数值为 0；表达式为正，函数值为 1；表达式为负，函数值为−1
产生空格函数	SPACE(n)	返回 *n* 个空格字符组成的字符串
开方函数	SQRT(表达式)	求表达式的平方根
数值转换字符串函数	STR(数值表达式，n，m)	转换数值表达式为数值字符串
子串替换函数	STUFF(串 1，n，m，串 2)	将串 1 中从第 *n* 个字符开始的，长度为 *m* 的字符串替换成串 2
取子串函数	SUBSTR(表达式，n [, m])	从字符串表达式中提取从 *n* 开始的 *m* 个字符的子串
正切函数	TAN(表达式)	正切函数，相当于数学中的 tgx
系统时间函数	TIME( )	求系统当前时间
日期时间转字符串函数	TTOC(日期时间表达式)	转换日期时间表达式为字符串
去尾部空格函数	TRIM(表达式)	删除表达式的尾部空格
变量类型测试函数	TYPE(表达式)	测试表达式值的类型
转大写函数	UPPER(表达式)	将字符串表达式的小写字母转为大写字母
表是否打开测试函数	USED(“表名”DBF)	判断表是否在指定的工作区打开
字符串转数值函数	VAL(字符表达式)	返回数字字符串对应的数值
变量类型测试函数	VARTYPE(表达式)	测试表达式值的类型
求年份函数	YEAR(表达式)	求日期表达式的年份值
宏替换函数	&<字符型变量>[.]	将&<字符型变量>[.]部分换成字符变量的值